高等职业教育食品类专业系列教材

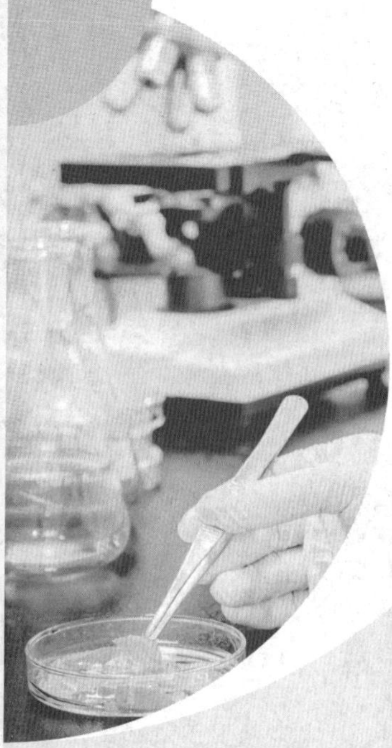

农业基础化学

NONGYE JICHU HUAXUE

主 编 雷明馨 彭翠珍
副主编 罗朗奎 胡继红
编 者（按姓氏笔画排序）
王鹏跃 史 辉 朱安妮
罗朗奎 周应华 胡继红
彭翠珍 雷明馨 潘小梅
主 审 姜光丽

北京师范大学出版集团
BEIJING NORMAL UNIVERSITY PUBLISHING GROUP
北京师范大学出版社

图书在版编目(CIP)数据

农业基础化学/雷明馨，彭翠珍主编．—北京：北京师范大学出版社，2025.7

ISBN 978-7-303-23403-5

Ⅰ.①农… Ⅱ.①雷…②彭… Ⅲ.①农业化学—高等职业教育—教材 Ⅳ.①S13

中国版本图书馆 CIP 数据核字(2018)第 022943 号

出版发行：北京师范大学出版社 https://www.bnupg.com
北京市西城区新街口外大街 12-3 号
邮政编码：100088

印　　刷：三河市兴达印务有限公司
经　　销：全国新华书店
开　　本：787 mm×1092 mm　1/16
印　　张：15.5
字　　数：315 千字
版 印 次：2025 年 7 月第 1 版第 8 次印刷
定　　价：40.00 元

策划编辑：周光明　　　　责任编辑：周光明
美术编辑：焦　丽　　　　装帧设计：焦　丽
责任校对：陈　民　　　　责任印制：赵　龙

版权所有　侵权必究

读者服务电话：010-58806806
如发现印装质量问题，影响阅读，请联系印制管理部：010-58800608

前　言

《农业基础化学》出版至今，在高职院校农、林、牧、渔、生物技术类专业得到广泛使用，为培养服务“三农”的高级技术人才做出贡献。在过去的这些年，中国职业技术教育发展迅速，随着新时代“乡村振兴战略”的提出，农业生产、农村建设、农业企业管理与服务的第一线需要更多、更好的能适应行业需求、全面发展的高等技术应用型人才。因此，在北京师范大学出版社的支持下，在广泛征求应用此教材进行教学的一线教师意见的基础上，我们对此教材进行了修订，以便好地贯彻落实习近平新时代中国特色社会主义思想进教材、进课堂，全面融入党的二十大精神，培养新时代社会主义建设者和接班人。

修订后的《农业基础化学》充分考虑了大部分农业类高职院校学生有机化学知识薄弱的实际情况，及学生未来职业岗位的需求，以培养高等技术应用型人才为目标，以应用、适用、够用为度，以培养技术应用能力为主，将全书分为“理论部分”和“实训部分”2篇。其中，“理论部分”由原来的18章精简、整合为9章，“实训部分”由原来的10个单元改为7个单元。新版教材优化了知识理论体系，更新了一些技能应用方面比较陈旧的内容。各学校可根据本校相关专业学生学习的实际情况，选择学习教材中的理论和实训内容。

本教材编写分工为：成都农业科技职业学院雷明馨编写绪论、第1章、实训第3单元及第5单元(部分)；成都农业科技职业学院罗朗奎编写第3章及实训第4单元；四川工商职业技术学院胡继红编写第6章、第8章及实训第2单元；成都农业科技职业学院潘小梅编写第5章(部分)、第9章及实训第6单元；朱安妮编写第5章(部分)、第7章及实训第7单元；王鹏跃编写第2章、第4章及实训第5单元(部分)；成都市农产品质量监测中心周应华编写实训第1单元(部分)；四川省食品发酵工业研究设计院史辉编写实训第1单元(部分)。全书由雷明馨、彭翠珍统稿，姜光丽教授审定。

本书在编写过程中，得到了学院领导和各位同仁的大力支持和帮助，在此表示衷心的感谢！同时，吸纳了行业、企业及相关专业教师的建议和意见，并引用了网络上的资源及相关专家的成果文献，在此一并表示感谢！

对书中存在的不妥和疏漏之处，恳请广大读者批评指正。

编　者

目录

第1篇 理论部分

第 2 篇 实训部分

第1篇 理论部分

绪 论

一、化学的研究对象

世界是由物质构成的。物质最主要的性质就是运动。物理变化和化学变化都是物质运动的不同形式。自然科学就是研究物质及其运动形式的。化学则是研究物质的化学运动形式的科学。具体地说，化学是在分子、原子或离子层次范围内，研究物质的组成、结构、性质、化学变化等及其应用的科学。

二、化学的研究范围

化学的研究范围非常广泛，其中与农林关系密切的有：无机化学、分析化学、有机化学和生物化学。其中，无机化学是研究元素和无机化合物性质、结构及其变化规律的科学；有机化学是研究有机化合物的组成、结构、性质、变化规律及其有关理论的科学；分析化学是研究物质化学组成的鉴定和测定的分析方法及其有关原理的一门学科；生物化学是以生物为对象，运用化学的理论和方法，研究生命现象化学本质的科学。生物化学从分子水平研究生物体的化学组成、生物大分子的结构和功能，及其生命活动中物质和能量的代谢变化，阐明生长、发育、遗传等生命现象的经济实力本质，进而应用这些规律为农业生产服务。

三、化学与农、林、牧业的关系

化学与农林牧业生产有着密切的关系，化学的研究成果，为农林业生产过程建立了科学基础，并为其技术改进创造条件。在农业生产中，化学肥料的生产与使用、农药的生产与病虫害防治、农产品分析与环境保护、土壤分析与因地制宜、病毒的控制与作物防疫、良种培育与组织培养、激素和除草剂的使用与粮食增产、家畜疾病诊治与家畜饲养管理、动植物的生长发育与外部调控、微生物发酵与农产品加工等都需要通过化学知识来提供理论依据和解决问题的途径。

化学与农业科学也有密切的关系。生物学、土壤肥料学、微生物学、遗传学、作物病虫害防治学、昆虫学、作物栽培、农产品质量检测、家畜解剖生理、卫检、药理病理、饲料学、农产品加工等课程，都需要化学理论为指导，化学知识为基础，化学计算和实验技能为依靠。另外，化学品在农业生产过程中的滥用所导致的环境污染、农产品质量安全问题也时有发生，如何科学施药、施肥以减少农业生产过程中对环境造成的污染，如何进行有机农产品、绿色食品的生产，这些都需要有一定的化学基础知识。因此，化学是高职高专农业教育中一门重要的基础课，学好化学，才能了解和掌握相关技术和研究成果在农业生产过程中的正确应用，才能更进一步地学习和掌握专业知识和技能。

四、《农业基础化学》的主要内容

《农业基础化学》是一门为高职高专农学、植保、畜牧、园林、园艺、林业、生物工程等专业开设的基础化学课程。综合了农、牧、林、园艺、生物工程等专业密切相关的无机、分析、有机、生物等化学的基础理论、基本知识和基本技能；了解它们在专业和实际生产中的应用；培养和发展学生的能力；为学习专业知识和今后工作打下必要的基础。

五、化学的学习方法

化学作为高职高专院校农业类专业的重要基本能力素质课，化学实验课是本课程不可缺少的一个重要环节。所以，不仅要重视理论知识的学习，更要注重技能的掌握与训练，通过实验课加深对基本知识、基本理论、基本技能的理解，通过实验培养学生独立观察现象、分析现象和做出理论解释的能力，并培养学生总结分析实验结果和撰写实验报告的能力，培养科学的工作方法，使之更好地为专业学习和农业生产的发展服务。

第 1 章　无机化学基础知识

本章要点

1. 分散系的概念及分类。
2. 溶液浓度的表示方法与计算。
3. 稀溶液的依数性及其在生产中的应用。
4. 胶体的概念及其基本性质。
5. 电离平衡基础知识。

1.1　溶液

在自然界和生产实践中，经常遇到的并不是纯的气体、液体或固体，而多为一种或多种物质分散在另一种物质之中所构成的体系。例如，黏土分散在水中成为泥浆；奶油、蛋白质和乳糖分散在水中成为牛奶；二氧化碳气体分散在水中成为汽水等。这些体系即称为分散系。体系中被分散的物质称为分散质(或分散相)，容纳分散质的物质称为分散剂(或分散介质)。

按照分散质粒子的大小，分散系可分为三类，如表 1-1 所示。

表 1-1　分散系的分类

分散相粒子大小	分散系统类型		分散相粒子的组成	一般性质	实　　例
<1 nm	分子与离子分散系		低分子或离子	均相，热力学稳定系统，分散相粒子扩散快，能透过滤纸和半透膜，形成真溶液	NaCl、NaOH、$C_6H_{12}O_6$等水溶液
1～100 nm	胶体分散系	溶胶	胶体粒子（分子、离子、原子的聚集体）	非均相，热力学不稳定系统，分散相粒子扩散慢，能透过滤纸，不能透过半透膜	氢氧化铁、硫化砷、碘化银及金、银、硫等单质溶胶
		高分子溶液	高分子	均相，热力学稳定系数，分散相粒子扩散慢，能透过滤纸，不能透过半透膜，形成溶液	蛋白质、核酸等水溶液，橡胶的苯溶液
>100 nm	粗分散系(乳状液、悬浮液)		粗粒子	非均相，热力学不稳定系统，分散相粒子不能透过滤纸和半透膜	乳汁、泥浆等

从分散系的角度看，溶液是指由分散质和分散剂所组成的均匀分散系。组成溶液的分散质也叫溶质，分散剂也叫溶剂，水是最常用的溶剂，所以若不特殊指明，通常

所说的溶液即指水溶液。

1.1.1 溶液的浓度

1. 溶液浓度的表示方法

在国家有关标准中，溶剂用 A 代表，溶质用 B 代表。对于一定浓度的溶液，可用各种不同的方法表示。表示溶液组成的方法主要有以下几种。

(1)质量分数

①质量百分比浓度(ω_B)

溶液中溶质的质量分数是溶质 B 的质量(m_B)与溶液质量(m)之比，表达式为

$$\omega_B = \frac{m_B}{m} \times 100\%$$

例如，$\omega(HCl)=0.37$，指 HCl 的质量分数为 0.37，也可以用“百分数”表示，即 $\omega(HCl)=37\%$。市售浓酸、浓碱大多用这种方法表示。

②百万分数浓度

一百万份质量的溶液中溶质所占的质量分数(百万分数浓度又叫 ppm 浓度)。例如，1 kg植物生长调节剂“2，4-D”的水溶液中含“2，4-D”20 mg，该溶液的百万分数浓度即为 20 ppm。

$$\text{ppm 浓度}=\frac{\text{溶质的质量}}{\text{溶液的质量}}\times 1\ 000\ 000\ \text{ppm}$$

由于溶液的浓度很低，实际应用中往往将溶液的密度近似为 1 g/mL。溶液浓度的单位为毫克/千克，毫克/升。

(2)体积分数

混合前 B 的体积(V_B)与混合物的体积(V)之比称为 B 的体积分数(适用于溶质 B 为液体)，以 Φ_B 表示。

$$\Phi_B = \frac{V_B}{V}$$

体积分数适用于用两种液体配制的溶液。这种浓度在配制溶液时特别方便易行，常用于实验室农林生产和医疗单位。一般前者为浓溶液的体积，后者指稀溶液或水的体积。例如，$\Phi(C_2H_5OH)=0.75$，也可写成 $\Phi(C_2H_5OH)=75\%$，可量取无水酒精 75 mL，加水稀释至 100 mL。如王水就是由 1 体积的浓 HNO_3 和 3 体积的浓 HCl 混合而成。

(3)物质的量浓度(c_B)

①物质的量

1971 年，在第十四届国际计量大会上决定用摩尔作为计量原子、分子、离子等微观粒子的“物质的量”的单位。物质的量实际上表示含有一定数目粒子的集体。国际上统一规定以 12 g ^{12}C 中所含有的碳原子数作为摩尔基准(即 1 摩尔)，也就是在一定的粒子集体中所含的粒子数与 12 g ^{12}C 中所含有的碳原子数相同，我们就说它为 1 摩尔。摩尔简称摩，符号为 mol。科学实验表明，在 12 g ^{12}C 中所含有的碳原子数约为 6.02×

10^{23}个，1 mol 任何粒子的粒子数叫作阿伏伽德罗常数。阿伏伽德罗常数的符号为 N_A，通常使用 6.02×10^{23}这个近似值。

物质的量、阿伏伽德罗常数、粒子数(符号为 N)之间存在着下述关系：

$$n=\frac{N}{N_A}$$

从这个式子可以看出，物质的量是粒子数与阿伏加德罗常数之比，即某粒子集体的物质的量就是这个粒子集体中的粒子数与阿伏加德罗常数之比。例如，3.01×10^{23}个 H_2 的物质的量为 0.5 mol。粒子集体中的粒子可以是分子、原子、离子、电子等，在使用摩尔表示物质的量时，应该用化学式指明粒子的种类，如 1 mol O，0.5 mol H_2，5 mol Na^+ 等。

②摩尔质量

1 mol 不同物质中所含的粒子数目虽然相同，但由于不同粒子的质量不同，因此，1 mol不同物质的质量也不同。

1 mol ^{12}C 的质量是 12 g；

1 mol O 的质量是 16 g；

1 mol N_2 的质量是 28 g；

1 mol H_2O 的质量是 18 g；

1 mol NaCl 的质量是 58.5 g。

由此可见，1 mol 任何粒子的物质的质量以克为单位，在数值上都与该粒子的相对原子质量或相对分子质量相等。将单位物质的量的物质所具有的质量叫作摩尔质量。摩尔质量的符号为 M，常用的单位为 g/mol。

H_2O 的摩尔质量为 18 g/mol

H_2SO_4 的摩尔质量为 98 g/mol

Na^+ 的摩尔质量为 23 g/mol

物质的量(n)、物质的质量(m)、摩尔质量(M)之间存在着下述关系：

$$n=\frac{m}{M}$$

【例 1】 24.5 g H_2SO_4 的物质的量是多少？其中含 H_2SO_4 的分子数目是多少？

【分析】 题目中已经给出了 H_2SO_4 的质量，因此，可以通过 H_2SO_4 相对分子质量，得知 H_2SO_4 的摩尔质量。然后可以利用 $n=\frac{m}{M}$，计算出 24.5 g H_2SO_4 的物质的量。最后，再利用 $N=n\cdot N_A$计算出 24.5 g H_2SO_4 中所含的粒子数。

解： H_2SO_4 的相对分子质量为 98，摩尔质量为 98 g/mol。

$$n(H_2SO_4)=\frac{m(H_2SO_4)}{M(H_2SO_4)}=\frac{24.5\ g}{98\ g/mol}=0.25\ mol$$

0.25 mol H_2SO_4 中含有 H_2SO_4 的分子数目为：

$$N(H_2SO_4)=n(H_2SO_4)\cdot N_A=0.25\times6.02\times10^{23}=1.5\times10^{23}$$

答：24.5 g H_2SO_4 的物质的量是 0.25 mol，其中含 H_2SO_4 的分子数目是 1.5×10^{23} 个。

【例 2】 3 mol Fe 的质量是多少？

【分析】 题目中已经给出了 Fe 的物质的量，因此，可以通过 Fe 相对原子质量，得知 Fe 的摩尔质量。然后利用 $n=\frac{m}{M}$，计算出 3 mol Fe 的质量。

解： Fe 相对原子质量为 56，得知 Fe 的摩尔质量为 56 g/mol

$$m(\text{Fe})=M(\text{Fe})\cdot n(\text{Fe})=56\ \text{g/mol}\times 3\ \text{mol}=168\ \text{g}$$

答：3 mol Fe 的质量是 168 g。

③物质的量浓度

以单位体积溶液中含有溶质 B 的物质的量表示的溶液浓度称为溶质 B 的物质的量浓度。用符号 c_B 表示，单位是 mol/L。

$$c_B=\frac{n_B}{V}$$

n_B 是溶质的物质的量，单位为 mol；V 是溶液的体积，单位为 L。

例如，1 L 溶液中含有 1 mol NaCl，NaCl 的物质的量浓度就是 1 mol/L。再如，把 8 g NaOH 溶解在适量的水中配成 100 mL 溶液，该溶液的物质的量浓度就是 2 mol/L。

2. 关于浓度的计算

这类计算主要包括已知溶质的质量和溶液的体积，计算溶液中溶质的物质的量浓度；配制一定物质的量浓度溶液时所需溶质的质量和溶液体积的计算；配制一定质量分数(或百万分数)溶液的计算；一定物质的量浓度溶液的稀释；溶液中溶质的质量分数与溶质的物质的量浓度的换算。

【例 1】 在农业上，常需用质量分数为 16% 的 NaCl 溶液来选种。现要配制 150 kg 这种溶液，需要 NaCl 和 H_2O 的质量各是多少？

解： 根据

$$\omega_B=\frac{m_B}{m}\times 100\%$$

$$m_B=m\cdot\omega_B=150\ \text{kg}\times 16\%=24\ \text{kg}$$

$$m(H_2O)=m-m_B=150\ \text{kg}-24\ \text{kg}=126\ \text{kg}$$

答：现要配制 150 kg 质量分数为 16% 的 NaCl 溶液，需要 NaCl 24 kg 和 126 kg 的 H_2O。

【例 2】 配制质量分数为 20% 的硫酸溶液 500 g，需要质量分数为 98% 的浓硫酸(密度为 1.84 g/mL)多少 mL，需要多少 mL 的水？

【分析】 溶液稀释前后，溶质的质量保持不变。

解： 设稀释前浓硫酸的质量为 X

$$X\times 98\%=500\times 20\%$$

$$X=102\ \text{g}$$

102 g H_2SO_4 的体积 $\frac{102\ g}{1.84\ g/mL}=55.4\ mL$

需要水的质量 500 g－102 g＝398 g

398 g 水的体积为 398 mL

答：配制质量分数为20％的硫酸溶液500 g，需要质量分数为98％的浓硫酸(密度为1.84 g/mL)55.4 mL，需要398 mL的水。

【例3】配制百万分数浓度为50 ppm萘乙酸溶液2 L，需要萘乙酸多少g?

【分析】由于溶液的浓度极低，实际应用中往往将溶液的密度近似为1 g/mL。

解：百万分数浓度为50 ppm萘乙酸溶液2 L的质量为

$$2\ 000\ mL\times 1\ g/mL=2\ 000\ g$$

百万分数浓度为50 ppm萘乙酸溶液2 L中含萘乙酸的质量为

$$\frac{50}{1\ 000\ 000}\times 2\ 000\ g=0.1\ g$$

答：百万分数浓度为50 ppm萘乙酸溶液2 L中含萘乙酸的质量为0.1 g。

【例4】将20 g NaOH溶于水中，配制250 mL溶液。计算所得溶液中溶质的物质的量浓度。

【分析】本题可以根据物质的量浓度的概念以及溶质的质量、物质的量和摩尔质量的关系进行计算。

解：20 g NaOH的物质的量为

$$n(\mathrm{NaOH})=\frac{m(\mathrm{NaOH})}{M(\mathrm{NaOH})}=\frac{20\ g}{40\ g/mol}=0.5\ mol$$

溶液中NaOH的物质的量浓度为

$$c(\mathrm{NaOH})=\frac{n(\mathrm{NaOH})}{V(\mathrm{NaOH})}=\frac{0.5\ mol}{0.25\ L}=2\ mol/L$$

答：将20 g NaOH溶于水中，配成250 mL溶液中NaOH的物质的量浓度为2 mol/L。

【例5】配制500 mL 0.1 mol/L NaCl溶液，需要NaCl的质量是多少?

【分析】可以根据题意先计算500 mL 0.1 mol/L NaCl溶液中溶质的物质的量，然后再利用NaCl的摩尔质量，计算需要NaCl的质量。

解：500 mL 0.1 mol/L NaCl溶液中溶质的物质的量为

$$\begin{aligned}n(\mathrm{NaCl})&=c(\mathrm{NaCl})\times V(\mathrm{NaCl})\\&=0.1\ mol/L\times 0.5\ L\\&=0.05\ mol\end{aligned}$$

0.05 mol NaCl的质量为

$$\begin{aligned}m(\mathrm{NaCl})&=n(\mathrm{NaCl})\times M(\mathrm{NaCl})\\&=0.05\ mol\times 58.5\ g/mol\\&=2.925\ g\end{aligned}$$

答：配制 500 mL 0.1 mol/L NaCl 溶液，需要 NaCl 的质量是 2.925 g。

【例 6】某市售浓硫酸中溶质的质量分数为 98%，密度为 1.84 g/mL。计算该市售浓硫酸中 H_2SO_4 的物质的量浓度。

【分析】溶质的质量分数和物质的量浓度之间通过一定的关系进行换算。将溶液中溶质的质量分数换算成物质的量浓度时，首先要计算出 1 L 溶液中所含溶质的质量，并换算成相应的物质的量，有时还需将溶液的质量换算成溶液的体积，最后再计算出溶质的物质的量浓度。

解：1 000 mL 浓硫酸中 H_2SO_4 的质量为

$$\begin{aligned} m(H_2SO_4) &= \rho(H_2SO_4)\times V(H_2SO_4)\times \omega(H_2SO_4) \\ &= 1.84\ g/cm^3 \times 1\,000\ cm^3 \times 98\% \\ &= 1\,803.2\ g \end{aligned}$$

1 803.2 g H_2SO_4 的物质的量为

$$n(H_2SO_4)=\frac{m(H_2SO_4)}{M(H_2SO_4)}=\frac{1803.2\ g}{98\ g/mol}=18.4\ mol$$

答：该市售浓硫酸中 H_2SO_4 的物质的量浓度为 18.4 mol/L。

【例 7】配制 250 mL 1 mol/L HCl 溶液，需要 12 mol/L HCl 溶液的体积是多少？

【分析】在用水稀释浓溶液时，溶液的体积发生了变化，但溶液中溶质的物质的量不变，即稀释前后，溶液中溶质的物质的量是相等的。

$$c(稀)\cdot V(稀)=c(浓)\cdot V(浓)$$

解：设配制 250 mL(V_1)1 mol/L HCl(c_1)溶液，需要 12 mol/L HCl(c_2)溶液的体积为 V_2

$$c_1 \cdot V_1 = c_2 \cdot V_2$$

$$V_2=\frac{c_1V_1}{c_2}=\frac{0.25\ L\times 1\ mol/L}{12\ mol/L}=0.021\ L=21\ mL$$

答：配制 250 mL 1 mol/L HCl 溶液，需要 12 mol/L HCl 溶液的体积为 21 mL。

【例 8】在 50.0 g 水中溶有 0.200 g 甲醇，溶液的密度为 1.00 g/mL，求此溶液的物质的量浓度。

解：甲醇的摩尔质量 M=32.0 g/mol，溶液的体积

$$V=\frac{50.0\ g+0.200\ g}{1.00\ g/mL}=50.2\ mL$$

$$c_B=\frac{0.200\ g}{32.0\ g/mol\times 50.2\times 10^{-3}\ L}=0.124\ mol/L$$

答：所求溶液的物质的量浓度为 0.124 mol/L。

3. 物质的量在化学方程式计算中的应用

物质是由原子、分子、离子等微粒组成的，物质之间的化学反应也是这些微粒按一定的数目关系进行的。化学方程式可以明确地表示在化学反应中这些微粒之间是数目关系。

	$2H_2$	+ O_2 $\xlongequal{点燃}$	$2H_2O$
化学计量数 v 之比	2	1	2
扩大 6.02×10^{23} 倍	$2\times6.02\times10^{23}$	$1\times6.02\times10^{23}$	$2\times6.02\times10^{23}$
物质的量之比	2 mol	1 mol	2 mol

由此可见，化学方程式中各物质的化学计量数之比等于各物质的物质的量之比。

【例 1】 完全中和 0.10 mol NaOH 需要 HCl 的物质的量是多少？所需 HCl 的质量是多少？

解： $NaOH + HCl \xlongequal{} NaCl + H_2O$

1　　　1

0.10 mol　　$n(HCl)$

$$\frac{v(NaOH)}{v(HCl)}=\frac{n(NaOH)}{n(HCl)}$$

$$n(HCl)=\frac{1\times0.1\ mol}{1}=0.1\ mol$$

HCl 的相对分子质量是 36.5，HCl 的摩尔质量是 36.5 g/mol，HCl 的质量

$$m=n\cdot M=0.1\ mol\times36.5\ g/mol=3.65\ g$$

答：完全中和 0.10 mol NaOH 需要 HCl 的物质的量是 0.1 mol，所需 HCl 的质量 3.65 g。

【例 2】 欲测 H_2SO_4 的物质的量浓度，取此溶液 20 mL，与 0.2 mol/L NaOH 溶液反应，消耗 NaOH 25 mL，计算 H_2SO_4 溶液物质的量浓度？

解： $2NaOH + H_2SO_4 \xlongequal{} Na_2SO_4 + 2H_2O$

2 mol　　1 mol

$0.2\ mol/L\times0.025\ L$　　$c(H_2SO_4)\times0.02\ L$

$$c(H_2SO_4)=\frac{0.2\ mol/L\times0.025\ L}{2\times0.02\ L}=0.125\ mol/L$$

答：H_2SO_4 溶液物质的量浓度是 0.125 mol/L。

【例 3】 取碳酸钙试样 0.2 g，溶于 25 mL 的 0.20 mol/L HCl 溶液中，过量的盐酸用 0.20 mol/L NaOH 溶液中和，消耗 NaOH 溶液 5.5 mL，求碳酸钙的含量。

解： 首先求出过量的 HCl 的体积

$NaOH + HCl \xlongequal{} NaCl + H_2O$

1 mol　　1 mol

$0.2\ mol/L\times0.005\ 5\ L$　　$0.20\ mol/L\times V(HCl)$

$$V(HCl)=0.005\ 5\ L=5.5\ mL$$

其次求与 $CaCO_3$ 反应的 HCl 的体积为 25 mL−5.5 mL=19.5 mL

最后求 $CaCO_3$ 的物质的量

$2HCl + CaCO_3 \xlongequal{} CaCl_2 + H_2O + CO_2\uparrow$

2 mol　　1 mol

$0.2\ mol/L\times0.0195\ L \quad n$

$$n=1.95\times10^{-3}\ mol$$

$$\omega(CaCO_3)=\frac{n(CaCO_3)\times M(CaCO_3)}{0.2\ g}\times100\%=\frac{1.95\times10^{-3}\ mol\times100\ g/mol}{0.2\ g}\times100\%=97.5\%$$

答：碳酸钙的含量为97.5%。

1.1.2 稀溶液的依数性

溶液按溶质类型不同有电解质溶液和非电解质溶液之分，而按溶质相对含量不同又有稀溶液和浓溶液之分。在溶液理论发展过程中，人们最先认识了难挥发的非电解质稀溶液的规律，然后才逐步认识电解质稀溶液与浓溶液的规律。

溶液的性质取决于组成溶液的溶质和溶剂的性质以及它们的相互作用。不同的溶液具有不同的性质。研究发现，在挥发性溶剂中加入难挥发性溶质后，稀溶液会有蒸气压下降、沸点升高、凝固点降低和具有一定的渗透压等共同性质。这些性质只与溶液中溶质的粒子数(溶质的含量)有关而与溶质本性无关，因此，这些性质被称为稀溶液的依数性。

1. 溶液的蒸气压下降

在同一温度下，不同的物质具有不同的蒸气压。固态物质的蒸气压一般很小。在常温时，蒸气压较大的液态物质称为挥发性物质，如乙醚、丙酮等；蒸气压小的物质称为难挥发性物质，如甘油、乙二醇等。

当液体的蒸气压等于外界压力时，液体就会沸腾。此时的温度称为该液体的沸点。正常沸点是指液体蒸气压为101.325 kPa时的温度。表1-2是水在不同温度时的蒸气压。

表1-2 水在不同温度时的蒸气压

温度/℃	0	10	20	30	40	50	60	70	80	90	100	120
蒸气压/kPa	0.61	1.23	2.33	4.24	7.38	12.3	19.93	31.2	47.3	70.1	101.3	198.5

实验表明：在纯溶剂中加入难挥发非电解质作溶质时，所得溶液的蒸气压要比纯溶剂的低。在同一温度时，两者的蒸气压之差称为溶液的蒸气压下降值(Δp)。在一定范围内，加入溶质的量越大，蒸气压下降越显著。

蒸气压下降是由于溶剂中溶入溶质后，溶液的一部分表面被溶质分子占据，而使单位面积上的溶剂分子数减少，同时，溶质分子和溶剂分子要比纯溶剂少。所以，在蒸发和凝聚达到平衡时，溶液的蒸气压就必然比纯溶剂的蒸气压小。溶液浓度越大，溶液的蒸气压下降就越多。溶液的蒸气压下降必然引起溶液的沸点升高、凝固点下降和产生渗透压。

2. 溶液的沸点升高

当溶液的蒸气压随着温度升高而增大到和外界大气压相等时，溶液就开始沸腾。液体的蒸气压等于外界大气压(通常为101.325 kPa)时的温度称为该液体的沸点。例如，水在100℃时的蒸气压恰好是101.325 kPa，所以，水的沸点是100℃。高原地区由于空气稀薄，气压较低，所以，水的沸点低于100℃。在一定压强下，液体的沸点是固定的。

如果水中溶有难挥发性的溶质，溶液的蒸气压小于101.325 kPa，不会沸腾。要使溶液的蒸气压和外界大气压相等，就必须升高溶液的温度，所以，溶液的沸点总是高于纯溶剂的沸点。如在常压下，海水的沸点高于100℃就是这个道理。

在生产和实验中，对那些在较高温度时易分解的有机溶剂，常采用减压(或抽真空)操作进行蒸发，一方面可以降低沸点，另一方面可以避免一些产品因高温分解而影响质量和产量的问题。

3. 溶液的凝固点降低

物质的液态和固态的蒸气压相等时，即物质的液相和固相共存时的温度称为该物质的凝固点。在常压下，水的凝固点为0℃，水的凝固点习惯上叫水的冰点。纯水冷却到0℃结冰，这时，冰的蒸气压等于水的蒸气压(0.610 kPa)(冰的蒸气压见表1-3)。如果在水中加入难挥发的溶质，由于溶液的蒸气压下降，在0℃时，溶液的蒸气压小于冰的蒸气压，溶液和冰不能共存，溶液在0℃不能结冰。溶液降到0℃以下的某个温度，会出现冰的蒸气压和溶液的蒸气压相等的一点，这就是溶液的凝固点，它比纯水的凝固点要低。所以，溶液的凝固点总是低于纯溶剂的凝固点。在常压下，海水的冰点低于0℃就是这个道理。

表1-3 冰在不同温度下的蒸气压

温度/℃	−20	−15	−10	−5	0
蒸气压/kPa	0.11	0.16	0.25	0.40	0.61

4. 渗透压

两种浓度不同的溶液混合在一起最终可形成浓度均匀的溶液。溶液的渗透实验可通过一种具有选择性的膜来进行，这种膜上的细孔只能允许溶剂的分子通过而不允许溶质的分子通过，因此叫作半透膜。像动物的膀胱膜、肠衣、植物的细胞膜、人造羊皮纸、火胶棉等都具有半透膜的性质。图1-1说明了溶液的渗透现象。用半透膜把水和蔗糖溶液隔开，这时只有水分子能够通过半透膜而扩散，蔗糖分子则不能通过半透膜。由于单位体积内蔗糖溶液中含有的水分子数比纯水少，因而，在单位时间内从纯水向蔗糖溶液方向扩散的水分子数比从蔗糖溶液向纯水方向扩散的水分子数目多。结果表现为水不断透过半透膜渗入蔗糖溶液，使蔗糖溶液的浓度逐渐减小而体积逐渐增大。用半透膜把两种浓度不同的溶液隔开也能发生渗透现象，这时，水从稀溶液渗入到浓溶液中。

这种溶剂分子通过半透膜由纯溶剂扩散到溶液中(或由稀溶液渗入到浓溶液中)的现象称为渗透。随着渗透作用的进行，图1-1中容器右侧(蔗糖溶液)的液面逐渐升高，左侧液面逐渐下降。两侧液面产生液位差，液柱的压力使溶液中的水分子向外扩散的速度逐渐加快，也使纯水中的水分子从外进入溶液的速度逐渐减慢。当右侧液面上升到一定程度时，水分子向两个方向的扩散速度相等，即单位时间内水分子从纯水进入溶液的数目与从溶液进入纯水的数目相等，体系建立起一个动态平衡，称为渗透平衡。这时，右侧液面不再上升，这种为维持被半透膜隔开的溶液与纯溶剂之间的渗透平衡所需加于溶液的额外压力称为渗透压。渗透压的大小可用两侧液面高度之差(h)来衡量，这段液柱高度所产生的压力即为该溶液的渗透压。

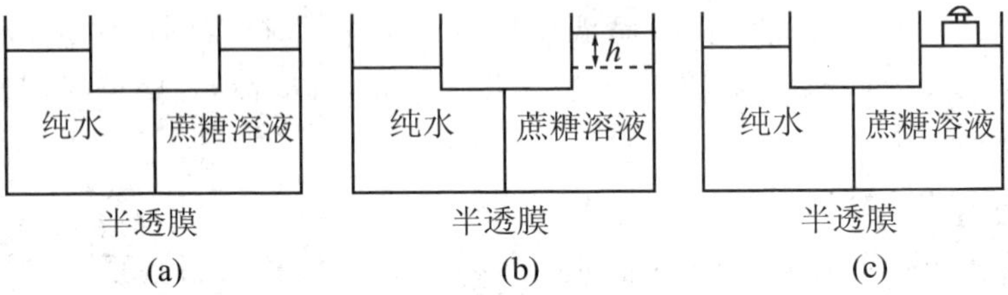

图 1-1　溶液的渗透压示意图

(a)开始时；(b)水分子由纯水向蔗糖水溶液渗透；(c)施加最小外压阻止渗透作用进行

范特霍夫方程在形式上与理想气体状态方程相似，但这并不说明气体压力和渗透压产生的原因也相同，恰恰相反，气体的压力是由于气体分子碰撞器壁而产生，溶液的渗透压并不是溶质分子运动的直接结果，而是由溶剂分子在半透膜两边运动所致。

凡是溶液都有渗透压，不同浓度的溶液具有不同的渗透压。但存在半透膜时，溶液的浓度越高，水向溶液中的渗透力就越强，要阻止渗透作用进行所需加的外力就越大，即溶液的渗透压就越大。相反，溶液的浓度越低，渗透压则越小。如果半透膜两边是浓度不同的两种溶液，其中浓度较高的溶液称为高渗溶液；浓度较低的溶液称为低渗溶液。如果半透膜两边的溶液浓度相同，则它们的渗透压也相等，这种渗透压相等的溶液称为等渗溶液。

动植物体的细胞膜大多具有半透膜的性能，因此，渗透作用意义重大。当水渗入植物细胞后，就产生很大的压力，从而使植物组织保持撑紧状态并具有弹性。植物的生长发育和土壤溶液的渗透压有关。只有土壤溶液的渗透压低于细胞液的渗透压时，植物才能不断地从土壤中吸收水分和养分进行正常的生长发育，如果土壤溶液的渗透压高于植物细胞液的渗透压，植物细胞内的水分就会向外渗透导致植物枯萎，盐碱地不利于作物生长就是这个道理。给作物喷药或施肥时，溶液的浓度不能过大，否则会引起烧苗现象，这也是由于水从植物体内向体外渗透的作用。静脉输液时，注射液应与血液是等渗溶液，如为高渗溶液，则血液细胞中的水分将向外渗透，引起血球发生胞浆分离的现象；如为低渗溶液，则水分将向血球中渗透，引起血球细胞的胀破，产生溶血现象。因此，临床常用0.9%(质量分数)的生理盐水和5%(质量分数)的葡萄糖溶液的等渗溶液。眼药水必须和眼球组织中的液体具有相同的渗透压，否则会引起疼痛。淡水鱼不能生活在海水中，海水鱼不能生活在河水中，也是由于河水和海水的渗透压不同，引起鱼体细胞的膨胀和皱缩的缘故。

综上所述，当难挥发的非电解质溶解在溶剂中形成稀溶液时，它的蒸气压下降、沸点升高、凝固点降低，并且产生渗透压。这些变化与在一定量溶剂中溶解的溶质分子数成正比，而与溶质本性无关。这些通性称为溶液的依数性，它们所遵循的定量关系称稀溶液定律。

电解质溶液或者浓度较大的溶液也具有上述性质。但是，由于在溶液中离子数、溶质分子较多，粒子间的相互影响增大。因此，电解质溶液或浓溶液中不存在上述稀溶液定律所表明的定量关系。

1.2 胶体

胶体是早在1861年由格莱姆提出的概念，是分散系的一种。通常把分散质分散在液体分散剂里，所形成的胶体分散系称为胶体溶液，简称溶胶。胶体是由直径为1～100 nm的胶粒分散在分散介质中形成的分散系。

胶体是在一定分散度范围内，物质存在的一种状态，而不是某一类物质的固有特性。胶体分散系在自然界尤其生物界普遍存在；它与人类的生活及环境有着非常密切的关系。我们经常遇到一种物质分散到另一种物质中的问题。例如，我们常在冲好的咖啡中加入牛奶；在防治某种作物虫害时，常把乐果乳油分散到水里配制成药液等。这些都与胶体有关。

由于分散相和分散介质聚积状态不同，物质的三种状态(固态、液态和气态)都可组合成分散系(如表1-4所示)；但两者都是气态体系，实际是气体混合物，其性质不属于胶体范围。

表1-4　常见的胶体分散系

名　称	分散相	分散介质	实　例
液溶胶(溶胶)	固	液	AgI溶胶、金溶胶、硫溶胶
固溶胶	液 固	固 固	硅酸凝胶、白宝石珍珠、珍珠合金、有色玻璃、照相胶片
气溶胶	液 固	气 气	云雾、酸雾、烟尘 NH_4Cl烟幕

1.2.1 溶胶粒子的结构

一般来说，在胶体溶液中，胶体粒子中心叫作胶核，是由许多分子聚集而成的，它本身不带电。胶核选择性吸附溶液中与其组成有关的离子，而胶核表面带电荷。这种决定胶核表面电位的离子称为电位离子(或定位离子)。溶液中与电位离子带相反电荷的离子称为反离子。反离子分布在胶核周围，一方面受胶核表面电位离子的静电引力，有靠近胶核表面的趋势；另一方面由于本身的热运动有远离胶核表面的趋势。结果，一部分反离子受电位离子的吸引而被束缚在胶核表面，与电位离子一起形成吸附层。胶核与吸附层构成胶粒。在吸附层外面，还有一部分反离子疏散地分布在胶粒周围形成扩散层。胶粒和扩散层一起称为胶团，胶团是电中性的。胶团的结构可表示如下：

[(胶核)·电位离子·反离子]·反离子

吸附层　　扩散层(带电荷)

胶粒(带电荷)

胶团(电中性)

为讨论溶胶的结构，下面以 AgI 溶胶为例进行说明。当 $AgNO_3$ 与 KI 反应生成 AgI 胶体时，如果 KI 过量，溶液中有 K^+ 和 I^- 存在。有 m 个 AgI 分子聚结为胶核 $[AgI]m$，它优先吸附类似组成的离子 I^- 离子，反离子是 K^+ 离子。如 $[AgI]m$ 胶核吸附 n 个 I^- 离子，则反离子数亦为 n 个。假定有 x 个 K^+ 处于扩散层中，那么，被 n 个 I^- 吸引而进入吸附层中去的 K^+ 必为 $n-x$ 个。这时胶粒带 x 个负电荷。整个胶团是电中性的，它的结构可表示如下：

$$\{[AgI]m \cdot nI^- \cdot (n-x)K^+\}^{x-} \cdot xK^+$$

胶核　电位离子　反离子　反离子

吸附层　　扩散层(带电荷)

胶粒(带电荷)

胶团(电中性)

$Fe(OH)_3$ 溶胶的胶团结构表示式如下：

$$\{[Fe(OH)_3]_m \cdot nFeO^+ \cdot (n-x)Cl^-\}^{x+} \cdot xCl^-$$

上述几种胶团结构是依据双电层理论等一些间接实验结果推测而得到的，故只是胶团结构的近似描述，并且由于制备时稳定剂不同，及胶核本身性质等原因，则选择吸附的离子及反离子也不同。因此不能把这里的表示式看成是某一溶胶固定的结构式。

1.2.2　胶体中固体表面的吸附作用

由于胶体中固态分散质的微粒很小，所以分散质有着巨大的总表面积，例如，每边长为 1 cm 的立方体的表面积是 6 cm^2。当把这个物体分散成胶体微粒时，如每边长为 10^{-8} m 的小立方体，它的总表面积即成为 600 m^2，也就是原来的 100 万倍。由于胶体粒子有巨大的总表面积，所以胶体有较强的吸附能力。

例如，用 $AgNO_3$ 和 KI 制备 AgI 溶胶，如果 $AgNO_3$ 过量，则 AgI 表面会选择吸附 Ag^+，带正电荷，NO_3^- 则聚集在 AgI 表面附近的溶液中。如果 KI 过量，则 AgI 表面会选择吸附 I^-，带负电荷，K^+ 则聚集在 AgI 表面附近的溶液中。在电泳实验中，I^-(KI)过量时，AgI 溶胶粒子(带负电荷)向阳极移动，随着 $AgNO_3$ 稀溶液的加入，可观察到 AgI 溶胶停止移动，再加入 $AgNO_3$ 溶液时(带正电荷)，AgI 溶胶又会移向阴极。

土壤中进行着大量的离子交换过程，例如，在土壤中施用硫酸铵肥料时，NH_4^+ 就与土壤胶粒中的可交换阳离子(如 Ca^{2+}、K^+、Na^+ 等)进行交换，NH_4^+ 被吸附在土壤胶粒上蓄存起来。保持土壤养分。当植物需要这些养分时，植物根系就分泌出酸性物质与这些养分进行交换，交换的结果使吸附在土壤胶粒上的 NH_4^+ 释放出来，被植物吸收。

1.2.3 胶体的基本性质

在分散系的分类中，分散质粒子直径在 1～100 nm 的分散系属于胶体分散系。若把固态分散质以胶体粒子的大小分散在液态分散剂中，所得的分散系就是通常所说的胶体溶液，也称溶胶。组成溶胶的粒子比较小，在一般情况下溶胶与普通溶液两者较难区分。用肉眼辨别不出溶胶与普通溶液的明显区别，而且溶胶和溶液都可以通过滤纸。但溶胶也有一些特殊的性质。

1. 丁铎尔现象

当阳光透过窗帘上的小孔射到屋里的时候，在与入射光线垂直的方向上观察可以看到一束光的“通路”，这种观象叫作光的散射。这是由于光束在空气里前进时，遇到很多灰尘粒子，它们的直径小于光束的波长，此时光波绕过粒子向各个方向散射出去，散射出来的光称为散射光。同样，让光线透过溶胶，从侧面也可以看到溶胶里出现一条光亮的“通路”(如图 1-2 所示)，这种现象称为丁铎尔现象。这是胶体粒子对入射光散射的结果。溶液没有丁铎尔现象，所以利用丁铎尔现象可以鉴别溶胶和溶液。

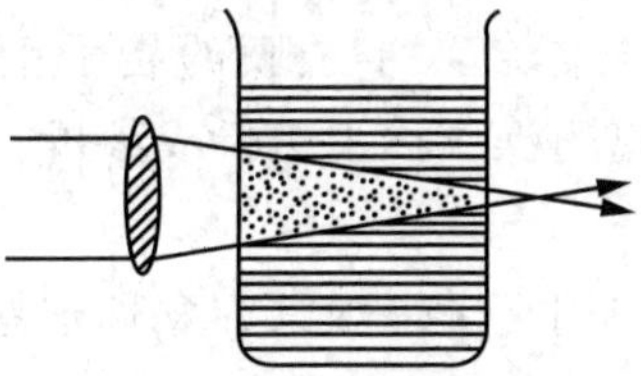

图 1-2　丁铎尔现象

2. 电泳

如果在一只 U 形管内装入红褐色 $Fe(OH)_3$ 溶胶，在 U 形管的两端各插入一电极，如图 1-3 所示，通电一段时间后，会发现阴极附近溶胶颜色变深，溶胶界面上升；阳极附近溶胶颜色变浅，溶胶界面下降。

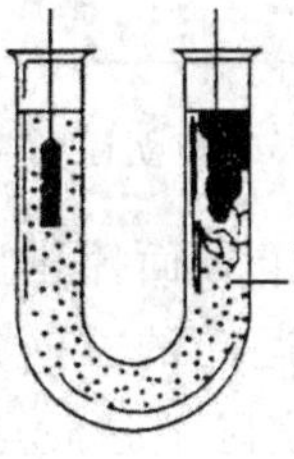

图 1-3　电泳

实验结果表明：$Fe(OH)_3$ 胶体粒子带正电荷，在电场的作用下向阴极移动。像这种在外加电场的作用下，胶体粒子在分散剂里做定向移动的现象称为电泳现象。电泳现象说明胶体粒子是带电的。胶粒带正电荷的溶胶称为正溶胶；胶粒带负电荷的溶胶称为负溶胶。

3. 透析

将淀粉胶体溶液和食盐溶液装在一只用半透膜制成的袋子里，然后如图 1-4 所示用线把半透膜的袋口系好，系在玻璃棒上，并把它悬挂在盛有蒸馏水的烧杯里。

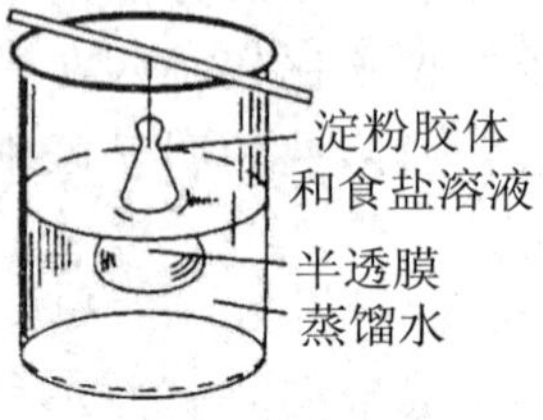

图 1-4　透析

几分钟后，各取烧杯里的溶液 5 mL 分别加入两支试管中，向第一支试管中滴加少量的 $AgNO_3$ 溶液；向第二支试管中滴加少量的 I_2-KI 溶液。则第一支试管里产生了白色沉淀，第二支试管里没有发生变化。

实验结果表明：Cl^- 可以穿过半透膜的微孔，而胶体粒子不能穿过半透膜的微孔。

这种把混有离子或分子的胶体装入半透膜的袋子里，并把这个袋子放在溶剂中，从而使离子或分子从溶胶中分离的操作称为透析或渗析。利用透析可以精制某些胶体。

4. 布朗运动

布朗最早把花粉悬浮在水中用显微镜观察，发现这些小颗粒做无规则的曲折运动，如图 1-5 所示。后来用超显微镜观察到溶胶中胶粒的运动也具有同样的现象，这种现象称为布朗运动。

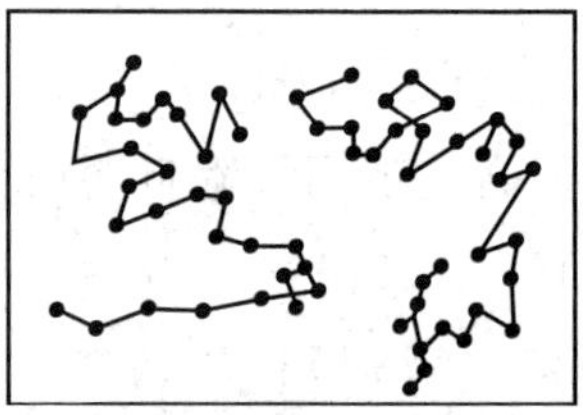

图 1-5　布朗运动

布朗运动的产生是因为水分子从各个方面撞击胶体微粒，而每一瞬间胶体在不同方向受的力是不相同的，所以胶体微粒运动的方向每一瞬间都在改变，因而形成不停顿的、无规则的运动。布朗运动的本质实际上是质点的热运动的结果。

1.2.4　胶体的制备

胶体制备的必要条件是其分散相颗粒大小要在胶体范围之内，这样由于颗粒小，体系比表面大，因此胶体很易聚结而沉淀。制备方法原则上有两种，一种是分散法，把粗的颗粒研碎到胶体颗粒的大小；另一种是凝聚法，将分子、原子或离子聚结成胶体颗粒的大小。

1. 分散法

分散法通常采用研磨法。一般用特殊的胶体磨将粗的颗粒研细，随时与分散剂混合形成胶体。

2. 凝聚法

凝聚法分为物理方法和化学方法两种。

在物理方法中，如硫黄溶于酒精而不溶于水，将硫黄的酒精溶液滴入水中，由于硫黄在水中溶解度小，凝聚而形成硫黄胶体溶液。

在化学方法中，如将很稀的 $AgNO_3$ 溶液和 KI 溶液混合，并保持 $AgNO_3$ 过量(或 KI 过量)，按下述反应就可以制得 AgI 胶体溶液：

$$AgNO_3 + KI = AgI(\text{胶体}) + KNO_3$$

又如，将 $FeCl_3$ 溶液滴入沸水中就发生下面的水解反应，结果生成红褐色的 $Fe(OH)_3$ 胶体溶液：

$$FeCl_3 + 3H_2O = Fe(OH)_3(\text{胶体}) + 3HCl$$

1.2.5 溶胶的聚沉

溶胶相当稳定，放置很长时间也不会沉降。溶胶稳定的主要原因是胶粒带相同的电荷，所以，在胶粒间产生了一定的静电斥力，从而阻止它们互相接触而聚沉。另外，由于胶粒较小，不停地做无规则运动，致使吸附在胶粒表面的粒子水化，形成水化膜，这也阻止了胶粒聚沉。一旦稳定条件被破坏，溶胶中粒子就合并、长大，这一过程称为聚沉，引起溶胶聚沉的方法主要有：

1. 加入电解质的聚沉作用

少量的电解质可引起溶胶的聚沉。研究发现，电解质使溶胶凝聚起主要作用的是与胶粒带相反电荷的离子，并且离子价态越高，越易中和带电相反的溶胶粒子，聚沉能力越强，如 $MgSO_4$ 比 KCl 对 $Fe(OH)_3$ 溶胶的聚沉能力强。同价离子聚沉能力也不相同。

一般来说，有机化合物的离子都有非常强的聚沉能力，对于破坏胶体的稳定性更为有效。特别是一些高分子凝聚剂的表面活性物质(如脂肪酸盐)及聚酰胺类化合物，如聚丙烯酰胺、聚乙烯甲基醚、聚氧丙烯二醇等凝聚剂，近年来已在工业上广泛应用。土壤中加入部分水解的聚丙烯腈钠盐，则使土壤凝结、防止被风吹散、增加水土保持作用，这里的凝聚剂又称为土壤改良剂。

2. 带相反电荷的胶体相互聚沉现象

将两种电性相反的溶胶混合，也会发生聚沉，这种聚沉作用叫作相互聚沉。明矾净水就是利用这个原理，明矾[$KAl(SO_4)_2 \cdot 12H_2O$]溶于水后，形成带正电荷的 $Al(OH)_3$ 溶胶，而天然水中悬浮的胶粒多是带负电荷的，两种胶粒相互吸引而聚集沉淀，从而使水净化。但当两种溶胶不成比例时，只能发生部分聚沉；极少量的一种溶胶加到多量的另一种溶胶中并不发生聚沉。在土壤中带相反电荷的胶粒的相互凝聚具有重要的意义。土壤中存在的胶体物质大部分胶粒带负电荷，但也有带正电荷的

$Fe(OH)_3$ 和 $Al(OH)_3$ 的胶体溶液，它们的胶粒互相凝聚对土壤粒结构的形成具有重要的作用。

3. 加热

几乎所有的吸附都是放热反应，因此提高溶胶的温度有利于被吸附离子的解析，从而降低了溶胶的稳定性。同时，加热能使胶粒的运动速率加快，增加胶粒相互碰撞的机会，同时减小了胶核对离子的吸附作用，因而降低了胶粒所带电荷，也能加速溶胶的聚沉。

高分子化合物如蛋白质、淀粉、聚氯乙烯等，溶解在适当溶剂中所形成的溶液，分子直径大小已属于胶体分散范围，因此有些性质与溶胶很相似，但更多性质是不同于溶胶而又类似于真溶液。

1.3 电离平衡

1.3.1 强电解质和弱电解质

氯化钠、硝酸钾、氢氧化钠等固体不导电，而它们的水溶液能够导电，原因是它们在水溶液里发生了电离，产生了能够自由移动的离子。如果将氯化钠、硝酸钾、氢氧化钠等固体分别加热至熔化，它们也能导电。这些在水溶液里或熔化状态下能够导电的化合物叫作电解质。蔗糖、酒精等化合物无论是在水溶液和熔化状态都不导电，这些化合物叫作非电解质。

电解质溶液之所以能导电，是因为溶液里存在自由移动的离子。并且溶液导电性的强弱与单位体积里能自由移动的离子数目有关，即与离子浓度的大小有关。也就是说，在相同的条件下，导电性强的溶液里能自由移动的离子浓度一定比导电性弱的溶液里的大。这说明电解质在溶液里电离的程度是不一样的。实验证明，在大多数盐类、强酸、强碱的水溶液里，只有离子，没有溶质分子，它们是全部电离的。在水溶液里全部电离成离子的电解质叫作强电解质。用“$=\!=\!=$”表示完全电离，例如，NaOH、KOH、HCl、H_2SO_4、NaCl、KNO_3 等都是强电解质。

$$HCl =\!=\!= H^+ + Cl^-$$

在水溶液里只有一部分分子电离成离子的电解质叫作弱电解质。用“$\rightleftharpoons$”表示部分电离，弱酸、弱碱是弱电解质，如 CH_3COOH、$NH_3 \cdot H_2O$ 等，水也是弱电解质。

$$CH_3COOH \rightleftharpoons H^+ + CH_3COO^-$$

$$H_2O \rightleftharpoons H^+ + OH^-$$

1.3.2 电离常数

当弱电解质溶于水时，在水分子的作用下，弱电解质分子电离出离子，而离子又可以重新结合成分子。因此，弱电解质的电离是可逆的。在一定条件(如浓度、温度)下，当电解质分子电离成离子的速率和离子重新结合成分子的速率相等时，电离过程就达到了平衡状态，这叫作电离平衡。例如，醋酸(HAc)的水溶液存在着下列平衡：

$$HAc \rightleftharpoons H^+ + Ac^-$$

根据化学平衡理论，达到平衡时

$$K_a = \frac{c(H^+)c(Ac^-)}{c(HAc)}$$

式中，平衡常数 K_a 称为醋酸的电离常数，$c(H^+)$和 $c(Ac^-)$和 $c(HAc)$分别表示 H^+、Ac^-和 HAc 在电离平衡时的浓度。

同样，对于一元弱碱，如 $NH_3 \cdot H_2O$，则

$$NH_3 \cdot H_2O \rightleftharpoons NH_4^+ + OH^-$$

$$K_b = \frac{c(NH_4^+)c(OH^-)}{c(NH_3 \cdot H_2O)}$$

式中，K_b为氨水的电离常数，$c(NH_4^+)$和 $c(OH^-)$和 $c(NH_3 \cdot H_2O)$分别表示 NH_4^+、OH^-和 $NH_3 \cdot H_2O$ 在电离平衡时的浓度。

由上述表示式可以看出，K 值越大，离子浓度也越大，即表示该电解质较易电离。所以，从 K_a或 K_b的大小可以判断弱酸和弱碱的相对强弱。

多元弱酸、弱碱的电离是分步进行的，各级电离都有相应的电离常数。

例如，H_2CO_3 的电离 $H_2CO_3 \rightleftharpoons H^+ + HCO_3^-$

$$K_{a_1} = \frac{c(H^+)c(HCO_3^-)}{c(H_2CO_3)}$$

$$HCO_3^- \rightleftharpoons H^+ + CO_3^{2-}$$

$$K_{a_2} = \frac{c(H^+)c(CO_3^{2-})}{c(HCO_3^-)}$$

一般来说，$K_{a_1} > K_{a_2} > K_{a_3}$。因此，多元弱酸的酸性主要由一级电离决定。不同的多元酸、碱只需比较它们的一级电离常数。表 1-5 列出了几种常见弱电解质的电离常数。

表 1-5　一些弱酸和弱碱的电离平衡常数(25℃)

电解质	分子式	电离常数	电解质	分子式	电离常数
醋　酸	HAc	1.79×10^{-5}	亚硫酸	H_2SO_3	$K_{a_1}=1.54\times10^{-2}$ $K_{a_2}=1.02\times10^{-7}$
氢氰酸	HCN	4.93×10^{-7}			
氢氟酸	HF	3.533×10^{-4}	氢硫酸	H_2S	$K_{a_1}=9.1\times10^{-8}$ $K_{a_2}=1.1\times10^{-12}$
磷　酸	H_3PO_4	$K_{a_1}=7.52\times10^{-3}$ $K_{a_2}=6.23\times10^{-8}$ $K_{a_3}=2.2\times10^{-13}$	碳　酸	H_2CO_3	$K_{a_1}=4.3\times10^{-7}$ $K_{a_2}=5.6\times10^{-11}$
甲　酸	HCOOH	1.77×10^{-4}	氨　水	$NH_3 \cdot H_2O$	1.79×10^{-5}

电离常数和化学平衡常数一样不随浓度的变化而变化，只与电解质的本性及温度有关。且电离常数随温度的变化不大，在室温下，可以不考虑温度对电离平衡常数的影响。

1.3.3 水的电离和溶液的 pH

电解质溶液的酸碱性跟水的电离有密切的关系，本部分先来研究水的电离情况。

1. 水的电离

纯水是很弱的电解质，在常温下微弱地电离，存在 H^+、OH^- 和 H_2O 之间的电离平衡。

$$H_2O \rightleftharpoons H^+ + OH^-$$

$$K_c = \frac{c(H^+)c(OH^-)}{c(H_2O)}$$

$$K_c \cdot c(H_2O) = c(H^+) \cdot c(OH^-)$$

由于 K_c 是一个常数，所以 $K_c \cdot c(H_2O)$ 仍是一个常数，称为水的离子积常数，用 K_w 表示。实验证明，在一定温度下，不仅纯水中的 $c(H^+) \cdot c(OH^-)$ 乘积是一个常数，而且酸性或碱性的稀溶液里也是这样。在 25℃时，

$$K_w = c(H^+) \cdot c(OH^-) = 1.0 \times 10^{-14}$$

因此，只要已知溶液中 H^+（或 OH^-）的浓度，就可以算出 OH^-（或 H^+）的浓度。这是常用的计算酸碱溶液中 $c(H^+)$ 的方法。

【例】求 25℃时 0.10 mol/L 盐酸溶液中 H^+ 和 OH^- 的浓度。

解：盐酸是强电解质，在水溶液中全部电离成离子。

$$HCl = H^+ + Cl$$

$$c(H^+) = c(HCl) = 0.10\ \text{mol/L}$$

$$c(OH^-) = \frac{K_w}{c(H^+)} = \frac{1 \times 10^{-14}}{0.01}\ \text{mol/L} = 1 \times 10^{-13}\ \text{mol/L}$$

答：此盐酸溶液中 H^+ 和 OH^- 的浓度分别为 0.10 mol/L、1.0×10^{-13} mol/L。

显然，在常温下，稀溶液的酸碱性主要由溶液中 H^+ 和 OH^- 浓度的相对大小来决定，其关系如下：

酸性溶液 $c(H^+) > 1.0 \times 10^{-7}$ mol/L　$c(OH^-) < 1.0 \times 10^{-7}$ mol/L

中性溶液 $c(H^+) = c(OH^-) = 1.0 \times 10^{-7}$ mol/L

碱性溶液 $c(H^+) < 1.0 \times 10^{-7}$ mol/L　$c(OH^-) > 1.0 \times 10^{-7}$ mol/L

2. pH、溶液的酸碱性

在实际应用中，一般用 $c(H^+)$ 来表示溶液的酸碱性，$c(H^+)$ 越大，溶液的酸性越强；$c(H^+)$ 越小，溶液的酸性越弱。但对于 $c(H^+)$ 很小的溶液，用 $c(H^+)$ 来表示溶液的酸碱性的强弱很不方便。为此，常采用氢离子的物质的量浓度的负对数来表示溶液的酸碱性，称为溶液的 pH：

$$pH = -\lg c(H^+)$$

例如：$c(H^+) = 1.0 \times 10^{-13}$ mol/L，$pH = -\lg 10^{-13} = 13$

$c(H^+) = 1.0 \times 10^{-7}$ mol/L，$pH = -\lg 10^{-7} = 7$

$c(H^+) = 1.33 \times 10^{-3}$ mol/L，$pH = -\lg 1.33 \times 10^{-3} = 2.88$

pH、溶液酸碱性的关系为：

酸性溶液 $c(H^+)>1.0\times10^{-7}$ mol/L，pH<7.0

中性溶液 $c(H^+)=1.0\times10^{-7}$ mol/L，pH=7.0

碱性溶液 $c(H^+)<1.0\times10^{-7}$ mol/L，pH>7.0

溶液的酸性越强，$c(H^+)$越大，pH 越小；溶液的碱性越强，$c(H^+)$越小，pH 越大。

当溶液的$c(H^+)$或$c(OH^-)$大于 1 mol/L 时，不宜用 pH 来表示溶液的酸碱性，而是直接用$c(H^+)$或$c(OH^-)$来表示。一般 pH 适用于$c(H^+)$为 $1.0\sim1.0\times10^{-14}$ mol/L 的溶液，其范围为 0～14。

3. 溶液 pH 的测定方法

测定溶液 pH 的方法很多，通常用 pH 试纸和酸度计来测定。

常用的 pH 试纸有两种：广泛 pH 试纸和精密 pH 试纸。pH 试纸在不同的酸碱性溶液中，显示不同的颜色。测定时，先把待测溶液滴在 pH 试纸上，然后把试纸显示的颜色与标准比色卡对照，即可确定被测溶液的 pH。一般来说，广泛 pH 试纸的误差约为 1 个 pH 单位，精密 pH 试纸的误差约为 0.2 个 pH 单位。

酸度计是精确测定溶液 pH 的仪器。按测量精度，可分 0.2 级、0.1 级、0.01 级（或更高精度）；按仪器体积，可分为笔式（迷你型）、便携式、台式及在线连续监控测量的在线式。目前，实验室常用的酸度计有国产雷磁 PHS-3C 型酸度计、PHSJ-4F 型酸度计、瑞士梅特勒-托利多 Five 系列酸度计、美国奥豪斯 ST 系列酸度计等。

酸度的测定和控制在农林生产上和科研中都有很重要的意义。动植物的生长发育都要求具有一定的 pH 范围，例如，大豆最适 pH 是 6～7，水稻最适 pH 是 5.7～6.5；猪血液的 pH 为 7.85～7.95，乳牛血液的 pH 为 7.36～7.5。根据土壤的 pH，选择适宜的树种，施用适宜的化肥等。此外，各种微生物的生长也要求具有一定的 pH。例如，赤霉菌生长的最适 pH 为 6。因此，了解和学会测定溶液的 pH，对农业生产和科学实验都具有重要的意义。

1.3.4 离子方程式

1. 离子反应、离子方程式

电解质溶于水后，能够电离成离子。所以，电解质在溶液中的反应实质上就是离子之间的反应。把有离子参加的反应统称为离子反应。例如，当 $CuSO_4$ 溶液与 $BaCl_2$ 溶液混合时，$CuSO_4$ 电离出的 Cu^{2+} 和 $BaCl_2$ 电离出的 Cl^- 都没有参加反应，参加反应的是 $BaCl_2$ 电离出的 Ba^{2+} 和 $CuSO_4$ 电离出的 SO_4^{2-}，Ba^{2+} 与 SO_4^{2-} 结合生成了白色的 $BaSO_4$ 沉淀：

$$Ba^{2+}+SO_4^{2-} = BaSO_4\downarrow$$

这种用实际参加反应的离子的符号和化学式来表示离子反应的式子，称为离子方程式。

离子方程式的意义和一般化学方程式有不同之处，即它不仅表示一定物质间的某个具体反应，而且能表示同一类型的反应。例如，H_2SO_4 与 $BaCl_2$ 的反应也可以用上述的离子方程式表示。

如何书写离子方程式呢？下面以 $AgNO_3$ 溶液和 NaCl 溶液的反应为例，说明书写离子方程式的步骤。

第一步，正确写出反应的化学方程式。

$$AgNO_3 + NaCl = AgCl\downarrow + NaNO_3$$

第二步，把化学方程式中的可溶性的强电解质写成离子形式，气体、难溶的物质或弱电解质仍以化学式表示。

$$Ag^+ + NO_3^- + Na^+ + Cl^- = AgCl\downarrow + Na^+ + NO_3^-$$

第三步，删去方程式两边不参加反应的离子。

$$Ag^+ + Cl^- = AgCl\downarrow$$

第四步，检查方程式两边各元素的原子个数和电荷数是否相等。

2. 离子反应发生的条件

研究证明，如果反应物的某些离子能结合生成新物质，使溶液中的这些离子浓度减少，就会发生离子反应。这就是说，离子反应的本质是反应物的某些离子浓度的减少。所以，研究离子反应发生的条件，实质上就是研究在什么条件下可以使反应物的某些离子的浓度减少。具备下列条件之一就可以使反应物的某些离子的浓度减少。

(1)生成难溶的物质

例如，当 NaOH 溶液和 $CuSO_4$ 溶液混合时，由于 Cu^{2+} 与 OH^- 结合生成难溶的 $Cu(OH)_2$ 沉淀，使溶液中的 Cu^{2+} 和 OH^- 的浓度迅速减少，因此该离子反应能够发生：

$$Cu^{2+} + 2OH^- = Cu(OH)_2\downarrow$$

当相关离子浓度足够大时，生成微溶物的离子反应也能发生。例如，当 $AgNO_3$ 与 Na_2SO_4 溶液混合时，如果 Ag^+、SO_4^{2-} 的浓度足够大，也能生成 Ag_2SO_4：

$$2Ag^+ + SO_4^{2-} = Ag_2SO_4\downarrow$$

由微溶物生成难溶物的反应也能发生。例如，$Ca(OH)_2$ 是微溶物，当石灰乳与 Na_2CO_3 溶液混合时，由于生成了更难溶的 $CaCO_3$ 沉淀，反应能够发生：

$$Ca(OH)_2 + CO_3^{2-} = CaCO_3\downarrow + 2OH^-$$

(2)生成气体(易挥发性的物质)

例如，当 Na_2SO_3 溶液与稀硫酸混合时，由于生成挥发性的 SO_2，使 H^+、SO_3^{2-} 的浓度迅速减小，反应能够发生：

$$2H^+ + SO_3^{2-} = SO_2\uparrow + H_2O$$

(3)生成难电离的物质

例如，当 NaOH 溶液与盐酸混合时，由于 H^+ 与 OH^- 结合生成难电离的 H_2O，使溶液中的 H^+ 和 OH^- 的浓度迅速减小，反应能够发生：

$$H^+ + OH^- = H_2O$$

(4)发生氧化还原反应

有些溶液中的离子反应，由于发生了氧化还原反应，使反应物的某些离子浓度减小，这类离子反应也能发生。例如：

$$Cu^{2+} + Fe \longequal Fe^{2+} + Cu$$

离子反应发生的条件，除了上面介绍的生成难溶、难电离或挥发性的物质，以及发生氧化还原反应外，还有其他一些条件，这里就不再更多地研究。

1.3.5　盐的水解

酸溶液呈酸性，碱溶液呈碱性，那么，盐溶于水后所形成的水溶液是否呈中性？

1. 盐的水解

【实验】把 CH_3COONa、Na_2CO_3、NH_4Cl、$Al_2(SO_4)_3$、NaCl、KNO_3 的固体分别加入 6 支盛有蒸馏水的试管中。振荡试管使之溶解，然后分别用 pH 试纸加以检验。

实验结果表明，CH_3COONa、Na_2CO_3 显碱性，NH_4Cl、$Al_2(SO_4)_3$ 显酸性，NaCl、KNO_3 呈中性。从以上可知，各类盐溶液的酸碱性是不相同的。一般强碱弱酸所生成的盐的水溶液呈碱性，强酸弱碱所生成的盐的水溶液呈酸性，强碱强酸所生成的盐的水溶液呈中性。这主要是盐类发生水解的原因。

按照电离理论，盐水解的实质是盐电离出的弱酸根(或弱碱离子)与水电离出的 H^+(或 OH^-)结合生成弱电解质，从而破坏了水的电离平衡，所以，盐的水溶液 pH 不全是等于 7。

例如：

$$\begin{array}{ccl} CH_3COONa & = & CH_3COO^- + Na^+ \\ & & \quad + \\ H_2O & \rightleftharpoons & \;\, H^+ + OH^- \\ & & \;\,\Updownarrow \\ & & CH_3COOH \end{array}$$

$$CH_3COONa + H_2O \rightleftharpoons CH_3COOH + NaOH$$

$$\text{或}\ CH_3COO^- + H_2O \rightleftharpoons CH_3COOH + OH^-$$

盐类水解后生成酸和碱，即盐类的水解反应可看作是酸碱中和反应的逆反应。

2. 盐类水解的类型

(1)强碱强酸所生成的盐不水解

例如，NaCl 溶于水中 $NaCl = Na^+ + Cl^-$　　$H_2O \rightleftharpoons H^+ + OH^-$

Na^+ 和 Cl^- 不能结合 OH^- 和 H^+ 生成弱电解质，水的电离平衡没有破坏，仍存在 $c(H^+) = c(OH^-)$，溶液呈中性。

(2)强酸弱碱所生成的盐水解

这类盐(NH_4Cl、$FeCl_3$ 等)能产生弱碱阳离子，弱碱阳离子能结合水产生 OH^-，使 $c(H^+)$ 与 $c(OH^-)$ 不相同，溶液中 $c(H^+) > c(OH^-)$，溶液呈酸性，$pH < 7$。由多元弱碱形成的盐，其水解是分步的，但因多元弱碱的阳离子水解情况比较复杂，所以通常仍看作一步水解。例如：

$$Fe^{3+}+3H_2O \rightleftharpoons Fe(OH)_3+3H^+$$

(3)强碱弱酸所生成的盐水解

此类盐(CH_3COONa、K_2CO_3 等)溶于水能产生弱酸根离子，弱酸根离子能结合水产生 H^+，使 $c(H^+)$ 与 $c(OH^-)$ 不相同，溶液中 $c(H^+)<c(OH^-)$，溶液呈碱性，pH>7。由多元弱酸根离子形成的盐，其水解是分步的，水解的化学方程式及离子方程式应分步书写，不能合并成一个。例如：

$$H_2O+CO_3^{2-} \rightleftharpoons HCO_3^-+OH^-$$

$$H_2O+HCO_3^- \rightleftharpoons H_2CO_3+OH^-$$

溶液的碱性主要由第一步水解决定，第二步水解很微弱。因此，多元弱酸盐水解的离子方程式一般只写第一步。

(4)弱酸弱碱所生成的盐水解

在弱酸弱碱所生成的盐(如 NH_4Ac)溶液中，盐的阴离子结合水产生的 H^+，盐的阳离子结合水产生的 OH^-，相互促进水解，所以水解程度较大。溶液的酸碱性决定生成的弱酸和弱碱的相对强弱，若弱碱较强则溶液显碱性；若弱酸较强则溶液显酸性。

3. 影响盐水解的因素

(1)盐的本性

盐类水解的程度主要决定于盐本身的结构和性质，如果盐类水解后生成的酸(或碱)越弱，即 K_a(或 K_b)值越小，则水解程度越大。

(2)温度

水解过程一般是吸热过程，升温能使水解程度增大，反之则减小。

(3)盐的浓度

盐的浓度越小，程度越大，所以稀释有利于水解。

(4)溶液的酸碱性

水解反应是可逆反应，在盐溶液中加入酸(或碱)会使水解平衡发生移动。向盐溶液中加入 H^+，可抑制阳离子水解，促进阴离子水解；向盐溶液中加入 OH^-，可抑制阴离子水解，促进阳离子水解。例如，配制 $SnCl_2$ 溶液，必须将固体 $SnCl_2$ 溶解在浓 HCl 中，再稀释至所需的浓度。

1.3.6 缓冲溶液

1. 同离子效应

与其他平衡一样，电离平衡也会因外界条件的改变而发生平衡的移动。例如，在 HAc 溶液中加入 HCl 或 NaAc，由于 HCl 或 NaAc 是强电解质，它们在溶液中完全电离，溶液中的 H^+ 或 Ac^- 浓度就会增大，都会使 HAc 的电离平衡向左移动，即向着生成 HAc 分子的方向移动，从而降低了 HAc 的电离度。同样，在 $NH_3 \cdot H_2O$ 中加入少量的 NaOH 或 NH_4Cl，也可以使 $NH_3 \cdot H_2O$ 的电离度降低。在弱电解质溶液中加入与弱电解质具有相同离子的强电解质，从而降低弱电解质电离度的现象，称为同离子效应。

2. 缓冲溶液的概念及组成

纯水是中性的，如果向纯水中加入少量的酸或碱，溶液的 pH 就会发生很大的变化。但有一种溶液，加入少量的酸或碱后，溶液的 pH 没有明显的变化。下面用两组实验来说明。

第一组：在三支试管中，各加水 10 mL 及混合指示剂 2 滴。在第二支试管中加入 1.0 mol/L HCl 溶液 1 滴，在第三支试管中加入 1.0 mol/L NaOH 溶液 1 滴，观察溶液颜色变化，并与未加酸或碱的第一支试管比较。实验表明，第二支试管和第三支试管中指示剂的颜色发生了很大的变化。

第二组：在三支试管中，各加入 10 mL pH 为 4.74 的 HAc-NaAc 混合液(均为 0.1 mol/L 同体积混合)及数滴混合指示剂。在第二支试管中加入 1.0 mol/L HCl 溶液 1 滴，在第三支试管中加入 1.0 mol/L NaOH 溶液 1 滴，与第一支试管对照。

从上述实验可以看出，向 HAc-NaAc 的混合溶液中加入少量的酸或碱，混合液的 pH 改变不大。实验说明，这种溶液在加入少量外来酸或碱后，pH 变化极小。

这种能够抵抗外来少量酸或碱的加入，而保持 pH 基本不变的溶液叫作缓冲溶液。缓冲溶液的这种作用称为缓冲作用。

缓冲溶液中含有抗酸成分和抗碱成分，通常把这两种成分称为缓冲对。常见的缓冲对有如下三种类型：

弱酸和弱酸盐，如 HAc—NaAc；

弱碱和弱碱盐，如 $NH_3 \cdot H_2O$—NH_4Cl；

多元酸的酸式盐及其对应的次级盐，如 NaH_2PO_4—Na_2HPO_4。

3. 缓冲作用的原理

缓冲溶液为什么具有抗酸和抗碱的作用呢？以 HAc-NaAc 组成的溶液为例做以下介绍。

HAc 是弱电解质，在溶液中仅有小部分电离成 H^+ 和 Ac^-；NaAc 是强电解质，在溶液中全部电离

$$HAc \rightleftharpoons H^+ + Ac^-$$

$$NaAc \rightleftharpoons Na^+ + Ac^-$$

如果在 HAc 溶液中加入强电解质 NaAc，$c(Ac^-)$增大，必将降低 HAc 的电离度(同离子效应)，于是在 HAc 和 NaAc 的混合溶液中存在着大量的未电离的 HAc 和 Ac^-(主要来自 NaAc)，这是该缓冲溶液的两个主要成分。此外溶液中还有大量的 Na^+(无用)和少量的 H^+(H^+ 参与 HAc 的电离平衡)。

当向此缓冲溶液中加入少量酸时，酸电离出的 H^+ 即与溶液中的 Ac^- 结合，生成难电离的 HAc，结果，溶液中的 $c(H^+)$几乎没有增大，溶液的 pH 几乎没有发生变化。Ac^-(或 NaAc)称为本缓冲溶液的抗酸成分。

当向此缓冲溶液中加入少量碱时，碱电离出的 OH^- 即与溶液中的 H^+(来自 HAc)结合成水。由于 H^+ 浓度的减小，并使 HAc 的电离平衡向右移动，溶液中的 H^+ 得到

补充，使 H^+ 的浓度几乎保持稳定，溶液的 pH 变化不大。因此，溶液中的另一主要成分 HAc 称为本缓冲溶液的抗碱成分。同样道理，在 $NH_3 \cdot H_2O$ 和 NH_4Cl 构成的缓冲溶液中，存在着大量的未电离的 $NH_3 \cdot H_2O$ 分子和 NH_4^+，这是该缓冲溶液的主要成分。此外，还有大量的 Cl^-（无用）和少量 OH^-，OH^- 参与 $NH_3 \cdot H_2O$ 的电离平衡。在两个主要成分中，抗酸成分是 $NH_3 \cdot H_2O$，抗碱成分是 NH_4^+（或 NH_4Cl）。

由此看来，在缓冲溶液中加入少量酸或碱，仅仅造成了弱电解质电离平衡的移动，实现了抗酸成分和抗碱成分的互变。

应当指出，缓冲溶液的缓冲能力是有一定限度的，如果向其中加入较大量强酸或强碱，它就没有缓冲能力了。

4. 缓冲溶液的 pH

缓冲溶液本身所具有的 pH 称为缓冲 pH，它的大小与弱酸（或弱碱）的电离常数以及弱酸（或弱碱）的浓度及其对应的盐的浓度都有关系。一般而言，缓冲对两组分的浓度比值等于 1 时，缓冲能力最强；通常控制缓冲溶液中 c 盐/c 酸在 0.1～10 的范围内，比值过大或过小，都将大大降低缓冲能力。对于任何一个缓冲体系都有一个有效的缓冲范围：

$$\text{弱酸及其盐体系} \quad pH = PK_a \pm 1$$

$$\text{弱碱及其盐体系} \quad pOH = PK_b \pm 1$$

例如，$NH_3 \cdot H_2\text{-}NH_4^+$ 缓冲溶液的缓冲范围为 pH＝9.26±1，故在选择缓冲溶液时应注意其缓冲范围。配制一定 pH 范围的缓冲溶液时（如表 1-6 所示），可以通过计算，也可以从有关化学手册中查到。

表 1-6　几种常用缓冲溶液的配方

pH	配制方法
1.0	0.1 mol/L HCl
2.0	0.01 mol/L HCl
3.0	$NaAc \cdot 3H_2O$ 8 g，溶于适量水中，加 6 mol/L HAc 134 mL 稀释至 500 mL
4.0	$NaAc \cdot 3H_2O$ 20 g，溶于适量水中，加 6 mol/L HAc 134 mL 稀释至 500 mL
5.0	$NaAc \cdot 3H_2O$ 50 g，溶于适量水中，加 6 mol/L HAc 34 mL 稀释至 500 mL
5.7	$NaAc \cdot 3H_2O$ 100 g，溶于适量水中，加 6 mol/L HAc 13 mL 稀释至 500 mL
7.0	NH_4Ac 77 g，溶于适量水中，加水稀释至 500 mL
7.5	NH_4Ac 60 g，溶于适量水中，加 15 mol/L 氨水 1.4 mL 稀释至 500 mL
8.0	NH_4Ac 50 g，溶于适量水中，加 15 mol/L 氨水 3.5 mL 稀释至 500 mL
8.5	NH_4Ac 40 g，溶于适量水中，加 15 mol/L 氨水 8.8 mL 稀释至 500 mL
9.0	NH_4Ac 35 g，溶于适量水中，加 15 mol/L 氨水 24 mL 稀释至 500 mL
9.5	NH_4Ac 30 g，溶于适量水中，加 15 mol/L 氨水 65 mL 稀释至 500 mL

续表

pH	配制方法
10.0	NH_4Ac 27 g，溶于适量水中，加 15 mol/L 氨水 197 mL 稀释至 500 mL
10.5	NH_4Ac 9 g，溶于适量水中，加 15 mol/L 氨水 175 mL 稀释至 500 mL
11.0	NH_4Ac 3 g，溶于适量水中，加 15 mol/L 氨水 207 mL 稀释至 500 mL
12.0	0.01 mol/L NaOH
13.0	0.11 mol/L NaOH

缓冲溶液在生理上、科学实验和农业生产中都有重要的意义。土壤中也存在着多种缓冲对，如碳酸和碳酸盐、磷酸和磷酸盐、腐植酸和腐植酸盐等。这些缓冲体系的存在，使土壤具有比较稳定的pH，以利于土壤微生物的正常活动和作物的生长。

第 2 章　分析化学概述

本章要点

1. 定性分析概述。
2. 定量分析概述。
3. 准确度和精密度，有效数字及运算规则。
4. 对可疑值的取舍常用 4d 法、Q 值检验法和 G 值检验法。
5. 实验报告的书写格式及规范。

化学作为一门自然科学，在长期的发展过程中，根据生产、科研等部门的需要，产生了许多的分支学科，分析化学就是化学的一个重要分支，其任务是分析被测物质的组分和含量。根据这一任务，分析化学又分为定性分析和定量分析。定性分析的任务是鉴定物质的化学组成；定量分析的任务是准确测定被测组分的含量。

2.1　定性分析概述

定性分析的任务是鉴定物质的化学组成，即鉴定物质由哪些元素、原子团或化合物所组成。定性分析必须通过一系列的实验去完成。根据欲分析物质的物理特性(如密度、颜色、溶解度、晶形、导电性能等)和该物质在起化学反应时的各种现象(如沉淀生产或溶解、特征颜色和光谱、特征气味、特性嗅味、光和热的产生等)，以及它的生物学现象等是否与预期相符来判断该物质是否存在。

定性分析的要求：

(1)试样应具有代表性，必须注意试样的来源及被分析的指标；

(2)应根据具体要求和实验室的设备条件选择分析方法，应选择操作简便、快速准确的方法；

(3)在分析样品各组分的同时，还应从分析过程中的现象(如颜色的深浅、沉淀量的多少等)来估计组分的大致含量，即它们是主量、中等量还是痕量，以便对被分析样品提供更多信息。

定性分析根据分析对象的不同，可分为无机定性分析和有机定性分析；根据取样量的不同，分为常量分析、半微量分析、微量分析和超微量分析，微量分析包括点滴实验和显微分析；按分析操作方式的不同，可分为干法分析(如熔珠分析、焰色分析、吹管分析、原子发射光谱法等)和湿法分析。后者要将试样配成溶液，常用的溶剂有水、酸、碱溶液。不溶的试样可用碳酸钠、过氧化钠、硫酸氢钾等助溶剂熔融试样，然后再溶于水或稀酸。

2.2 定量分析概述

2.2.1 定量分析的任务和方法

化学作为一门自然科学，在长期的发展过程中，根据生产、科研等部门的需要，产生了许多的分支学科，分析化学就是化学的一个重要分支。分析化学的任务是分析被测物质的组分和含量。根据这一任务，分析化学又分为定性分析和定量分析。定性分析的任务是鉴定物质的化学组成(或成分)；定量分析的任务是准确测定被测组分的含量。根据分析方法和手段的不同，定量分析分为化学分析法和仪器分析法。化学分析法是根据被测物质的化学性质，采用化学方法进行定量的分析。它包括重量分析法、气体分析法和滴定分析法。滴定分析法是最常用的定量分析法之一。根据分析时所需试样量的多少可分为常量分析、半微量分析、微量分析和超微量分析，如表2-1所示。

表2-1　常量、半微量、微量和超微量分析方法的分类

方法	试样质量/mg	试样体积/mL
常量	>100	>10
半微量	10～100	1～10
微量	0.1～10	0.01～1
超微量	<0.1	<0.01

定量分析的准确程度不仅与采用的方法和操作过程有关，也与定量分析过程中的数据记录和运算有关。

2.2.2 定量分析的基本步骤

在实际工作中，进行一项分析首先要明确目的和要求，然后设计分析工作的程序。一个定量分析过程常包括如下几个步骤：试样的采集与制备、试样分解、干扰杂质的分离、测定方法的选择、数据处理及对分析结果的评价。

1. 试样的采集与制备

采取的试样必须保证具有代表性和均匀性，即所分析的试样组成能代表整批物料的平均组成。这是一项复杂的操作，要从物料的各个不同的部位，采取具有代表性的一部分试样作为原始试样，然后再进行预处理制备成分析试样。关于采集有代表性的平均试样和制成分析试样的具体操作规程，各部门都有严格的规定。一般来说，首先要多点取样，然后将各点取得的样品粉碎后混合均匀，再从混合均匀的样品中取少量试样进行分析。

2. 试样的分解

在定量分析中，通常采用湿法分析，即先将试样分解制成溶液再进行分析。因此，试样的分解是分析工作的重要步骤之一。最常用的是水溶法、酸溶法、碱溶法和有机溶剂溶解法。在酸溶法中，可根据试样性质的不同，选择不同的酸，如盐酸、硝酸、硫酸等；也常用混酸，如硫酸和磷酸、硫酸和氢氟酸、硫酸和硝酸、王水等。

3. 干扰杂质的分离

在分析过程中，若试样组分较简单而且彼此不干扰，经分解制成溶液后，可直接测定。但在实际分析工作中，遇到的样品往往含有多种组分，当进行测定时，常相互干扰，必须通过分离除去干扰组分。常用的分离法有沉淀法、挥发法、萃取法及各种色谱法等。

4. 测定方法的选择

根据测定的目的和要求，包括组分的含量、准确度及完成测定的时间，确定分析方法。在选择分析方法时，应注意以下原则：

(1)选择与被测组分含量相适应的分析方法；

(2)根据被测组分的性质提出可能的分析方法；

(3)考虑样品的性质和实验室实际条件。

5. 数据处理及分析结果的评价

分析过程会得到相关的数据。对这些数据需要进行分析和处理，计算出被测组分的含量，对测定结果的准确性做出评价。

2.3 误差与数据处理

2.3.1 定量分析误差

1. 准确度和误差

滴定分析得到的分析结果与被测组分的真实含量(真实值)越接近，准确程度就越高。但在分析过程中，由于受分析方法、仪器和试剂等多种因素的限制，分析结果不可能与真实值完全一致。准确度是在规定的条件下，测量值与真实值相接近的程度，用误差表示。测量值与真实值之间的差值称为误差。误差可分为正误差和负误差，分别表示测量值偏高和偏低。误差越小，准确度越高；误差越大，准确度越低。误差是客观存在的，但只要掌握了误差产生的基本规律，并采取多种有效的措施，完全有可能把误差减小到最低限度。

(1)误差的分类与减免

误差按性质和产生的原因，大致可分为系统误差和偶然误差。

①系统误差

系统误差是由某些固定原因产生的误差，它具有单向性，即正负、大小都有一定的规律性，当重复测定时会重复出现。若能找出原因，并设法加以测定，就可以消除系统误差，因此系统误差也称可测误差、恒定误差。产生系统误差的主要原因及校正方法如下。

a. 方法误差

方法误差指分析方法本身所产生的误差。如重量分析中沉淀的溶解、共沉淀现象；

滴定分析中反应进行不完全、滴定终点与化学计量点不符等，都会影响测定结果，使其偏高或偏低。选择其他方法或对方法进行校正可消除方法误差。

b. 仪器误差

仪器误差指仪器本身不够准确所产生的误差。如天平砝码长期使用后质量改变、容量仪器体积不准确等。对仪器进行校准可消除仪器误差。

c. 试剂误差

试剂误差指由于试剂或蒸馏水不纯而产生的误差。通过空白实验及使用高纯度水等方法，可以消除试剂误差。

d. 操作误差

操作误差指由操作人员主观原因产生的误差。如对终点颜色敏感性不同，总是偏深或偏浅。通过加强训练，可减小此类误差。

②偶然误差

又叫不可测误差，是由某些偶然性的、随机的因素产生的误差。如测定时环境温度、湿度、气压等外界条件的突然变化，仪器性能的微小变化等。偶然误差时大时小，时正时负，具有可变性。从表面上看，偶然误差的产生似乎没有什么规律，但是通过对多次测量的偶然误差进行统计学分析发现，偶然误差的分布遵循一般的统计规律——正态分布规律。即绝对值大小相等的正、负误差出现的概率相等；小误差出现的概率大，大误差出现的概率小；特别大的误差出现的概率非常小。

在消除系统误差后，多次测定结果的算术平均值接近于真实值。因此，分析测定时，可采用多次平行测定的措施来消除偶然误差。

在分析过程中，由于没有严格按照操作规程进行实验，如溶液的溅失、加错试剂、读数错误、称量时天平零点未调等造成的错误结果，均不属于误差范围。错误结果一经发现，应立即舍弃。

(2)误差的表示方法

误差可用绝对误差和相对误差来表示。

①绝对误差

绝对误差(E)是测量值(x)与真实值(T)之差。表达式为：

$$E = x - T$$

若 $x>T$，则 E 为正值，表示测定结果偏高；若 $x<T$，则 E 为负值，表示测定结果偏低。

②相对误差

相对误差(E_r)是绝对误差与真实值之比，用百分数表示，表达式为：

$$E_r = \frac{E}{T} \times 100\% = \frac{x-T}{T} \times 100\%$$

【例 1】用分析天平称量 A、B 两物质的质量分别为(A)0.255 8 g 和(B)2.557 8 g，假定 A、B 的真实值分别为 0.255 9 g、2.557 9 g，则：

(A)绝对误差 $E=0.2558-0.2559=-0.0001(g)$

(B)绝对误差 $E=2.5578-2.5579=-0.0001(g)$

(A)相对误差 $E_r=\frac{-0.0001}{0.2559}\times100\%=-0.039\%$

(B)相对误差 $E_r=\frac{-0.0001}{2.5579}\times100\%=-0.0039\%$

在上述例题中，绝对误差相等，但相对误差却相差10倍。可以看出，称量质量较大时，相对误差较小，称量的准确度较高。因此，相对误差更能准确地反映测定结果与真实值相接近的程度。在滴定分析中，取样一般不能太少，但也没有必要太多而造成浪费。

2. 精密度和偏差

在实际分析测定中，“真实值”并不知道，为了提高分析结果的可靠性，往往通过多次平行测定，得到多个测定值，然后取其算术平均值作为分析结果。多次测定值相接近的程度称为精密度，用偏差表示。偏差也分正偏差、负偏差，分别表示测量值偏高和偏低。偏差是单次测定值与多次测定值的算术平均值之差。偏差越小，表示精密度越高；偏差越大，表示精密度越低。偏差可用绝对偏差和相对偏差、平均偏差和相对平均偏差、标准偏差和相对标准偏差来表示。

(1)绝对偏差与相对偏差

绝对偏差(d_i)是个别测得值(x_i)与算术平均值($\overline{x}$)之差。

$$绝对偏差(d_i)=个别测得值(x_i)-算术平均值(\overline{x})$$

相对偏差(d_r)是绝对偏差占平均值的百分数。

$$相对偏差(d_r)=\frac{d_i}{\overline{x}}\times100\%$$

在滴定分析中，一般要平行测定2～3次。如果只平行测定两次，两次测得值分别为 x_1 和 x_2，算术平均值为 $\overline{x}$，则其相对偏差为：

$$相对偏差(d_r)=\frac{|x_1-x_2|}{\overline{x}}\times100\%$$

【例2】某次滴定分析实验中得到的测定值为50.22%和50.20%，则其相对偏差为：

$$d_r=\frac{x_1-x_2}{\overline{x}}\times100\%=\frac{50.22\%-50.20\%}{50.21\%}\times100\%=0.04\%$$

绝对偏差和相对偏差表示个别测定结果的精密度，即个别测定值的可靠程度。常量组分测定的相对偏差一般要求不大于0.2%。

(2)平均偏差与相对平均偏差

对一组测定值的精密度用平均偏差($\overline{d}$)和相对平均偏差($\overline{d}_r$)表示。

$$算术平均值(\overline{x})=\frac{x_1+x_2+\cdots+x_n}{n}$$

$$平均偏差(\overline{d}_r)=\frac{|x_1-\overline{x}|+|x_2-\overline{x}|+\cdots+|x_n-\overline{x}|}{n}$$

相对平均偏差$=\frac{\overline{d}_r}{\overline{x}}\times 100\%$

由于相对平均偏差是指绝对平均偏差在平均值中所占的百分数，因此更能反映测定结果的精密度。所以，在实际工作中，一组数据的精密度一般用相对平均偏差来表示。

*(3)标准偏差与相对标准偏差

当测定次数较多，但又是有限次数(测定次数小于20次，$n\leqslant 20$)时的均方根偏差叫标准偏差(S)。

$$S=\sqrt{\frac{\sum_{i=1}^{n}(x_i-\overline{x})^2}{n-1}}$$

式中：n——测定次数；

x_i——单个的测定值；

$\overline{x}$——平均值。

相对标准偏差(S_r)是指标准偏差与平均值之比。

$$S_r=\frac{S}{\overline{x}}\times 100\%$$

在实际工作中更多地应用标准偏差和相对标准偏差来表示数据的精密度。它们能更好地反映偏差存在的影响。

一般情况下，常量组分的定量分析化学要求相对平均偏差、相对标准偏差小于0.2%。

3. 精密度与准确度的关系

精密度表示测定结果的重复性，准确度表示测定结果的正确性。如何从精密度和准确度两方面评价分析结果呢？图2-1是不同的人分析同一试样中某组分质量分数的结果示意图。图2-1中65.15%处的虚线表示真实值，由此，可以评价四人的分析结果如下：甲所得结果精密度与准确度均好，结果可靠；乙的精密度虽高，但准确度较低；丙的精密度与准确度均很差；丁的平均值虽也接近于真实值，但几个数据彼此相差甚远，而仅是由于正负误差相互抵消才凑巧使结果接近真实值，因而其结果也是不可靠的。

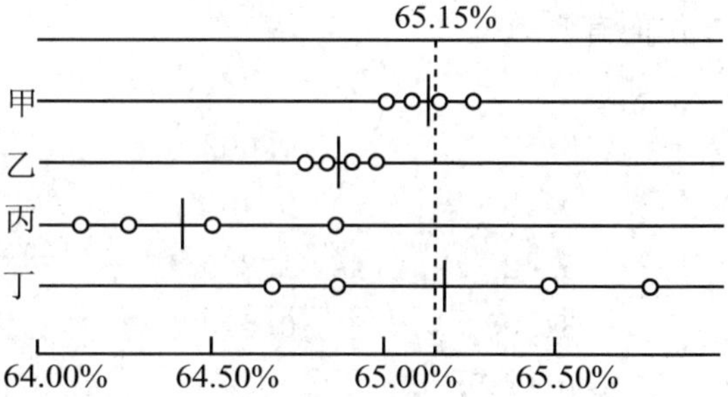

图2-1 不同人员分析同一试样的结果

(○表示个别测定值，|表示平均值)

综上所述：

(1)精密度是保证准确度的先决条件，即准确度高一定需要精密度高。精密度差，所测结果不可靠，就失去了衡量准确度的前提。

(2)精密度高不一定能保证准确度高，但可以找出精密而不准确的原因，而后加以校正，就可以使测定结果既精密又准确。

2.3.2 分析数据的处理

1. 有效数字

有效数字是指在分析工作中实际能测量到的数字，它包括所有的准确数字和最后一位可疑数字，它既反映数字的大小，也反映测量精度。记录数据和计算结果究竟应该保留几位数字，要根据测定方法和使用仪器的准确程度来决定。在记录数据和计算结果时，在所保留的有效数字中，最后一位是可疑数字。

例如，用万分之一天平称取试样 0.531 8 g，其最后一位“8”是可疑数字，其真实值可能是 0.531 9 g，也可能是 0.531 7 g。再如，常量滴定管体积的刻度(mL)可以读到小数点后第二位数，所以读常量滴定管的体积时，应读到小数点后第二位数，如 20.00 mL，不能写成 20 mL 或 20.0 mL。

2. 有效数字位数的确定

(1)非零数字都是有效数字。

(2)“0”可以是有效数字，也可以不是有效数字。当“0”位于数字中时，它是有效数字，如 31.05 中的“0”是有效数字；“0”在数字前面不是有效数字，只起定位作用，如 0.002%中的“0”不是有效数字；在数字后面的“0”仍是有效数字，如 0.500 0 中“5”后面的三个“0”均为有效数字。

(3)采用指数表示的数，确定有效数字位数时，只算 $10^{\pm n}$ 前面的数。如 1.623×10^{-5} 的有效数字位数为 4 位。

(4)化学计算中常遇到的对数值，如 pH，其有效数字位数取决于小数部分，其整数部分代表该数的方次。

值得注意的是，非实验测得的数据如自然数“10”“1/3”，常数“π”“e”等可视为无限多位的有效数字。

如：

0.5	0.002%	一位有效数字
0.45	0.40%	两位有效数字
5.42	1.86×10^{-5}	三位有效数字
31.05	0.500 0	四位有效数字
pH=9.25		两位有效数字

3. 有效数字的运算法则

在处理数据时，对于一些准确度不同的数据必须按规则进行运算。其基本规则如下。

(1)记录所测数据时，应包括所有的准确数字和最后一位可疑数字。

(2)当有效数字位数确定后，其余数字一律舍弃。以四舍六入五留双为舍弃原则。

(3)加减法原则。几个数据相加或相减时，有效数字的保留，应以小数点后位数最少的数据为准，进行取舍后，再进行相加或相减的计算。

【例1】0.012 1＋25.64＋1.057 82＝0.01＋25.64＋1.06＝26.71。

(4)乘除法原则。几个数据相乘或相除时，有效数字的保留，应以有效数字位数最少的数据为准，进行取舍后，再进行相乘或相除的计算。最后，计算结果要正确保留有效数字的位数。

【例2】0.012 1×25.64×1.057 82＝0.012 1×25.6×1.06＝0.328 345 6＝0.328。

使用计算器进行计算时，不论计算前是否对各个数据进行取舍，一定要正确保留最后结果的有效数字位数。

如上题用计算器直接计算：0.012 1×25.64×1.057 82＝(0.328 182 3)＝0.328。

在定量分析中，一般要求四位有效数字，当测量数据多于四位有效数字时，计算结果保留四位有效数字，测量数据不足四位有效数字时，按最少的有效数字位数保留。

4. 可疑值的取舍

在一系列的平行测定中，常有个别数值偏离其他数值较远，从而对这些数值的可靠性产生怀疑，这样的数值称可疑值。如该数值确是实验中过失造成，必须舍弃；如不能检查出产生异常值的原因，则对它的取舍必须要用统计学的方法判断其弃留。判断可疑值的舍弃方法比较多，现介绍常用的4d法，Q值检验法和G值检验法。

(1)4d法

4d法适用于较多次数测定的多个数据可疑值的舍弃。用4d法处理步骤如下：

①除去可疑值之外，求其余数据的平均值 $\overline{x}_{n-1}$；

②除去可疑值之外，求其余数据的平均偏差 $\overline{d}_{n-1}$；

③求可疑值 x 与平均值($\overline{x}_{n-1}$)之差的绝对值 $|x-(\overline{x}_{n-1})|$；

④判断可疑值的取舍。

若 $|x-\overline{x}_{n-1}|\geqslant 4\overline{d}_{n-1}$，舍弃此数值。

若 $|x-\overline{x}_{n-1}|<4\overline{d}_{n-1}$，保留此数值。

【例3】某一含铁样品测定的四次结果为30.22%，30.34%，30.42%，30.38%，问30.22%是否应该舍弃？

解：求舍弃30.22%后的平均值

$$\overline{x}_{n-1}=\frac{30.34\%+30.42\%+30.38\%}{3}=30.38\%$$

$$\overline{d}_{n-1}=\frac{|30.34\%-30.38\%|+|30.42\%-30.38\%|+|30.38\%-30.38\%|}{3}=0.03\%$$

$$\frac{|x-\overline{x}_{n-1}|}{\overline{d}_{n-1}}=\frac{|30.22\%-30.38\%|}{0.03\%}=5.3>4$$

故30.22%数值应舍弃。

用4d法处理可疑数据的取舍是存有较大误差的，因此，这种方法只能用于处理一些要求不高的实验数据。由于这种方法比较简单，不必查表，至今仍为人们所采用。

(2)Q值检验法

Q值检验法又称舍弃商法，适用于10次以内的测定，在所要求的置信概率下，按照下列步骤检验。

①将数据从小到大排列，计算极差(R)。R=最大值−最小值。

②算出可疑数值与其邻近数据之间的差。

③按下式计算舍弃商 $Q_{计}$：

$$Q_{计}=\frac{|x_{可疑}-x_{相邻}|}{R}=\frac{|x_{可疑}-x_{相邻}|}{x_{最大}-x_{最小}}$$

④根据测定次数 n 和指定置信概率(一般为90%或95%)查 Q 值表(如表2-2所示)，可得 $Q_{表}$。

⑤比较 $Q_{计}$ 与 $Q_{表}$。若 $Q_{计}>Q_{表}$，则舍弃可疑值。否则应保留。

表 2-2　Q 值表

置信概率 \ 测定次数 n	3	4	5	6	7	8	9	10
90%	0.94	0.76	0.64	0.56	0.51	0.47	0.44	0.41
95%	1.53	1.05	0.86	0.76	0.69	0.64	0.60	0.58

【例 4】 测定某样品中蛋白质的含量，其数据如下：15.48%，15.51%，15.52%，15.52%，15.53%，15.53%，15.54%，15.56%，15.68%。试用 Q 值检验法判断有无异常值需舍弃?

解： 将数据排序后，15.48%和15.68%有可能是可疑值。

①先检验15.48%：

$$Q_{计}=\frac{|x_{可疑}-x_{相邻}|}{R}=\frac{|15.48\%-15.51\%|}{15.68\%-15.48\%}=0.15$$

查 Q 值表，置信概率为90%，当 n 为9时，$Q_{表}=0.44$

$Q_{计}<Q_{表}$，所以15.48%应保留。

②再检验15.68%：

$$Q_{计}=\frac{|x_{可疑}-x_{相邻}|}{R}=\frac{|15.68\%-15.56\%|}{15.68\%-15.48\%}=0.60$$

查 Q 值表，置信概率为90%，当 n 为9时，$Q_{表}=0.44$

$Q_{计}>Q_{表}$，所以15.68%应舍弃。

(3)G 值检验法*

G 值检验法的方法步骤如下：

①将数据从大到小依次排列，计算包括可疑值在内的该组数据的平均值 $\bar{x}$ 和标准偏差 S。

②算出可疑值与平均值之差，计算 $G_{计}$，$G_{计}=\frac{x_{可疑}-\bar{x}}{S}$。

③以测定次数和指定置信概率查 G 值表(如表2-3所示)，当 $G_{计}>G_{表}$，则舍弃可疑值，否则应保留。

用 G 值检验法的优点是引入了平均值和标准偏差，准确性较好。不足之处是计算繁琐。G 值表如表 2-3 所示。

表 2-3　G 值表

测定次数	置信概率		测定次数	置信概率	
	95%	99%		95%	99%
3	1.15	1.15	15	2.55	2.81
4	1.48	1.50	16	2.59	2.85
5	1.71	1.76	17	2.62	2.89
6	1.89	1.87	18	2.65	2.98
7	2.02	2.14	19	2.68	2.97
8	2.13	2.27	20	2.71	3.00
9	2.21	2.39	21	2.78	3.03
10	2.23	2.48	22	2.76	3.06
11	2.36	2.56	23	2.78	3.09
12	2.41	2.54	24	2.80	3.11
13	2.46	2.70	25	2.82	3.14
14	2.51	2.76			

【例 5】试用 G 值检验法确定，当置信度为 95%时，下列数据有无需舍弃的数值：33.86%，33.82%，33.73%，33.73%，33.74%，33.77%，33.79%，33.81%，33.81%。

解：$n=9$

$$x=\frac{33.86\%+33.82\%+33.73\%+33.73\%+33.74\%+33.77\%+33.79\%+33.81\%+33.81\%}{9}$$

$$=33.79\%$$

$$S=\sqrt{\frac{\sum_{i=1}^{n}(x_i-\overline{x})^2}{n-1}}=\sqrt{\frac{\sum_{i=1}^{n}(x_i-33.79\%)^2}{9-1}}=0.054\%$$

①先检验最高值 33.86%：

$$G_{计}=\frac{|x_{可疑}-\overline{x}|}{S}=\frac{|33.86\%-33.79\%|}{0.054\%}=1.3$$

查 $G_{表}$，当置信度为 95%，$n=9$ 时，$G_{表}=2.21$，$G_{计}<G_{表}$。所以，33.86%应保留。

②再检验最低值 33.73%：

$$G_{计}=\frac{|x_{可疑}-\overline{x}|}{S}=\frac{|33.73\%-33.78\%|}{0.054\%}=0.92$$

$G_{计}<G_{表}$。所以，33.86%也应保留。

2.4 实验报告的内容与格式

2.4.1 实验报告

实验完毕后，应对实验现象认真分析和总结，对原始数据进行处理，以及对实验结果进行讨论，把直接的感性认识提高到理性认识阶段，对所学的知识举一反三，得到更多的东西。这些工作都需通过书写实验报告来完成。实验报告是实验的记录和总结，因此，实验报告的格式应规范，内容应准确，字迹应端正、整齐、清洁。

由于实验类型的不同，对实验报告的要求、格式等也有所不同。但对实验报告的内容大同小异，一般都包括三部分，即预习部分、记录部分和数据整理部分。

1. 预习部分(实验前完成)

预习部分通常包括下列内容。

(1)实验题目。

(2)实验日期。

(3)实验目的。

(4)仪器药品。所用仪器型号，重要的仪器装置图等。药品规格及溶液浓度等。

(5)实验原理。简要地用文字和化学反应式说明，特殊仪器的实验装置应画出装置图。

(6)简明扼要地写出实验步骤。

2. 实验记录

实验记录又称原始记录，要根据实验类型自行设计记录项目或记录表格，并在实验中及时记录。这部分内容一般包括实验现象、检测数据。有的实验数据直接由仪器自动记录或画成图像。

3. 数据整理及结论(实验后完成)

这部分包括结果计算、实验结论、问题讨论及现象分析等。

(1)结果计算与结论

对于制备与合成类实验，要求有理论产量计算、实际产量及产率计算。对于分析化学实验，要求写出计算公式和计算过程，计算实验误差并且报告结果。对于化学物理参数的测定，要有必要的计算公式和计算过程，并用列表法或图解法表达出来。

(2)问题讨论

对实验中遇到的问题、异常现象进行讨论，分析原因，提出解决办法，对实验结果进行误差计算和分析，对实验提出改进意见。

(3)实验总结

对所做实验进行总结并做出结论。

2.4.2 实验报告格式

【例 1】“测定实验”报告格式

姓名　　　班级　　　学号　　　实验日期

课程名称：农业基础化学　　实验名称：氢氧化钠标准溶液的标定

一、实验目的(略)

二、实验原理(略)

三、实验内容

1. 实验步骤

配制邻苯二甲酸氢钾标准溶液——用欲标定的氢氧化钠溶液滴定。

2. 实验数据记录

测定次数	第一次	第二次	第三次
邻苯二甲酸氢钾＋称量瓶质量/g			
倾倒后邻苯二甲酸氢钾＋称量瓶质量/g			
邻苯二甲酸氢钾质量/g			
$c(KHC_8H_4O_4)/(mol \cdot L^{-1})$			
取用邻苯二甲酸氢钾溶液的体积/mL			
NaOH/mL			
$V(NaOH)/mL$			
$c(NaOH)/(mol \cdot L^{-1})$			
$c(NaOH)$平均值$/(mol \cdot L^{-1})$			
相对平均偏差			

3. 数据计算

4. 结果讨论

【例 2】“性质验证实验”报告格式

姓名　　　班级　　　学号　　　实验日期

课程名称：农业基础化学　　实验名称：糖类的性质

一、实验目的(略)

二、实验原理(略)

三、实验内容、实验现象与解释

实验项目	操作步骤	现象	解　　释
1. 糖的还原性	葡萄糖＋费林试剂(加热)		
	麦芽糖＋费林试剂(加热)		
	蔗糖＋费林试剂(加热)		
	葡萄糖溶液＋银氨溶液水浴加热		
	蔗糖溶液＋费林试剂(加热)		

续表

实验项目		操作步骤	现象	解　　释
2. 糖的显色反应	α-萘酚反应	葡萄糖+α-萘酚试剂+浓硫酸		
		果糖+α-萘酚试剂+浓硫酸		
		蔗糖+α-萘酚试剂+浓硫酸		
		麦芽糖+α-萘酚试剂+浓硫酸		
		淀粉+α-萘酚试剂+浓硫酸		
	间苯二酚反应	葡萄糖+间苯二酚-盐酸试剂(水浴)		
		果糖+间苯二酚-盐酸试剂(水浴)		
		蔗糖+间苯二酚-盐酸试剂(水浴)		
		麦芽糖+间苯二酚-盐酸试剂(水浴)		
	淀粉与碘的反应	淀粉+碘溶液		
		淀粉+碘溶液(加热)		
		淀粉+碘溶液(冷却)		
3. 食物中淀粉的检验		马铃薯+稀碘酒溶液		
4. 蔗糖的水解		蔗糖+稀硫酸$\xrightarrow{\text{加热}}$NaOH+费林试剂$\longrightarrow$水浴		
5. 淀粉的水解		淀粉+稀硫酸$\xrightarrow{\text{加热}}$NaOH+费林试剂$\longrightarrow$水浴		
		淀粉+费林试剂$\longrightarrow$加热		

第 3 章　滴定分析法

本章要点

1. 滴定分析的基本概念，滴定反应的基本条件，滴定分析的方法及程序，基准物质的条件，各种标准溶液的配制和标定方法，各类滴定分析法及其原理，分析结果的计算，各类滴定分析法的应用。

2. 酸碱指示剂及其变色原理、变色范围，酸碱滴定曲线及突跃范围，酸碱指示剂的选择。

3. 氧化还原反应的本质，氧化还原反应方程式的配平。沉淀溶解平衡，溶度积规则。配合物的组成及命名。

4. 各种滴定分析仪器的使用及滴定操作技术。

滴定分析是化学分析中一类重要的分析方法。滴定分析法通常用于测定常量组分，有时也可用于测定微量组分。一般情况下，滴定分析法具有操作简便、快速、易掌握，并有足够的准确度等特点，因此滴定分析法在生产实践和科学实验中被广泛采用。

3.1　滴定分析概述

3.1.1　滴定分析原理

滴定分析法是通过滴定管将一种已知准确浓度的试剂溶液(标准溶液)，滴加到待测物质的溶液中，或将待测溶液滴加到标准溶液中，直到已知浓度物质与待测物质按化学计量关系定量反应为止，然后根据所用标准溶液的浓度和体积，计算待测物质的含量的分析方法。

用滴定管将标准溶液定量滴加到待测物质溶液中的过程叫滴定。标准溶液与待测物质完全反应的点称为化学计量点(或理论终点)。计量点一般借助指示剂颜色的变化来确定，指示剂正好发生颜色转变的点称为滴定终点。滴点终点与计量点不一定恰好一致，由此造成的误差称为滴定误差(或终点误差)。

滴定分析法适用于常量组分的分析(组分含量≥1%)，对常量组分的测定，其相对误差不大于 0.2%。

3.1.2　滴定分析法的分类

根据化学反应类型的不同，滴定分析法主要分为酸碱滴定法、氧化还原滴定法、沉淀滴定法和配位滴定法等四种分析方法。根据滴定方式又可分为直接法、间接法、置换法和返滴定法。

3.1.3 滴定分析对化学反应的要求

滴定分析法虽然简便，但能用于滴定分析的化学反应必须具备以下条件：

(1)反应必须定量完成。即反应必须按一定的化学方程式进行，而且反应能进行完全(通常要求达到99.9%以上)，这是定量计算的基础。

(2)反应必须迅速完成。对于速率较慢的反应，能通过加热或加入催化剂等适当的方法来加快反应速率。

(3)滴定过程中不得有副反应发生。

(4)要有简便合适的方法来确定滴定终点。

3.1.4 滴定分析的步骤及标准溶液的配制方法

滴定分析和一般定量分析的步骤基本相同，主要分为：①取样与样液制备；②干扰杂质的分离或屏蔽；③配制标准溶液；④滴定；⑤数据处理及报告分析结果。

已知准确浓度的溶液称为标准溶液。其配制方法有两种，即直接配制法和间接配制法。

1. 直接配制法

根据需要，准确称取一定量的基准物质，将其溶解后定量转移至容量瓶中，并定容至刻度，通过计算得出标准溶液的准确浓度。

能用于直接配制标准溶液的物质称为基准物质。它必须符合下列条件：

(1)具有足够的纯度，一般要求达到99.99%以上。

(2)实际组成与化学式完全相符。若含结晶水，则结晶水的含量应与化学式相符，如 $Na_2B_4O_7 \cdot 10H_2O$ 等。

(3)性质稳定、不易分解。基准物质在配制溶液和储藏过程中应不易发生分解、吸湿、风化、挥发、氧化、还原等变化。

(4)有较大的摩尔质量，以减小称量误差。

2. 间接配制法

间接配制法也叫标定法。对于不符合基准物质条件的试剂，不能直接配制成标准溶液，可采用间接配制法。即先配制接近所需浓度的溶液，然后用基准物质或另一种标准溶液来测定它的准确浓度。利用基准物质(或另一种标准溶液)来确定标准溶液浓度的操作过程称为标定。

标定时，一般应平行测定2～3次，且滴定结果的相对偏差不得超过0.2%，标定好的标准溶液应妥善保存。标定时的实验条件应与用此标准溶液进行其他组分测定时的条件尽量一致，以消除条件影响所造成的误差。

3.2 酸碱滴定法

酸碱滴定法是以酸碱中和反应为基础的滴定分析方法，又叫中和法。酸碱滴定法是滴定分析中最常用的方法之一，其特点是简便快捷。一般的酸、碱以及能与酸、碱直接或间接发生反应的物质，几乎都可用酸碱滴定法进行测定。在农、林、牧、加工业的化学分析中，常用此法测定土壤、肥料、果品、饲料等试样的酸碱度和氮、磷等的含量。

3.2.1 酸碱滴定法的原理

酸碱滴定法是将已知准确浓度的酸或碱标准溶液，滴加到被测物质的溶液中，或将待测溶液滴加到已知浓度溶液(或已知物质的量的试剂)中，直到已知浓度试剂与待测物质完全反应为止，然后根据标准溶液的浓度和体积，计算被测物质的含量的方法。

酸碱滴定法常用的标准溶液是强酸、强碱溶液，如盐酸、硫酸、氢氧化钠、氢氧化钾等。

3.2.2 酸碱指示剂

酸碱指示剂就是能随溶液 pH 的改变而变色的物质。它们多为有机弱酸或有机弱碱。在滴定过程中参与反应，本身结构发生了改变，导致颜色改变，进而指示酸碱滴定计量点的到达。

1. 酸碱指示剂的变色原理

酸碱指示剂的分子和其电离产生的离子具有不同的颜色。以弱酸指示剂(通式为HIn)为例，它在溶液中存在电离平衡：

$$\underset{\text{酸式色}}{HIn} \rightleftharpoons H^+ + \underset{\text{碱式色}}{In^-}$$

当溶液的 H^+ 浓度增大时，电离平衡向左移动而呈现酸式色；当溶液的 H^+ 浓度减小时，电离平衡向右移动而呈现碱式色。可见，溶液中 H^+ 浓度的改变会使指示剂发生颜色变化。即当溶液的pH变化时，指示剂本身的电离平衡发生移动，移动的结果是指示剂的结构发生变化，导致颜色的变化。由此可知，酸碱指示剂变色的内因是指示剂本身结构的变化，外因是溶液 H^+ 浓度的改变。

2. 酸碱指示剂的变色范围

指示剂的颜色变化取决于溶液的 pH。一般来说，当 $c(HIn) \geqslant 10c(In^-)$ 时，人眼可观察到 HIn 的颜色(酸式色)；当 $c(In^-) \geqslant 10c(HIn)$ 时，人眼可观察到 In^- 的颜色(碱式色)；当 HIn 与 In^- 的浓度相差在10倍以内时，人眼观察到的是 HIn 与 In^- 的混合色。当 HIn 与 In^- 的浓度相等时，溶液的 pH 称为指示剂的理论变色点，此时溶液的pH用 PK_{HIn} 表示。只有在理论变色点附近1～2个 pH 单位范围外，即 $pH = PK_{HIn} \pm 1$ 时，人眼才能观察到指示剂颜色的改变。把人眼能观察到指示剂颜色变化的 pH 范围称为指示剂的变色范围。

在变色范围内，指示剂呈现混合色，在变色范围外，指示剂呈现酸式色或碱式色。例如，在 pH=3 时，甲基红指示剂呈现出红色(酸式色)；pH=7 时，甲基红指示剂呈现出黄色(碱式色)；而在 pH=4～6 时会呈现出橙红、橙色、橙黄等各种过渡的混合色。常用酸碱指示剂及其变色范围如表3-1、表3-2所示。

表 3-1 常用的酸碱指示剂

指示剂	变色范围 pH	酸式色	碱式色	PK_{HIn}	使用浓度
百里酚蓝	1.2～2.8	红色	黄色	1.65	0.1%的 20%酒精溶液
甲基橙	3.1～4.4	红色	黄色	3.4	0.1%或 0.05%水溶液
溴酚蓝	3.0～4.6	黄色	紫色	4.1	0.1%的 20%酒精溶液或其钠盐水溶液
甲基红	4.4～6.2	红色	黄色	5.0	0.1%的 60%酒精溶液或其钠盐水溶液
溴百里酚蓝	6.2～7.6	黄色	蓝色	7.3	0.1%的 20%酒精溶液或其钠盐水溶液
酚　酞	8.0～10.0	无色	红色	9.1	1%的 90%酒精溶液
百里酚酞	9.4～10.6	无色	蓝色	10.0	0.1%的 90%酒精溶液

表 3-2 常用的酸碱混合指示剂

指示剂的组成	变色点	酸式色	碱式色	备　注
1 份 0.1%甲基黄酒精溶液，1 份 0.1%亚甲基蓝酒精溶液	3.25	蓝紫	绿	pH=3.2 蓝紫 pH=3.4 绿
1 份 0.1%甲基橙水溶液，1 份 0.25%靛蓝二磺酸钠水溶液	4.1	紫	黄绿	pH=4.1 灰色
1 份 0.1%中性红酒精溶液，1 份 0.1%亚甲基蓝酒精溶液	7.0	蓝紫	绿	pH=8.2 玫瑰色 pH=8.4 紫
1 份 0.1%百里酚蓝 50%酒精溶液，3 份 0.1%酚酞 50%酒精溶液	9.0	黄	紫	黄→绿→紫

3.2.3 酸碱滴定曲线与指示剂的选择

酸碱滴定的终点是借助酸碱指示剂的变色来确定的。为了在某一滴定过程中选择合适的指示剂，就必须知道这一滴定过程中溶液 pH 的变化情况，尤其是在化学计量点附近加入一滴酸或碱所引起的 pH 变化。由于酸碱的强弱不同，中和后生成的盐可能有不同程度的水解。因此，在滴定过程中溶液的 pH 变化情况不同，化学计量点也不同。

以反应溶液的 pH 为纵坐标，酸或碱标准溶液的加入量为横坐标，绘制出用于表示滴定过程中反应溶液 pH 变化的曲线，这条曲线称为酸碱滴定曲线。

现以 0.100 0 mol/L NaOH 溶液滴定 20.00 mL 0.100 0 mol/L HCl 溶液为例，说明滴定过程中溶液 pH 的变化情况，其反应式如下：

$$HCl + NaOH \longrightarrow NaCl + H_2O$$

$$H^+ + OH^- \longrightarrow H_2O$$

先计算整个滴定过程中不同阶段溶液的 pH，计算结果列于表 3-3 中。然后，以滴定剂加入量为横坐标，以反应混合液的 pH 为纵坐标，绘制出滴定曲线如图 3-1 所示。

表 3-3 0.100 0 mol/L NaOH 溶液滴定 20.00 mL 0.100 0 mol/L HCl 溶液的 pH 变化

加入 NaOH 的体积 /mL	HCl 被滴定的百分数 /%	$c(H^+)/(mol/L)$	pH	备　注
0.00	0.00	1.00×10^{-1}	1.00	
18.00	90.00	5.26×10^{-3}	2.28	

续表

加入 NaOH 的体积/mL	HCl 被滴定的百分数/%	$c(H^+)/(mol/L)$	pH	备　注
19.80	99.00	50.2×10^{-4}	3.30	
19.98	99.90	5.00×10^{-5}	4.30	相对误差为−0.1%
20.00	100.00	1.00×10^{-7}	7.00	理论终点
20.02	100.10	2.00×10^{-10}	9.70	相对误差为+0.1%
20.20	101.0	2.01×10^{-11}	10.70	
22.00	110.0	2.10×10^{-12}	11.68	
40.00	200.0	3.00×10^{-13}	12.52	

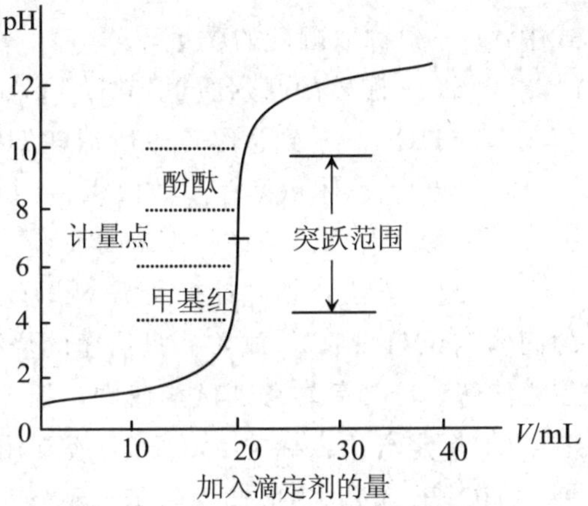

图 3-1　0.100 0 mol/L NaOH 滴定 0.100 0 mol/L HCl 的滴定曲线

从表 3-3 和图 3-1 中可以看出，从滴定开始到滴入 19.98 mL NaOH 溶液的过程中，溶液的 pH 变化缓慢，只改变了 3.3 个 pH 单位，滴定曲线比较平坦。但从滴入 19.98 mL 到 20.02 mL NaOH 溶液，即在化学计量点前后各相差 0.02 mL(约半滴溶液)时，溶液 pH 却从 4.30 突跃到 9.70，改变了 5.4 个 pH 单位，溶液突然由酸性变为碱性。这一突变是在滴定剂加入量不足 0.1%到过量 0.1%之间发生的。

在分析化学中，将滴定的化学计量点前后相对误差为±0.1%间溶液 pH 的变化范围称为酸碱滴定的突跃范围。突跃范围的大小与酸碱强弱及酸碱溶液的浓度有关。在滴定分析中，指示剂的选择主要以滴定的突跃范围为依据。

凡是变色范围全部或部分落在滴定的突跃范围内的指示剂都可选用。为了便于观察颜色的变化，一般选用滴定终点时颜色由浅变深的指示剂。例如，如果用碱滴定酸，通常选用酚酞作指示剂，终点时由无色变为浅红色；如果用酸滴定碱，通常选用甲基红或甲基橙作指示剂，终点时由黄色变为橙色。

注意：在滴定剂加入量不足 0.1%到过量 0.1%之间，即在突跃范围内，实际滴加的溶液量不足一滴。因此，在临近终点时，发现指示剂的颜色有轻微变化，就必须控制好滴加溶液的量，要求做到每次滴加半滴或更少的溶液，以减小终点误差。

3.2.4　标准溶液的配制和标定

在酸碱滴定法中最常用的标准溶液是 HCl 溶液和 NaOH 溶液，由于溶质都不是基准物质，其标准溶液只能用间接法配制。

1. HCl 标准溶液的配制和标定

(1)配制方法：用洁净量筒量取比理论计算量稍多点的浓 HCl(密度为 1.19 g/mL)，

倒入清洁的烧杯中，用蒸馏水稀释至一定体积，充分摇匀后转移到试剂瓶中待标定。

(2)标定方法：标定 HCl 溶液常用的基准物质有无水碳酸钠(Na_2CO_3)和硼砂($Na_2B_4O_7 \cdot 10H_2O$)。通常用硼砂来标定，在分析天平上准确称取一定质量的硼砂，放入一洁净的三角锥瓶中，加入 25 mL 蒸馏水溶解后，用待标定的 HCl 溶液滴定。因硼砂与 HCl 反应的产物 H_3BO_3 为弱酸，化学计量点时 pH≈5，可选用甲基红作指示剂，终点时溶液由黄色变为橙色。反应的化学方程式为：

$$2HCl + Na_2B_4O_7 \cdot 10H_2O = 2NaCl + 4H_3BO_3 + 5H_2O$$

HCl 溶液的浓度可按下式计算：

$$c(HCl) = \frac{2 \times m \times 1\,000}{M \times V(HCl)} (mol/L)$$

式中：m——称取硼砂的质量，g；

M——硼砂的摩尔质量(381.4 g/mol)；

$V(HCl)$——到达终点时所消耗 HCl 溶液的体积，mL；

1 000——体积换算系数(1 L=1 000 mL)。

2. NaOH 标准溶液的配制和标定

(1)配制方法：首先计算所需 NaOH 的质量，然后在台式天平上称取比计算量稍多的固体 NaOH(AR)，放入一只洁净的烧杯中，加入一定体积的蒸馏水(最好是新制的)使之溶解，冷却后转移到试剂瓶中，摇匀，待标定。

(2)标定方法：标定 NaOH 溶液常用的基准物质有草酸($H_2C_2O_4$)和邻苯二甲酸氢钾($KHC_8H_4O_4$)。一般选用邻苯二甲酸氢钾来标定，以酚酞为指示剂，终点时溶液由无色变为浅红色。反应方程式为：

$$NaOH + KHC_8H_4O_4 = KNaC_8H_4O_4 + H_2O$$

NaOH 溶液的浓度可按下式计算：

$$c(NaOH) = \frac{m \times 1\,000}{M \times V(NaOH)} (mol/L)$$

式中：m——称取邻苯二甲酸氢钾的质量，g；

M——邻苯二甲酸氢钾的摩尔质量(204.2 g/mol)；

$V(NaOH)$——到达终点时所消耗 NaOH 溶液的体积，mL；

1 000——体积换算系数(1 L=1 000 mL)。

3.2.5 酸碱滴定法的应用

1. 甲醛法测定氮含量

酸碱滴定法可用于测定蛋白质、生物碱、土壤及肥料等物质中氮的含量。测定时，常将试样做适当处理，使含氮化合物分解并转化产生 NH_4^+，然后进行测定。由于 NH_4^+ 的酸性太弱，不能直接用 NaOH 标准溶液滴定。但 NH_4^+ 可与甲醛作用并等量地释放出 H^+ 离子：

$$4NH_4^+ + 6HCHO = (CH_2)_6N_4 + 4H^+ + 6H_2O$$

然后，用 NaOH 标准溶液滴定释放出的 H^+，便可间接测定出氮的含量。滴定至终点时，溶液中含 $(CH_2)_6N_4$，呈弱碱性，pH≈8.8，可选用酚酞作指示剂，终点时溶液由无色变为浅红色。按下式计算氮的含量：

$$N\% = \frac{c(NaOH) \times V(NaOH) \times 14.01}{m \times 1\,000} \times 100\%$$

式中：$c(NaOH)$——NaOH 标准溶液的浓度，mol/L；

$V(NaOH)$——到达终点时所消耗 NaOH 溶液的体积，mL；

14.01——氮原子的摩尔质量，g/mol；

m——称取样品的质量，g；

1 000——体积换算系数(1 L=1 000 mL)。

注意：滴定时，甲醛必须是中性的，被测样品中不应含有游离酸，否则，必须进行预处理，不然会给测定结果带来较大的误差。

2. 农产品中总酸度的测定

果蔬等农产品中所含酸的种类及含量会随其品种、成熟度等不同而不同。一定的酸度可以增加果蔬的风味，但过量时又显示出不良品质。总酸度是指样品中所有酸性物质的总量，包括已离解的酸和未离解的酸的浓度。

农产品中的有机酸用 NaOH 标准溶液滴定时，反应的化学方程式可表示为：

$$RCOOH + NaOH \xlongequal{} RCOONa + H_2O$$

将样品经过适当处理(如粉碎、用水浸泡、过滤等)后，制成溶液，然后滴加酚酞作指示剂，用 NaOH 标准溶液滴定至溶液呈淡红色且 30 s 内不褪色为止。然后根据所消耗 NaOH 标准溶液的浓度和体积，就可计算出样品中酸的含量。

3.3 氧化还原滴定法

氧化还原滴定法是以氧化还原反应为基础的滴定分析法，能用于测定具有氧化性或还原性的物质。对某些不具氧化性或还原性的物质，也可进行间接测定。例如，可以把 Ca^{2+} 转化为 $Ca_2C_2O_4$ 的形式，然后用 $KMnO_4$ 标准溶液测定 $C_2O_4^{2-}$，从而间接算出 Ca^{2+} 的含量。

3.3.1 氧化还原反应概述

凡是有电子转移(电子得失或共用电子对偏移)的化学反应叫氧化还原反应。此类反应比较复杂，除了主反应外，常常伴有副反应，反应条件不同时也可能生成不同产物；有些反应还是分步进行的，需要一定的时间才能完成。因此，在应用氧化还原反应进行滴定时，应特别注意使滴定速度与反应速度相适应，严格控制反应条件，使它符合滴定对反应的要求。

3.3.2 氧化还原滴定法的分类

根据滴定剂种类的不同，可将氧化还原滴定法分为高锰酸钾法、重铬酸钾法和碘量法，现分别叙述如下。

1. 高锰酸钾法

高锰酸钾法是用 $KMnO_4$ 作为标准溶液的滴定分析法。$KMnO_4$ 是一种强氧化剂，在不同酸度下其氧化能力不同，在酸性溶液中其氧化能力最强。在酸性溶液中，$KMnO_4$ 被还原生成 Mn^{2+}，其反应式为：

$$MnO_4^- + 8H^+ + 5e \rightleftharpoons Mn^{2+} + 4H_2O$$

高锰酸钾法可直接或间接测定多种无机物或有机物，终点时无需另加指示剂，利用高锰酸钾本身的颜色变化便可指示滴定终点。

$KMnO_4$ 不是基准物，其标准溶液要用间接法配制。$KMnO_4$ 标准溶液的配制步骤：

(1)称取稍多于理论计算量的 $KMnO_4$ 晶体，溶解于一定体积的蒸馏水中；

(2)将 $KMnO_4$ 溶液煮沸 1 小时，然后密闭放置 2～3 天，使溶液中各种还原性物质完全被氧化；

(3)用微孔玻璃漏斗或玻璃棉过滤除去杂质，滤液置于暗处，避光保存于棕色瓶中，注意不能用滤纸过滤；

(4)用 $Na_2C_2O_4$ 作基准物质来标定 $KMnO_4$ 溶液的浓度。

高锰酸钾标准溶液不能长期保存，如配制时间过长，使用时则需重新标定。高锰酸钾在酸中氧化性最强，故使用时通常用 1 mol/L H_2SO_4 溶液进行酸化，但不能用 HCl 或 HNO_3。

使用 $KMnO_4$ 标准溶液进行滴定时，可利用本身的颜色变化来指示滴定终点，无需另加指示剂。但滴定时要认真控制条件，如温度、酸度、滴定速度以及终点观察等。

2. 重铬酸钾法

重铬酸钾法是以 $K_2Cr_2O_7$ 作为标准溶液的滴定分析法。$K_2Cr_2O_7$ 是常用的氧化剂，在酸性溶液中其氧化能力最强，本身被还原生成 Cr^{3+}。反应式为：

$$Cr_2O_7^{2-} + 14H^+ + 6e \rightleftharpoons 2Cr^{3+} + 7H_2O$$

重铬酸钾是基准物质，易提纯、较稳定，其标准溶液可直接配制，并长期保存。

$Cr_2O_7^{2-}$ 的还原产物为绿色的 Cr^{3+}，颜色较浅，滴定时需另加指示剂如二苯胺磺酸钠、邻菲啰啉等。

重铬酸钾法主要用于测定铁含量。另外，通过 $Cr_2O_7^{2-}$ 和 Fe^{2+} 的反应，还可以间接测定其他氧化性或还原性物质，例如，土壤中有机质的测定等。

3. 碘量法

碘量法是以 I_2 的氧化性和 I^- 的还原性为基础的定量分析法。I_2 是一种氧化剂，能与较强的还原剂作用，而 I^- 是中等强度的还原剂，能与许多氧化剂作用。碘量法的基本反应为：

$$I_2 + 2e \rightleftharpoons 2I^-$$

碘量法又分为直接法和间接法。

(1)直接碘量法(又称碘滴定法)

可以直接用 I_2 标准溶液滴定 S^{2-}、SO_4^{2-}、Sn^{2+}、$S_2O_3^{2-}$ 等还原性较强的物质。因 I_2 会发生歧化反应，故该法不能在强碱性溶液中进行。

直接碘量法常用新配制的1%淀粉溶液作指示剂，终点时呈现明显的蓝色。

(2)间接碘量法

利用 I^- 的还原性将氧化性物质还原，反应中析出一定量的 I_2，然后用 $Na_2S_2O_3$ 标准溶液滴定析出的 I_2。这种方法可以测定很多氧化性物质，如 ClO_3^-、ClO^-、CrO_4^{2-}、IO_3^-、BrO_3^-、MnO_4^-、MnO_2、NO_3^-、NO_2^-、H_2O_2 等。所以该法应用相当广泛。I_2 与 $Na_2S_2O_3$ 定量反应是间接碘量法的基本反应。

$$I_2+2Na_2S_2O_3 = 2NaI+Na_2S_4O_6$$

此反应需在中性或微酸性溶液中进行。

间接碘量法仍以新配制的1%淀粉溶液作指示剂，在快到终点即溶液颜色由深褐色(I_2 的颜色)转变为浅黄色时加入指示剂，终点是根据溶液的蓝色恰好消失来确定的。

3.3.3 氧化还原指示剂

在氧化还原滴定中，由于一些参加反应的物质在反应前后就有颜色的变化，故不需再加其他指示剂。但大多氧化还原滴定都需添加指示剂，表3-4是一些常用的氧化还原指示剂。

表3-4 常用的氧化还原指示剂

指示剂	氧化态色	还原态色	指示剂溶液
亚甲基蓝	蓝	无	0.05%水溶液
二苯胺	紫	无	0.1%浓 H_2SO_4 溶液
二苯胺磺酸钠	紫红	无	0.05%水溶液
邻苯氨基苯甲酸	紫红	无	0.1% $NaCO_3$ 溶液
邻二氮菲亚铁	浅蓝	红	0.25%水溶液
硝基邻二氮菲亚铁	浅蓝	紫红	0.25%水溶液

3.3.4 氧化还原滴定法的应用

1. 重铬酸钾法测定 Fe^{2+} 的含量

将含 Fe^{2+} 的试样处理成溶液后，加入 H_2SO_4-H_3PO_4 混合液，以二苯胺磺酸钠为指示剂，用 $K_2Cr_2O_7$ 标准溶液滴定，终点时溶液的颜色由浅绿色突变为蓝紫色。根据所用 $K_2Cr_2O_7$ 标准溶液的浓度和体积，可计算出 Fe^{2+} 的含量。反应方程式和 Fe^{2+} 的含量的计算式为：

$$Cr_2O_7^{2-}+6Fe^{2+}+14H^+ = 2Cr^{3+}+6Fe^{3+}+7H_2O$$

$$Fe(\%)=\frac{c(K_2Cr_2O_7)\times V(K_2Cr_2O_7)\times 6\times M(Fe^{2+})}{m\times 1\,000}\times 100\%$$

式中：$c(K_2Cr_2O_7)$——$K_2Cr_2O_7$ 标准溶液的浓度，mol/L；

$V(K_2Cr_2O_7)$——到达终点时所消耗 $K_2Cr_2O_7$ 溶液的体积，mL；

$M(Fe^{2+})$——Fe^{2+}的摩尔质量(56.85 g/mol)；

m——称取样品的质量，g；

1 000——体积换算系数(1 L=1 000 mL)。

2. 水样化学耗氧量(COD)的测定

在一定的条件下，氧化1 L水样中的还原性物质(主要是有机物)所消耗氧化剂的质量称为水样化学耗氧量(COD)，用O_2(mg/L)表示。它是衡量水体被还原性物质污染的主要指标之一，COD越大，水体被污染程度就越高。所以，COD已成为环境监测分析的重要项目。清洁水、河水的COD测定常用高锰酸钾法。

用高锰酸钾法测定水样COD的过程为：将待测水样酸化后，加入过量的已知体积的$KMnO_4$标准溶液，加热至沸腾，充分反应后，剩余的$KMnO_4$用过量的$H_2C_2O_4$还原，多余的$H_2C_2O_4$再用$KMnO_4$标准液返滴定。此法适用于Cl^-含量不高(小于300 mg/L)的水样的COD测定。

3.4 沉淀滴定法

3.4.1 沉淀溶解平衡

根据溶解度的大小，可将电解质分为易溶电解质和难溶电解质，但它们之间没有明显的界限。一般把溶解度小于0.01 g/100 g(H_2O)的电解质称为难溶电解质。

在一定温度下，在含有难溶电解质固体的饱和溶液中，存在着固体与其离子之间的动态平衡，称之为沉淀溶解平衡。

1. 溶度积

如果将AgCl固体与水混合，则AgCl固体表面的Ag^+和Cl^-在水分子的吸引下，将以水合离子的形式进入水中，同时，Ag^+和Cl^-也会重新沉积到AgCl固体表面上，最终达成沉淀，溶解平衡：

$$AgCl \rightleftharpoons Ag^+ + Cl^-$$

这一平衡与其他化学平衡一样，固体物质的浓度不列入平衡常数表达式中。其平衡常数表达式为：

$$K_{sp}(AgCl) = c(Ag^+) \cdot c(Cl^-)$$

即平衡常数$K_{sp}(AgCl)$是AgCl饱和溶液中Ag^+和Cl^-浓度的乘积。化学上，把难溶电解质沉淀溶解平衡的平衡常数K_{sp}称为溶度积常数，简称溶度积。对于给定的难溶电解质来说，温度不同，K_{sp}值也不同。

溶度积的表达式需要根据配平的平衡方程式书写，符合平衡常数的一般书写原则。如难溶物Ag_2CrO_4的平衡方程式为：

$$Ag_2CrO_4 \rightleftharpoons 2Ag^+ + CrO_4^{2-}$$

溶度积表达式为：

$$K_{sp}(Ag_2CrO_4) = [c(Ag^+)]^2 \cdot c(CrO_4^{2-})$$

溶度积表达式的意义是：在难溶电解质的饱和溶液中，当温度一定时，不论各种离子的浓度如何变化，其乘积都为一常数。溶度积反映了难溶物的溶解能力。同一组成类型的难溶物质达到溶解平衡时，溶度积越大，溶解能力越强。

根据难溶电解质溶度积的大小可判断沉淀的相互转化或沉淀的生成次序。通常，在一定条件下，溶度积大的物质可转化为溶度积小的物质；溶度积小的物质先从溶液中析出沉淀。

例如，$MgCO_3$ 的 $K_{sp}=1.0\times10^{-5}$，$Mg(OH)_2$ 的 $K_{sp}=1.8\times10^{-11}$，如将 $MgCO_3$ 固体放入水中，加入一定量的 NaOH 并不时搅动，过一段时间后，可发现 $MgCO_3$ 转化成了$Mg(OH)_2$。如果向含同浓度的 CO_3^{2-} 和 OH^- 的溶液中滴加 $MgCl_2$ 溶液，则首先析出的沉淀是 $Mg(OH)_2$ 而不是 $MgCO_3$。

2. 溶度积规则(原理)

应用化学平衡移动原理可以判断沉淀-溶解反应进行的方向。现以 $CaCO_3$ 为例予以说明。在一定温度下，把过量的 $CaCO_3$ 固体放入纯水中，当达到溶解沉淀平衡时，在 $CaCO_3$ 饱和溶液中：

$$c(Ca^{2+})=c(CO_3^{2-}) \qquad c(Ca^{2+})\cdot c(CO_3^{2-})=K_{sp}(CaCO_3)$$

(1)在上述平衡系统中，如果再加入 Ca^{2+} 或 CO_3^{2-}，此时，$c'(Ca^{2+})\cdot c'(CO_3^{2-})>K_{sp}(CaCO_3)$，平衡被破坏，则平衡将向生成 $CaCO_3$ 的方向移动，故有 $CaCO_3$ 析出，直至$c'(Ca^{2+})\cdot c'(CO_3^{2-})=K_{sp}(CaCO_3)$时为止，此时沉淀不再析出，在新的条件下重新建立平衡：

$$\xleftarrow{\text{平衡移动}}$$

$$CaCO_3 \rightleftharpoons Ca^{2+}+CO_3^{2-}$$

(2)在上述平衡系统中，如果设法降低 Ca^{2+} 或 CO_3^{2-} 的浓度，或两者都降低，如加入 HCl，则 H^+ 与 CO_3^{2-} 作用产生 CO_2 和 H_2O，从而大大降低 CO_3^{2-} 的浓度，使 $c'(Ca^{2+})\cdot c'(CO_3^{2-})<K_{sp}(CaCO_3)$，平衡将向溶解方向移动。

$$\xrightarrow{\text{平衡移动}}$$

$$CaCO_3 \rightleftharpoons Ca^{2+}+CO_3^{2-}$$

根据上述情况，可归纳出沉淀生成和溶解的规律。若将溶液中阳离子和阴离子的浓度代入 K_{sp}表达式，得到的乘积称为离子积，用 Q 表示。把 Q 与 K_{sp}相比较，有以下三种情况。

①$Q>K_{sp}$，溶液呈过饱和状态，有沉淀从溶液中析出，直至溶液呈饱和状态为止。

②$Q=K_{sp}$，溶液呈饱和状态，沉淀和溶解处于动态平衡。

③$Q<K_{sp}$，溶液呈不饱和状态，若原来无沉淀，则无沉淀析出，若原来有沉淀，则沉淀开始溶解，直至溶液呈饱和状态为止。

此即溶度积规则，利用它可控制离子浓度，使沉淀生成或溶解，或判断溶液是否处于平衡状态。

【例】已知 $K_{sp}(Ag_2CrO_4)=1.1\times10^{-12}$，现将浓度都为 4×10^{-5} mol/L 的 $AgNO_3$ 和 K_2CrO_4 溶液等体积混合，有无 Ag_2CrO_4 红色沉淀析出？

解：两溶液混合后，体积增大一倍，浓度各减一半，故

$$c(Ag^+)=c(CrO_4^{2-})=2\times10^{-5}\ \text{mol/L}$$

$$Q=\{c(Ag^+)\}^2\cdot c(CrO_4^{2-})=(2\times10^{-5})^2\times2\times10^{-5}=8\times10^{-15}$$

由于 $Q<K_{sp}$，所以没有 Ag_2CrO_4 红色沉淀析出。

3.4.2 沉淀滴定法

沉淀滴定法是以沉淀反应为基础的滴定分析法。沉淀反应很多，但符合滴定分析的要求，能用于沉淀滴定的反应却很少。目前，在滴定分析中应用最广泛的是用硝酸银作标准溶液，反应生成难溶银盐，如：

$$Ag^++Cl^-\rightleftharpoons AgCl\downarrow$$

$$Ag^++SCN^-\rightleftharpoons AgSCN\downarrow$$

由于测定时主要用 $AgNO_3$ 溶液作标准溶液，所以，这类沉淀滴定法称为银量法。该法可用于测定 Cl^-、Br^-、Ag^+、CN^-、SCN^- 等离子。应用在化工、冶金、农业及“三废”处理等生产部门的检测工作中。

根据指示剂的不同，将银量法按创立者的名字分别命名为莫尔法(Mohr)、佛尔哈德法(Volhard)和法扬斯法(Fayans)。下面简要介绍莫尔法。

莫尔法是以 K_2CrO_4 作指示剂，在中性或弱碱性溶液中，用 $AgNO_3$ 标准溶液直接测定 Cl^- 或 Br^- 的滴定方法。

1. 滴定原理

以滴定 Cl^- 为例。在滴定过程中，由于 AgCl 的溶解度小于 K_2CrO_4 的溶解度，且 CrO_4^{2-} 浓度较小，故首先析出 AgCl 沉淀，Ag^+ 和 Cl^- 定量沉淀完全后，稍过量的 Ag^+ 与 CrO_4^{2-} 结合生成砖红色的 Ag_2CrO_4 沉淀，即为滴定终点。反应的离子方程式为：

$$Ag^++Cl^-=\!=\!=AgCl\downarrow\text{(白色)}$$

$$2Ag^++CrO_4^{2-}=\!=\!=Ag_2CrO_4\downarrow\text{(砖红色)}$$

2. 滴定条件

莫尔法的滴定条件主要是控制 K_2CrO_4 的用量和溶液的酸度。实验证明，滴定终点时，K_2CrO_4 溶液的酸度约为 0.005 mol/L 比较适宜。滴定 Cl^- 的反应宜在中性或弱碱性介质中进行(pH 为 6.5～8.5)。此外，滴定时应充分振荡。

3. 应用实例

天然水中 Cl^- 含量的测定。天然水中几乎都含有 Cl^-，其含量变化范围大，河水、湖水中 Cl^- 含量一般较低；海水、盐湖水和地下水中 Cl^- 含量较高。一般可用莫尔法测定。表 3-5将莫尔法(Mohr)、佛尔哈德法(Volhard)和法扬斯法(Fayans)三种滴定法做了比较。

表 3-5　莫尔法、佛尔哈德法和法扬斯法的比较

滴定方法	标准溶液	指示剂	滴定反应	测定对象
莫尔法	$AgNO_3$	K_2CrO_4	$Ag^+ + Cl^- \rightleftharpoons AgCl\downarrow$（白） $2Ag^+ + CrO_4^{2-} \rightleftharpoons Ag_2CrO_4\downarrow$（砖红）	Cl^- 或 Br^-
佛尔哈德法	NH_4SCN	$[NH_4Fe(SO_4)_2 \cdot 12H_2O]$	$Ag^+ + SCN^- \rightleftharpoons AgSCN$（白） $Fe^{3+} + SCN^- \rightleftharpoons FeSCN^{2+}$（红）	Ag^+
法扬斯法	$AgNO_3$	荧光黄（HFIn）等	$HFIn \rightleftharpoons H^+ + FIn^-$（黄绿） $Ag \cdot ClAg^+ + FIn^- \rightleftharpoons AgCl \cdot Ag^+ \cdot FIn^-$（粉红）	Cl^-

3.5　配位滴定法

3.5.1　配位化合物

1. 配位化合物的组成

配位化合物是由中心原子（或离子）与配位体通过配位键结合而成的化合物。配位化合物也简称配合物，它们是一类复杂化合物，都含有一个配位单元。配位单元是由中心离子（或原子）与一定数目的分子或离子通过配位键结合而成的，它可以是中性分子，如$[Co(NH_3)_3Cl_3]$；也可以是复杂离子（称为配离子），如$[Cu(NH_3)_4]^{2+}$、$[Fe(CN)_6]^{4-}$。通常对配合物和配离子不做严格区分。

中心离子（或原子）位于配合物的中心，称为配合物的形成体，如$[Cu(NH_3)_4]SO_4$中的 Cu^{2+}，$K_4[Fe(CN)_6]$中的 Fe^{2+}。形成体多为金属离子或原子，也有少数非金属离子如$[SiF_6]^{2-}$中的 Si^{4+}。

配位体是指结合在中心离子周围的一些中性分子或阴离子。如上述两例中的 NH_3 和 CN^- 即为配位体。中心离子和配位体以配位键结合成配离子，配离子也称为配合物的内界（或内层），通常将内界写在方括号里，如$[Cu(NH_3)_4]^{2+}$、$[Fe(CN)_6]^{4-}$。方括号外的部分称为外界（或外层），如$[Cu(NH_3)_4]SO_4$ 的 SO_4^{2-}，$K_4[Fe(CN)_6]$中的 K^+。

中心离子与配位体电荷的代数和即为配离子的电荷，如$[Fe(CN)_6]^{4-}$配离子中，中心离子为 Fe^{2+}，配位体为 CN^-，配离子的电荷为$(+2)+(-1)\times 6=-4$。由于整个配合物分子是电中性的，所以，也可从外界电荷的总数推知配离子的电荷。

在配位体中，与中心离子或原子成键的原子称为配位原子，如$[Cu(NH_3)_4]^{2+}$中的配位体 NH_3 是由 N 与 Cu^{2+} 成键的，故配位原子是 N。常见的配位原子有 O、N、S、C 及卤原子等。只有一个配位原子的配位体叫单齿配位体，含两个及以上配位原子的配位体叫多齿配位体。如 NH_3、CN^- 等为单齿配位体，而 EDTA 为多齿（六齿）配位体。

在配合物中与中心离子成键的配位原子数叫作该中心离子的配位数。如$[Cu(NH_3)_4]^{2+}$中有4个N与Cu^{2+}成键，Cu^{2+}的配位数为4。在一定条件下，某中心离子有其常见的配位数(称为特征配位数)，如Cu^{2+}的配位数为4，Fe^{2+}的配位数为6。在配合物中，如果是单齿配位体，则中心离子的配位数等于配位体个数，但如果是多齿配位体，则配位数为配位原子数。

现以$[Cu(NH_3)_4]SO_4$为例，将配合物的组成表示如下：

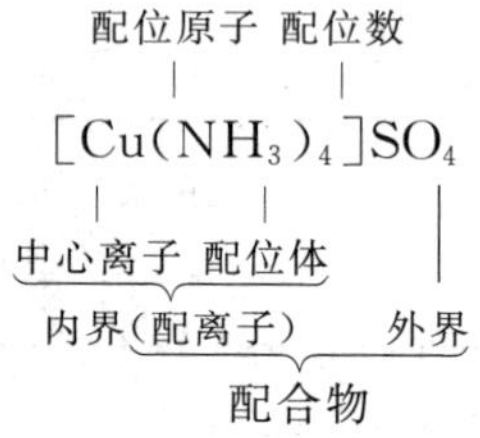

2. 配合物的命名

配合物的命名基本上还是遵循无机物的命名原则，其基本原则如下。

(1)先命名阴离子，后命名阳离子，中间连以“化”或“酸”字，阴离子为简单离子时连“化”字，阴离子为复杂离子时连“酸”字。例如：

$[Ag(NH_3)_2]OH$　氢氧化二氨合银(Ⅰ)　$[Cu(NH_3)_4]SO_4$　硫酸四氨合铜(Ⅱ)

$K_4[Fe(CN)_6]$　六氰合铁(Ⅱ)酸钾　$H_2[SiF_6]$　六氟合硅酸

(2)配离子的名称一般为：配位体数目＋配位体名称＋“合”＋中心离子名称＋(中心离子电荷)。配位原子的数目用中文小写数字表示，中心离子的电荷用罗马数字标明。例如：

$[Ag(NH_3)_2]^+$　二氨合银(Ⅰ)　$[Cu(NH_3)_4]^{2+}$　四氨合铜(Ⅱ)

(3)配位体为多种时，先命名阴离子配位体，后命名中性分子配位体，它们之间可用圆点“·”分隔，也可省略。例如：

$[Cu(H_2O)_2Cl_2]$　二氯·二水合铜(Ⅱ)　$K[Pt(NH_3)Cl_3]$　三氯一氨合铂(Ⅱ)酸钾

(4)如果配位体是两种以上阴离子或中性分子时，则按配位原子的元素符号顺序排列，例如：

$[CO(NH_3)_5H_2O]Cl_3$　氯化五氨·一水合钴(Ⅲ)

$[CrCl_2(NH_3)_4]Cl$　氯化二氯·四氨合铬(Ⅲ)

(5)有些配合物还常用习惯名称或俗名，例如：

$K_4[Fe(CN)_6]$　亚铁氰化钾(俗称黄血盐)

$K_3[Fe(CN)_6]$　铁氰化钾(俗称赤血盐)

$[Ag(NH_3)_2]^+$　银氨离子

$[Cu(NH_3)_4]^{2+}$　铜氨离子

3.5.2 配位滴定法及其应用

1. 配位滴定法

以配位反应为基础的滴定分析法称为配位滴定法。主要用于测定金属离子的含量。

配位滴定法中最重要的是EDTA法。

(1)EDTA的性质

EDTA是乙二胺四乙酸的简称，它是一个四元酸，溶解度较小，易溶于氨水或氢氧化钠溶液，通常使用乙二胺四乙酸二钠(习惯上也简称EDTA，用符号$Na_2H_2Y_2 \cdot H_2O$表示)，EDTA的分子结构为：

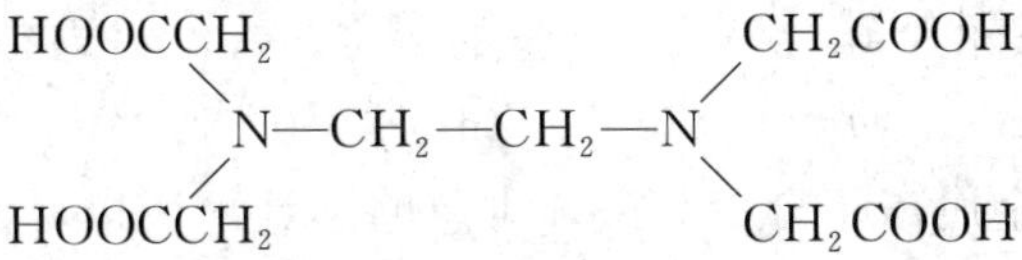

它几乎能与所有金属离子反应，反应的化学计量比为1∶1，使分析结果的化学计算很简便。如：

$$Ca^{2+} + EDTA = Ca^{2+}\text{-}EDTA$$

用EDTA滴定时，对溶液酸度的要求较严格，溶液的酸度对EDTA标准溶液、金属离子和指示剂均产生重要影响，所以，在实际操作中要注意控制好溶液的酸度。

(2)金属指示剂

配位滴定法一般用金属指示剂判断滴定终点。金属指示剂较多，常用的有铬黑T和钙指示剂。

①铬黑T(EBT)化学名称为1-(1-羟基-2-萘基偶氮基)-6-硝基-2-萘酚-4-磺酸钠。铬黑T在溶液中存在下列酸碱平衡：

$$\underset{\substack{\text{紫红色}\\ pH<8}}{H_2In} \rightleftharpoons \underset{\substack{\text{蓝色}\\ pH=7\sim11}}{HIn^-} \rightleftharpoons \underset{\substack{\text{橙色}\\ pH>12}}{In^{2-}}$$

铬黑T只能在pH＝7～11范围内使用，最适宜的酸度是pH＝9～10.5，在此酸度范围内，在滴定过程中颜色变化明显，具体变化为：

酒红⟶紫色⟶蓝色

②钙指示剂(NN或钙红)化学名称为2-羟基-1-(2-羟基-4-磺酸基-1-萘偶氮基)-3-萘甲酸。钙指示剂在溶液中存在下列酸碱平衡：

$$\underset{\substack{\text{酒红色}\\ pH<8}}{H_2In} \rightleftharpoons \underset{\substack{\text{蓝色}\\ pH=8\sim13}}{HIn^-} \rightleftharpoons \underset{\substack{\text{浅粉红色}\\ pH>13}}{In^{2-}}$$

钙指示剂适宜的酸度是pH＝12～13，在此酸度范围内用EDTA滴定Ca^{2+}，终点时溶液呈蓝色。

2. EDTA标准溶液的配制和标定

由于蒸馏水或容器内壁可能有金属离子污染，所以EDTA标准溶液要采用间接法配制。常用的EDTA标准溶液的浓度为0.01～0.05 mol/L，一般用$Na_2H_2Y \cdot 2H_2O$(乙二胺四乙酸二钠)来配制，其摩尔质量为372.2 g/mol。

配制过程为：根据实际需要称取一定量的$Na_2H_2Y \cdot 2H_2O$，溶于一定体积的蒸馏水配成溶液，再用纯 Zn 作基准物质进行标定。

为提高测定的准确度，通常选用与被测样品组成相似的标准样品作基准物质，在与测定条件相近的情况下进行标定。用于标定 EDTA 的基准物质有纯的 Zn、Cu、ZnO、$CaCO_3$、$MgSO_4 \cdot 7H_2O$ 等。

3. 配位滴定法的应用

【实例】水的总硬度和 Ca^{2+}、Mg^{2+} 含量的测定。

天然水中含有 Ca^{2+}、Mg^{2+}、Fe^{3+}、Zn^{2+}、Cu^{2+}、Mn^{2+} 等多种离子，但除了 Ca^{2+}、Mg^{2+} 外，其他金属离子含量甚微，可忽略不计。所以，测定水的总硬度就是测定水中 Ca^{2+}、Mg^{2+} 的总量。

(1)水的总硬度的测定：准确移取一定体积的水样，加入铬黑 T 指示剂，用 $NH_4Cl\text{-}NH_3 \cdot H_2O$ 缓冲溶液调节水样的 pH=10，最后，用 EDTA 标准溶液滴定至由酒红色变为蓝色即为终点。测得 Ca^{2+}、Mg^{2+} 的总量，按下式计算水的总硬度：

$$\text{水的总硬度} = c(\text{EDTA}) \times V(\text{EDTA}) \times M(\text{CaO}) \times 1\,000 \div V(\text{水样})(\text{mg/L})$$

(2)Ca^{2+} 含量的测定：准确移取一定体积的水样，先用 6 mol/L NaOH 调节水样的 pH≈12，以使 Mg^{2+} 转化为 $Mg(OH)_2$ 沉淀，再加入钙指示剂，用 EDTA 标准溶液滴定至由红色变为蓝色即为终点。

第 4 章　吸光光度法

本章要点

1. 光的本质，光的互补原理，物质的颜色与物质选择吸收光的关系，光的吸收定律。

2. 吸光光度法测定微量组分的原理和方法。

3. 分光光度计的使用，标准(工作)曲线的绘制和应用。

有色溶液颜色的深浅与其浓度成正比，浓度越大，颜色越深。物质的颜色是由物质对光的选择性吸收而产生的。有色溶液对某一波长的光吸收程度越大，则溶液的颜色越深。因此，通过比较溶液颜色的深浅或测定溶液对光的吸收程度，即可确定溶液的浓度。这种基于有色溶液对光的选择性吸收而建立起来的分析方法叫作吸光光度法。它包括比色法、可见及紫外分光光度法、红外光谱法等。本部分只介绍可见光区的吸光光度法。

4.1　吸光光度法的基本原理

4.1.1　物质的颜色与其对光的选择性吸收的关系

光是一种电磁波，不同颜色的光具有不同的波长。通常把人眼能感觉到的光称为可见光，其波长范围为 400～760nm。可见光区的白光是由多种不同波长的光按一定强度比例混合而成的，称为复合光。利用光栅可将白光色散为红、橙、黄、绿、青、蓝、紫等七种单色光，如表 4-1 所示。

表 4-1　不同波长的光的颜色

波长/nm	颜　色	波长/nm	颜　色
620～760	红	480～500	青
590～620	橙	430～480	蓝
560～590	黄	400～430	紫
500～560	绿		

七种单色光可以混合成白光，把适当的两种单色光按一定的强度比例混合也可成为白光。这两种单色光叫作互补色光，这两种单色光的颜色则称为互补色。如绿与紫互补，黄与蓝互补等，光的互补如图 4-1 所示。

图 4-1　光的互补色示意图

物质的颜色正是由于物质选择吸收了某一波长的光而呈现出的互补光颜色。如 $KMnO_4$ 选择吸收了绿色光而呈现出其互补色——紫色。

4.1.2 光吸收定律——朗伯-比尔定律

实验证明，有色溶液对光的吸收程度与溶液的浓度、液层厚度以及入射光的强度有关。如果保持入射光的强度不变，则有色溶液对光的吸收程度与溶液的浓度、液层厚度有关。

朗伯-比尔定律：在保持入射光的强度不变的情况下，有色溶液对光的吸收程度(A)与溶液的浓度(c)和液层厚度(b)呈正比。其数学表达式为：

$$A=\lg(I_0/I)=Kcb$$

式中，A 是吸光度，I_0 是入射光的强度，I 是透过光的强度，I/I_0 称为透光率(用 T 表示)，K 是吸光系数，c 是溶液浓度，b 是液层厚度。

A 与 T 的关系为：

$$A=\lg(I_o/I)=-\lg(I/I_0)=-\lg T$$

K(吸光系数)的物理意义：它表示当溶液浓度为 1 mol/L，液层厚度为 1 cm 时，在一定波长下测得的溶液的吸光度。它与入射光的波长、物质的性质以及溶液的温度等因素有关。

在相同的条件下(指吸光系数 K 和溶液厚度 b 相同)测定时，吸光度与溶液浓度成正比。

朗伯-比尔定律不仅适用于可见光区，也适用于紫外光区和红外光区；不仅适用于均匀非散射的液体，也适用于固体和气体。

4.2 吸光光度法

4.2.1 吸光光度法的分析方法

1. 目视比色法

直接观察，比较待测溶液和标准溶液颜色的深浅，从而确定物质含量的分析方法称为目视比色法。

根据比色参比的对象，可分为图片比色法和溶液比色法。溶液比色法是用相同的玻璃制成形状、大小都一样的比色管，配制一系列已知浓度和体积的标准溶液并显色，得到一套颜色逐渐加深的标准色阶。把一定量的未知溶液在相同的条件显色后与标准色阶比较，如果颜色与某一标准溶液的颜色相同，则它们的浓度也相同。如果颜色介于相邻两个标准溶液之间，则待测溶液的浓度也介于这两标准溶液浓度之间。比较 pH 试纸与比色卡的颜色从而判断溶液酸碱度的方法就属于图片比色法。

目视比色法虽然方便简单，但由于人的眼睛对某些颜色的光较难识别，而且各人的习惯也不相同，因此，目视比色法误差较大。

2. 分光光度法

分光光度法是利用分光光度计测定有色溶液的吸光度，从而确定被测组分含量的分析方法。其适用范围较广，精度也比光电比色法高。

光电比色法和分光光度法都常用工作曲线法(标准曲线法)和计算法(比较法)来确定待测物的浓度或含量。

(1)工作曲线法(标准曲线法)

先配制一系列浓度(或含量)不同的标准溶液，用分光光度计(光电比色计)测出它们的吸光度，以浓度为横坐标，吸光度为纵坐标，绘制出标准曲线(如图 4-2 所示)。再在相同条件下用分光光度计(光电比色计)测量待测溶液的吸光度，然后根据测得的吸光度从标准曲线上查得相应的浓度(或含量)。

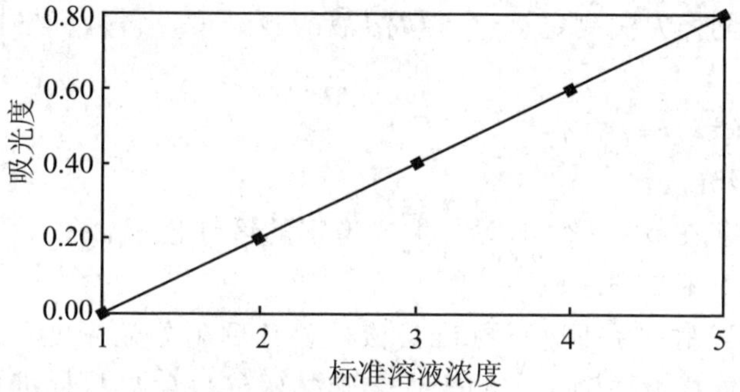

图 4-2　标准曲线

例如，要测定某物质的浓度，先配制一系列浓度的标准溶液，在一定的波长下测其吸光度，然后绘制标准曲线(见图 4-2)，然后在相同的条件下测定待测溶液的吸光度为 0.4，查标准曲线得其对应的浓度为 3 mol/L，故待测溶液的浓度为 3 mol/L。

(2)计算法(比较法)

根据朗伯-比尔定律，在入射光波长和液层厚度相同的条件下，溶液的吸光度只与其浓度成正比。即：

$$A_{标} = K_1 b c_{标}$$

$$A_{测} = K_1 b c_{测}$$

由于标准溶液与被测溶液性质、温度、入射光波长及强度都一致，所以：

$$K_1 = K_2$$

$$A_{标} / A_{测} = c_{标} / c_{测}$$

即：

$$c_{测} = c_{标} \times A_{测} / A_{标}$$

应注意，只有当 $c_{测}$ 和 $c_{标}$ 相接近时，运用上述关系式计算的结果才可靠，否则误差较大。

4.2.2　吸光光度法的应用

吸光光度法普遍应用于测定微量组分，对于生物体、药物、土壤中的有机物及微量元素均可测定。农业上常用来分析铵、铁、磷等。

1. 微量磷的测定

在酸性溶液中，PO_4^{3-} 与钼酸铵反应生成钼磷酸，再与还原剂 $SnCl_2$ 或抗坏血酸作用生成磷钼蓝，溶液呈蓝色。蓝色的深浅在一定浓度范围内与磷的含量成正比。反应如下：

$$PO_4^{3-}+12MoO_4^{2-}+27H^+ = \underset{\text{钼磷酸}}{H_3P(Mo_3O_{10})_4}+12H_2O$$

$$H_3P(Mo_3O_{10})_4+SnCl_2+2HCl = \underset{\text{磷钼蓝}}{H_3PO_4\cdot 10MoO_3\cdot Mo_2O_5}+SnCl_4+H_2O$$

测定时，可先配制一系列磷的标准溶液，显色后用分光光度计测出吸光度，绘制标准曲线。然后用同样方法测定被测含磷溶液的吸光度，再从标准曲线上查出相应的磷浓度(或含量)。

2. 微量铁的测定

(1)邻二氮菲吸光度法

Fe^{2+} 与邻二氮菲在 pH=2～9 时，生成稳定的橙红色配合物。溶液中的 Fe^{2+} 在显色前用盐酸羟胺或对苯二酚还原。

测定时，可先配制一系列铁的标准溶液，显色后用分光光度计测出吸光度，绘制标准曲线。然后用同样方法测定被测含铁溶液的吸光度，再从标准曲线上查出相应的铁浓度(或含量)。

(2)磺基水杨酸法

Fe^{3+} 与磺基水杨酸能形成有色配合物，在不同酸度条件下，可生成不同级别不同颜色的配合物，在 pH=9～11.5 时可生成稳定的黄色配合物，且其浓度服从朗伯—比尔定律。可以固定溶液浓度和比色皿厚度，通过调节入射光的波长测定不同波长时的吸光度并绘制吸收曲线，找出最大吸收波长；固定波长为最大吸收波长，测定一系列标准溶液的吸光度，作出工作曲线。根据相同条件下未知液的吸光度，可以在工作曲线上求出未知液的浓度。

第5章 烃及其衍生物

本章要点

1. 有机物的定义、特性、分类、共价键的形成、类型及其特征。

2. 各类烃的同系物、通式、同分异构体及主要物理化学性质。

3. 烷烃的系统命名。

4. 烃衍生物的定义、官能团、通式及简单物质的名称。

5. 烃衍生物的物理性质及化学性质。

6. 有机物与农业生产的关系以及其在农业生产和日常生活中的应用。

自然界的物质是复杂多样的，从化学组成上来看，可以分为单质和化合物两大类，其中，化合物又可根据其分子组成、结构特点及理化特性，分为无机化合物(无机物)和有机化合物(有机物)。目前，有机物相对确切的定义为碳氢化合物及其衍生物。有机物与人们的生产和生活的关系极为密切。农业生产中，动植物的生长过程实质上是各种有机物质的合成、分解、转化的过程。

研究有机物的组成、结构、性质及其变化规律的科学称为有机化学。在农业生产中，有机肥料的生产与使用、有机农药的生产与病虫防治、农产品分析与环境保护、土壤有机质分析与因地制宜、病毒的控制与作物防疫、良种培育与组织培养、激素和除草剂的使用与粮食增长、家畜疾病诊治与家畜饲养管理、动植物的生长发育与外部调控、微生物发酵与农产品加工等都要求有机化学提供理论依据和解决问题的途径。

5.1 有机化合物概述

5.1.1 有机化合物的定义

人们以糖类、油脂、蛋白质、纤维素、染料等化合物作为衣、食、住、行等方面的必需品。早期，人们认为只能从动植物体内获取这些化合物，所以，人们把从生物体内分离出来的化合物称为有机物，有机物的涵义是“有生机之物”。后来，人们不但能够合成自然界已有的许多有机物，而且能够合成自然界没有的多种有机化合物，如合成尿素、纤维、塑料、橡胶等。因此“有机化合物”已失去了原来的意义。

随着科学技术的发展，人类对有机物的认识也在不断提高。通过分析发现，有机物都含有碳元素，于是，把含碳化合物称为有机物。但习惯上仍把碳的氧化物、碳酸及其盐和金属碳化物列为无机物。19 世纪末建立了化学结构学说，在此基础上提出了近代有机物的定义：有机物就是碳氢化合物及其衍生物。有机化学就是研究有机物的组成、结构、性质及其变化规律和应用的科学。

5.1.2　有机化合物的特性

1. 有机物的组成元素

有机物种类繁多，但组成的元素却较少。通过对有机物的组成元素分析发现，有机物的组成元素主要是碳、氢，此外，还含有氧、氮、硫、磷、卤素、镁、铁、铜等。

2. 有机物的分子结构特点

在有机物分子中，碳原子通常以共价键与其他原子结合或彼此相结合，形成链状或环状结构，原子间可以通过单键、双键或三键等不同方式结合。根据碳的原子结构，碳原子通常形成四个共价键。

(1)共价键的形成：价键理论认为共价键的形成是成键原子的电子云重叠或单电子配对的结果。前提是成键的原子必须具有自旋相反的单电子。

(2)共价键的类型：共价键分为 σ 键和 π 键。σ 键比 π 键稳定，两个原子间只能形成一个 σ 键，但可以形成一个或两个 π 键。原子间不能单独形成 π 键，必须与 σ 键一起形成。形成 σ 键的两个原子能做相对旋转，但形成 π 键的两个原子不能做相对旋转。

根据成键以后电子对是否偏移，共价键又可分为极性键和非极性键。

3. 有机物的理化特性

有机物与无机物之间并没有绝对的界限，但比较起来，两者在理化性质上还是有较大差异的，如表 5-1 所示。

表 5-1　有机物与无机物的理化性质比较

物　类	有　机　物	无　机　物
耐热性	多数不耐热，受热易分解，熔点较低(400℃以下)。如淀粉、蛋白质等受热分解，尿素熔点 132℃	多数耐热难熔化，熔点一般比较高。如食盐熔点 801℃
可燃性	多数可以燃烧。如酒精、石油、纤维等	多数不能燃烧。如水、食盐、硫酸等
溶解性	多数难溶于水，而易溶于有机溶剂。如油脂易溶于汽油、酒精、苯等有机溶剂	多数易溶于水，而难溶于有机溶剂。如食盐、硫酸、氢氧化钠等易溶于水
化学反应	反应复杂，副反应多，反应速率较慢	反应简单，副反应少，反应速率较快

5.1.3　有机化合物的分类

由于有机物分子结构的复杂性，导致有机物种类繁多，截至 1999 年 12 月，美国化学文摘《CA》收录的有机物已达 2 200 多万种。而且每年新的有机物还在以数十万种的速度增长。为了便于学习和研究各种有机物，必须对其进行科学的分类。根据有机物的分子结构，通常采用两种方法分类，一种是按碳架分类，另一种是按官能团分类。

1. 按碳架分类

根据碳架的不同，可把有机物分为三大类。

(1)链状化合物：分子中的碳原子相互连接成链状(有的还有侧链)的化合物。由于链状化合物最初是在油脂中发现的，所以又把它们叫作脂肪族化合物。例如：

$CH_3—CH_3$　　$CH_3—CH(CH_3)—CH_3$　　$CH_2═CH_2$　　$CH_2═CH—CH═CH_2$

乙烷　　异丁烷　　乙烯　　1，3-丁二烯

(2)碳环化合物：分子中含有碳原子组成的环状结构的化合物。碳环化合物又可分为两类。

脂环族化合物：性质和脂肪族化合物相似的碳环化合物。例如：

环丙烷 　　环戊烷 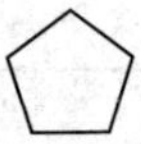

环己烷 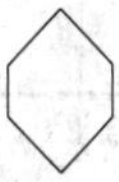　　环戊二烯 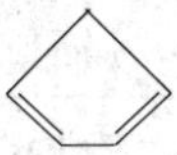

芳香族化合物：分子中含有苯环的化合物。其性质与脂肪族化合物不同，例如：

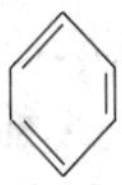　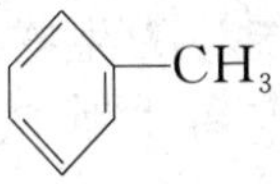　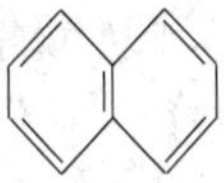

苯　　甲苯　　萘

(3)杂环化合物：分子中含有由碳原子与其他原子连接成的环。例如：

呋喃 　　吡啶 

2. 按官能团分类

官能团是指决定有机物主要化学性质的一些特殊原子或原子团。含有相同官能团的化合物的化学性质相似。有机物的主要官能团及其分类如表 5-2 所示。

表 5-2　有机物的类别及其官能团

化合物类别	官能团结构	官能团名称
烯　烃	$>C═C<$	碳碳双键
炔　烃	$—C≡C—$	碳碳三键
卤代烃	—X(F、Cl、Br、I)	卤素
醇或酚	—OH	羟基
醚	C—O—C	醚键
醛	$—\overset{\overset{O}{\Vert}}{C}—H$ 或—CHO	醛基

续表

化合物类别	官能团结构	官能团名称
酮	—C(=O)— 或—CO—	酮基
羧　酸	—C(=O)—OH 或—COOH	羧基
酯	—C(=O)—O—R 或—COOR	酯基
胺	$—NH_2$	氨基
酰　胺	$—C(=O)—NH_2$	酰胺基

5.1.4　有机化合物与农业的关系

有机化合物与农业有着密切的关系。农业生产由植物生产、动物生产和微生物生产三个基本环节组成，动植物及微生物统称为生物。组成生物体的物质除了水和一些无机盐外，绝大部分是有机物，它们在生物体中承担着各种重要的功能。例如，生物体结构组织主要由蛋白质和纤维素构成；植物的果实内和动物体内储藏的养分主要是糖类和油脂；动植物呈现的各种颜色、气味等物质也都是有机物。在农业科技上，有机化学占有极为重要的地位。农业科学的任务在于探讨各种农作物、牲畜、微生物的生命现象及其规律，这就要求人们必须了解组成生物体的各种有机物的分子结构和性质及它们在生物体内的合成、分解和转化；各种肥料和饲料的营养成分及它们进入生物体后的变化；各种化学药剂的化学结构和性质及它们对生物体的作用和影响；以及农、畜产品的储藏、加工和检验的原理等。因此，有机化学知识是农、林、牧、渔类及生物专业学生必修的基础知识。

5.2　烷烃

烃是只由碳和氢组成的化合物，也叫碳氢化合物。烃是有机物中最基本的一大类物质，是有机物的母体，其他有机物都可看作由烃衍生而来的。现将烃分类如下，并分别加以讨论。

- 烃
  - 链烃(脂肪烃)
    - 饱和链烃(烷烃)
    - 不饱和链烃
      - 烯烃
      - 炔烃
  - 环烃
    - 脂环烃
    - 芳香烃

5.2.1　烷烃的分子结构、通式与同系物

(1)烷烃的分子结构：碳原子都以单键(σ 键)结合，碳原子的剩余价键都与氢原子

结合(或者说被氢原子饱和)，即分子中只含单键(σ 键)。

从结构上可将烷烃定义为分子中只含单键(σ 键)的链烃。例如：

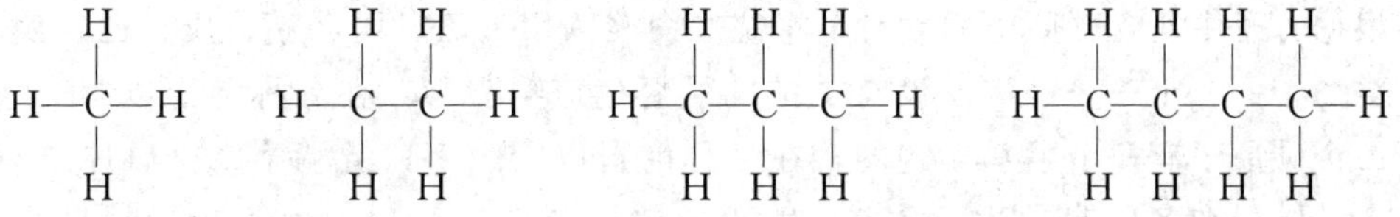

甲烷　　乙烷　　丙烷　　丁烷

(2)烷烃的分子通式：从上述四种烷烃的分子结构式可以看出，碳原子和氢原子在数目上具有一定的关系。如果把碳原子数定为 n，则氢原子数必然等于 $2n+2$，因此，烷烃的分子通式为 C_nH_{2n+2}。利用此通式，只要知道烷烃分子中所含的碳原子数，就能写出烷烃的分子式。例如，含 5 个碳原子的烷烃，分子式为 C_5H_{12}；含 12 个碳原子的烷烃，分子式为 $C_{12}H_{26}$。

(3)同系物：结构相似而在分子组成上相差一个或若干个“CH_2”原子团，并具有同一通式的一系列化合物互称同系物，“CH_2”原子团称为同系差。同系物具有相似的化学性质。

(4)同分异构体：具有相同分子式而分子结构不同的化合物互称同分异构体。例如，分子式为 C_4H_{10} 的烷烃有两种不同的分子结构。

名称：	(正)丁烷	异丁烷
结构简式：	$CH_3—CH_2—CH_2—CH_3$	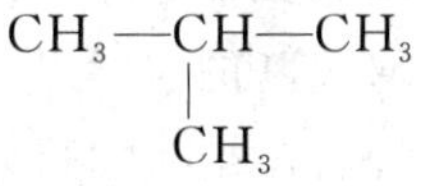
沸点：	−0.5℃	−11.7℃
熔点：	−138.4℃	−159.6℃

产生两种结构式的原因是 4 个碳原子能以两种不同的顺序相结合。这两种结构式的化学式固然相同，但由于分子结构不同而具有不同的性质，所以是两种不同的物质。

(5)碳原子的种类：烷烃的碳原子按照直接与它相连的碳原子的数目可分为四类，只与一个碳原子相连的碳称为伯碳，通常用 1°表示；与两个碳原子相连的碳称为仲碳，通常用 2°表示；与三个碳原子相连的碳称为叔碳，通常用 3°表示；与四个碳原子相连的碳称为季碳，通常用 4°表示。

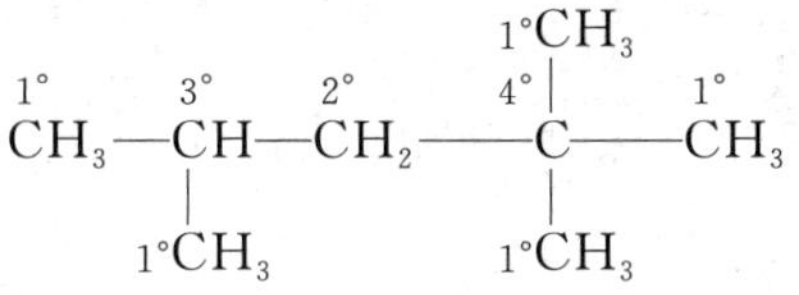

(6)烃基：烃分子失去一个(或几个)氢原子后所剩余的原子团叫作烃基，一般用“—R”表示各类烃基。烷烃形成的烃基叫烷基，例如，$—CH_3$ 叫作甲基，$—CH_2—CH_3$(或$—C_2H_5$)叫作乙基等。

5.2.2 烷烃的命名

烷烃的命名是各类有机物命名的基础，烷烃的命名常采用普通命名法和系统命名法。

1. 普通命名法

根据分子中所含碳原子的数目，将烷烃命名为甲、乙、丙、丁、戊、己、庚、辛、壬、癸、十一、十二……烷。没有支链的烷烃(直链烷烃)，在名称前冠以“正”字；链端第二个碳原子有一个甲基支链的，在名称前冠以“异”字；链端第二个碳原子有两个甲基支链的，在名称前冠以“新”字。例如：

CH_4 甲烷； $CH_3—CH_2—CH_2—CH_2—CH_3$ 戊烷；$CH_3(CH_2)_{11}CH_3$ 十三烷。

结构简式： $CH_3—CH_2—CH_2—CH_3$ 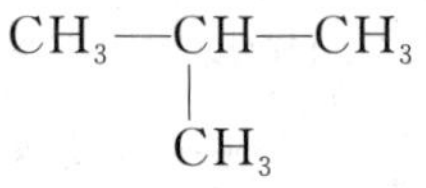

(正)丁烷　　异丁烷

显然，普通命名法只适用于结构比较简单的烷烃。

2. 系统命名法

又称国际命名法，其规则如下。

(1)选主链：选择分子中含支链最多的最长碳链作主链，根据主链上碳原子数目命名为“某烷”，作为母体名称，主链以外的支链作为取代基。

(2)给主链碳编号：从离支链最近端开始，按所有支链(取代基)的位号最小原则给主链碳原子编号，位号用阿拉伯数字1、2、3…表示。

(3)写出名称：按“取代基的位号”“-”“取代基数目”“取代基名称”和“母体名称”的顺序书写。即表示为“取代基位号-取代基数目名称主链碳原子数烷”。取代基的个数为一时，省略不写。

取代基相同时，将取代基位号连续写出，位号之间用“,”隔开，取代基的数目合并用中文大写数字二、三、四……表示；取代基不同时则先小后大，每个取代基都要标明位号。例如：

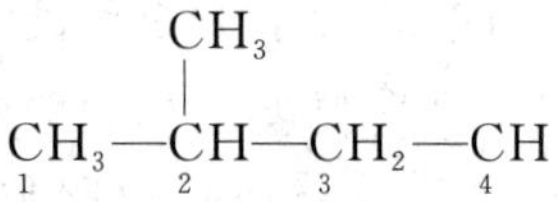

2-甲基丁烷

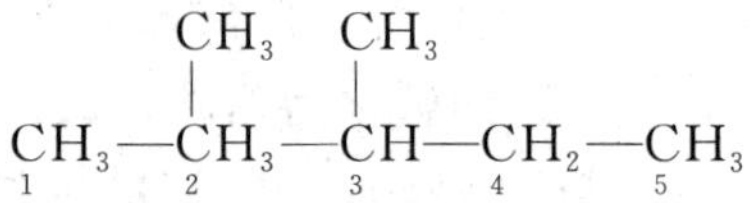

2，3-二甲基戊烷

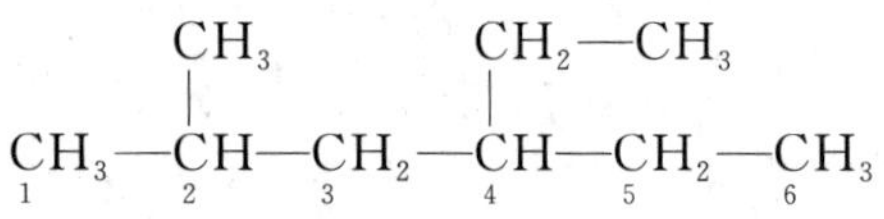

2-甲基-4-乙基己烷

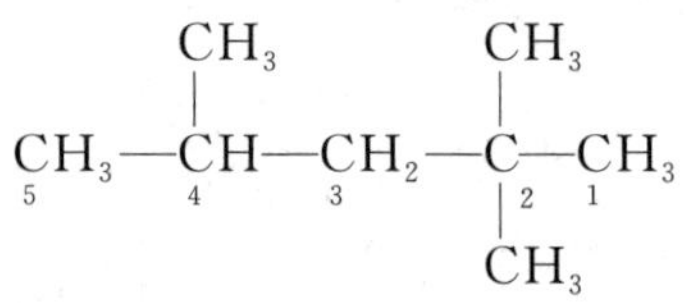

2，2，4-三甲基戊烷

5.2.3　烷烃的性质

1. 物理性质

烷烃的物理性质随着分子中碳原子数目(或分子量)的递增呈现出一定的递变规律。例如，烷烃的熔点和沸点随分子量的增大而升高；分子量相同时，支链多的沸点低。

烷烃的密度随分子量的增大而增大，但都小于1。烷烃都不溶于水，而易溶于 $CHCl_3$、CCl_4 等有机溶剂，即“相似相溶”。一些直链烷烃的物理常数如表5-3所示。

表5-3　一些直链烷烃的物理常数

状态	名称	分子式	熔点/℃	沸点/℃	液态密度(20℃)
气	甲烷	CH_4	−182.5	−164	0.466(−164℃)
	乙烷	C_2H_6	−183.3	−88.6	0.572(−108℃)
	丙烷	C_3H_8	−189.7	−42.1	0.585 3(−45℃)
	丁烷	C_4H_{10}	−138.4	−0.5	0.578 8
液	戊烷	C_5H_{12}	−129.7	36.1	0.626 2
	己烷	C_6H_{14}	−95	69	0.660 3
	庚烷	C_7H_{16}	−90.6	98.4	0.683 8
固	十六烷	$C_{16}H_{34}$	18.2	287	0.773 3
	十七烷	$C_{17}H_{36}$	22	301.8	0.778 0
	二十烷	$C_{20}H_{42}$	36.8	343	0.788 6
	三十二烷	$C_{32}H_{66}$	69.7	467	0.812 4

2. 化学性质

从分子结构上看，在烷烃分子中只有 σ 键，由于 σ 键比较牢固，故烷烃性质比较稳定，一般不与酸、碱、氧化剂等反应。主要性质有氧化(燃烧)性，及在一定条件下与卤素发生取代反应。

(1)氧化反应(燃烧)

烷烃都能燃烧生成 CO_2 和 H_2O，并放出大量的热。例如，

$$CH_4+2O_2 \xrightarrow{\text{点燃}} CO_2+2H_2O+880.2\ \text{kJ}\cdot\text{mol}^{-1}$$

$$C_nH_{2n+2}+O_2 \xrightarrow{\text{点燃}} CO_2+H_2O+\text{热}$$

另外，烷烃还可被催化氧化生成醇、醛、羧酸等。

(2)取代反应

有机化合物里的某些原子或原子团被其他原子或原子团所代替的反应叫作取代反应。它是有机化学里的一种重要反应类型。如果被卤素原子取代，则称为卤代反应。例如：

$$CH_4+Cl_2 \xrightarrow{\text{光}} CH_3Cl+HCl$$

不同的卤素与烷烃反应的活性次序为：$F_2>Cl_2>Br_2>I_2$。烷烃的氟代反应很剧烈，不易控制，制备价值不高，而碘代反应一般很难发生。

5.2.4　烷烃的应用

自然界的烷烃主要来自石油和天然气，一些生物体中也含有少量的烷烃。烷烃在工农业生产中被广泛应用。

1. 甲烷

甲烷是天然气的主要成分，俗称沼气，是一种发热量很高的气体燃料。在我国，部分城市将天然气通过管道引入千家万户的厨房，改变了千百年来烧煤的历史，许多农村利用植物残体和动物粪便，在适当的温度和隔绝空气的条件下，经过细菌发酵来制取沼气，用于照明、烧水和做饭等，而且发酵后的渣液是很好的有机肥料。发酵制取沼气对于解决农村能源，保护生态，改善环境卫生，提高农家肥的肥效等方面都有重要的意义。

用甲烷做燃料时要注意防泄漏，并保持室内通风良好，以免发生事故。因为当空气中含甲烷5%～15%时，遇到火花会立刻发生爆炸，煤矿瓦斯爆炸就是这个原因。

2. 石油和天然气

石油通常为黄褐色或黑色的黏稠液体，具有特殊气味，比水轻，不溶于水，其化学组成非常复杂。石油主要由烷烃、环烷烃及芳香烃等组成。天然气是蕴藏在地层内的可燃气体，其主要成分是低分子量的烷烃，如甲烷、乙烷、丙烷和丁烷等。

利用石油和天然气可合成许多化工产品，如炭黑、乙炔、甲醇、氨及尿素等。石油馏分中含C_{16}～C_{20}的烷烃可用做润滑剂、防锈剂和药物软膏的原料；含C_{20}～C_{30}的烷烃(俗称石蜡)可用做制蜡纸、蜡烛和电绝缘材料；含C_{30}～C_{40}的烷烃可用做筑路、建筑材料和防腐涂料。另外，利用C_{20}～C_{40}的烷烃为原料，可制得高级脂肪酸，其中，C_{12}～C_{18}的脂肪酸可用来代替动植物油脂制取肥皂，以节省大量食用油脂。

3. 生物体中的烷烃

生物体中烷烃很少，一些植物表皮外蜡质层含有少量高级烷烃，像苹果皮里含有二十七烷和二十九烷，甘蓝叶里含有二十九烷，烟草叶里含有二十七烷和三十一烷等。它们和蜡质具有防止水分内浸和水分蒸发的作用，还可防止病虫的侵害。某些昆虫分泌的“体外激素”中也能找到一些烷烃，现已发现某些蚂蚁的信息素中含有十一烷和十三烷。雌虎蛾的“性引诱剂”是2-甲基十七烷。近年发展起来的新兴农药——人工合成的昆虫性引诱素就含有烷烃的成分，可用来诱杀雄性昆虫，具有广阔的发展前景。

5.3 不饱和链烃

5.3.1 不饱和链烃的分子结构、通式与同系物

分子结构中含有碳碳双键(C═C)或碳碳三键(C≡C)的链烃叫作不饱和链烃。其中，形成双键或三键的碳原子称为不饱和碳原子。“不饱和”意味着它还能与其他原子结合生成饱和的化合物。不饱和链烃又分为烯烃和炔烃两类。

1. 不饱和链烃的定义及通式

分子结构中含有碳碳双键的不饱和链烃叫作烯烃。只含一个C═C键的叫单烯烃，含两个C═C键的叫二烯烃，含多个C═C键的叫多烯烃。本部分只介绍单烯烃(下文简称烯烃)。例如：

CH_2═CH_2　　CH_3—CH═CH_2　　CH_2═CH—CH_2—CH_3　　CH_3—CH═CH—CH_3

乙烯　　丙烯　　1-丁烯　　2-丁烯

乙烯、丙烯、1-丁烯(或 2-丁烯)也互称同系物；1-丁烯和 2-丁烯则为同分异构体。

分子结构中含有碳碳三键的不饱和链烃叫作炔烃。例如：

CH≡CH　　CH≡C—CH_3　　CH≡C—CH_2—CH_3　　CH_3—C≡C—CH_3

乙炔　　丙炔　　1-丁炔　　2-丁炔

乙炔、丙炔、1-丁炔(或 2-丁炔)也互称同系物；1-丁炔和 2-丁炔则为同分异构体。

显然，烯烃的通式为 C_nH_{2n}，炔烃的通式为 C_nH_{2n-2}。只要知道了分子中的含碳数，就能立刻写出其分子式，如 C_7H_{14} 和 $C_{13}H_{26}$。

2. 不饱和链烃的分子结构特点

烯烃含有碳碳双键(C═C)，双键中有一个 σ 键和一个 π 键；炔烃含有碳碳三键(C≡C)，三键中有一个 σ 键和两个 π 键。π 键不稳定，只要较少的能量就能使其断裂。所以，烯烃、炔烃的化学反应主要发生在双键和三键上。因此，碳碳双键(C═C)、碳碳三键(C≡C)分别是烯烃和炔烃的官能团。

5.3.2　不饱和烃的性质

1. 物理性质

不饱和链烃的物理性质一般也随着分子中碳原子数目的增加而有规律地变化。其沸点、熔点和密度通常随分子量的增大而升高。一些烯烃和炔烃的物理常数如表 5-4 所示。

表 5-4　几种烯烃、炔烃的物理常数

类别	名称	结构简式	熔点/℃	沸点/℃	液态密度
烯烃	乙烯	CH_2 ═CH_2	−169.5	−103.7	0.570
	丙烯	CH_3—CH═CH_2	−185.2	−47.7	0.610
	1-丁烯	CH_2═CH—CH_2—CH_3	−130.0	−6.4	0.625
炔烃	乙炔	CH≡CH	−82.0	−75.0	0.618
	丙炔	CH≡C—CH_3	−101.5	−23.3	0.671
	1-丁炔	CH≡C—CH_2—CH_3	−122.5	8.5	0.668

2. 化学性质

不饱和链烃的化学性质比较活泼，这是由于在它们的分子中含有较弱的 π 键，易于断裂而发生反应。不饱和链烃的化学性质如下。

(1)加成反应

不饱和链烃可以和氢气、卤化氢、卤素等试剂反应，反应中 π 键断裂，试剂的两部分即分别加到原来以双键或三键相连接的碳原子上而生成新的化合物，这种反应叫作加成反应。炔烃可进行两步加成。

①催化加氢：烯烃能催化与氢反应生成相应的烷烃；炔烃能催化与氢反应生成相

应的烯烃，再与氢反应能生成相应的烷烃。例如：

$$CH_2{=}CH_2 + H_2 \xrightarrow{Pt} CH_3{-}CH_3$$

$$CH{\equiv}CH + H_2 \xrightarrow[H_2]{Pt} CH_2{=}CH_2$$

②加卤素：不饱和链烃可以和 Cl_2、Br_2 等卤素发生加成反应，烯烃与卤素反应生成卤代烷烃，炔烃与卤素反应可生成卤代烯烃或卤代烷烃。例如：

$$CH_2{=}CH_2 + Br_2 \xrightarrow{H_2O} \underset{Br}{\underset{|}{C}H_2}{-}\underset{Br}{\underset{|}{C}H_2}$$

1，2-二溴乙烷

$$CH{\equiv}CH + Br_2 \xrightarrow{H_2O} \underset{Br}{\underset{|}{C}H}{=}\underset{Br}{\underset{|}{C}H}$$

1，2-二溴乙烯

将乙烯或乙炔通入溴水或溴的 CCl_4 溶液中，溴水或溴的 CCl_4 溶液会褪色，其他不饱和烃也能使溴水或溴的 CCl_4 溶液褪色，化学上常用溴水来鉴别不饱和链烃。

③加水：在酸的催化作用下，烯烃直接与水反应生成醇；炔烃在硫酸和硫酸汞的催化作用下，能与水加成生成醛。

例如：

$$CH_2{=}CH_2 + H_2O \xrightarrow[\text{加热、加压}]{H_3PO_4} CH_3{-}CH_2{-}OH$$

乙醇

$$CH{\equiv}CH + H_2O \xrightarrow[HgSO_4]{H_2SO_4} CH_3{-}\overset{\overset{O}{\|}}{C}{-}H$$

乙醛

工业上常利用乙烯和乙炔与水反应来制取乙醇和乙醛。

丙烯等不对称烯烃与水、卤化氢等不对称试剂加成时，会生成两种产物，例如：

$$CH_3{-}CH{=}CH_2 + H_2O \xrightarrow{HgSO_4,\ H_2SO_4} CH_3{-}\underset{OH}{\underset{|}{C}H}{-}CH_3 + CH_3{-}CH_2{-}\underset{OH}{\underset{|}{C}H_2}$$

2-丙醇　　　　1-丙醇

上述反应中，产物 2-丙醇和 1-丙醇的量是不相等的，其主要产物是 2-丙醇(约占 80%)。

大量实验表明，丙烯等不对称烯烃与水、卤化氢等不对称试剂加成时都遵循一个规则：试剂中的氢原子(带正电的部分)主要是加到含氢较多的不饱和碳原子上，负电荷部分加到含氢较少的双键碳上，这个经验规律称为马尔科夫尼科夫规则，简称马氏规则。根据马氏规则，可以预测许多不饱和烃加成反应的主要产物。

(2)氧化反应

不饱和链烃都能在空气中燃烧生成 CO_2 和 H_2O，并放出大量的热。例如：

$$CH_2{=\!=}CH_2 + O_2 \xrightarrow{点燃} CO_2 + H_2O + 热$$

$$CH{\equiv}CH + O_2 \xrightarrow{点燃} CO_2 + H_2O + 热$$

乙炔在氧气中燃烧，氧炔焰的温度可高达 3 000℃以上，所以，乙炔燃烧广泛用来切割和焊接金属。

不饱和链烃不仅能燃烧，而且还可被 $KMnO_4$ 等氧化剂氧化。例如：

$$CH_2{=\!=}CH_2 \xrightarrow{KMnO_4/H^+} CO_2 + H_2O$$

$$CH_3{-}CH{=\!=}CH_2 \xrightarrow{KMnO_4/H^+} CH_3COOH + CO_2 + H_2O$$

$$CH{\equiv}CH \xrightarrow{KMnO_4/H^+} CO_2 + H_2O$$

$$CH{\equiv}C{-}CH_3 \xrightarrow{KMnO_4/H^+} CH_3COOH + CO_2 + H_2O$$

不饱和链烃都能使酸性高锰酸钾溶液褪色，化学上也常根据酸性高锰酸钾溶液是否褪色来检验不饱和烃的存在和判断不饱和链烃的结构。

(3)聚合反应

在一定条件下，由不饱和链烃相互加成生成大分子化合物的反应叫作聚合反应。在催化剂的作用下，烯烃能聚合成大分子的聚合物；炔烃在不同的条件下，也可生成不同的聚合产物。例如：

$$nCH_2{=\!=}CH_2 \xrightarrow[加热，加压]{少量 O_2} {+\!\!\!\!\!-}CH_2{-}CH_2{-\!\!\!\!\!+}_n$$

聚乙烯

5.3.3 不饱和链烃的应用

1. 烯烃

分子量较小的烯烃，如乙烯，主要来源于石油裂解气，它们都是非常重要的基本有机合成原料。另外，许多热带树木，如某些卫矛属植物的叶子会产生乙烯。乙烯在工农业生产上有着广泛用途。

在工业生产上，乙烯、丙烯和异丁烯等是合成高分子材料的重要单体，也是合成甘油、表面活性剂、树脂(如涤纶树脂、环氧树脂)、塑料(如聚乙烯、聚氯乙烯、聚苯乙烯、聚醋酸乙烯)、橡胶(如丁苯橡胶、异戊橡胶、聚环氧丙烷橡胶)、纤维(如聚丙烯腈纤维)等的主要原料。例如，由乙烯聚合生成的聚乙烯是一种相对分子质量很大(几万到几十万)的化合物。聚乙烯无毒、无味、质轻、化学稳定性好，应用很广泛。可用于制造农用塑料薄膜、自来水管、食品包装袋、水壶、茶杯、储油桶等，是目前塑料中产量最大的一个品种。

在农业生产上，乙烯是植物的内源性激素，很多植物体内都含有微量乙烯。乙烯会加速树叶的死亡与脱落，所以，树叶中乙烯的作用可能就是使老叶脱落，从而使新叶得以生长；乙烯还是水果的催熟剂，在没有成熟的果实里，乙烯的含量很少，在成熟的果实中则含量较多。因此，利用人工方法提高未成熟果实中乙烯的含量，可以加速果实成熟。基于以上原理，为了避免水果在长途运输时受损，常在水果未成熟时就将其摘下，运到目的地后再用乙烯催熟，在鲜花保鲜中，常加入一些化学物质(如硫代硫酸银等)来阻止或分解产生的乙烯，从而延长鲜花的保鲜时间。

商品果实催熟剂——乙烯利(2-氯乙基磷酸)在酸性介质中十分稳定，当 pH>4 时，可分解释放出乙烯，反应如下：

$$Cl—CH_2—CH_2—\overset{\overset{O}{\|}}{\underset{\underset{OH}{|}}{P}}—OH + H_2 \xrightarrow{pH>4} CH_2=CH_2\uparrow + HCl + H_3PO_4$$

自然界还存在许多结构较为复杂的烯烃，例如，天然橡胶、植物中的某些色素以及香精油中的某些成分等。它们广泛应用于工农生产、交通运输、国防及日常生活中。

2. 炔烃

在炔烃中，应用最广泛、最重要的是乙炔，乙炔俗名电石气，它是有机化学工业最基本的原料之一。以乙炔为原料可以合成许多化工产品。例如，聚氯乙烯塑料、乙醛、黏合剂、腈纶、丙烯酸、丙烯酰胺、丁腈橡胶、氯丁橡胶等。

5.4 芳香烃

芳香烃是一类具有特殊结构和性质的烃，因最初从树脂和香精油中获得，且大多具有芳香气味而得名。但后来研究发现，一些不属于这类物质的化合物也有香味，而有些芳香烃不仅没有香味，反而有难闻的气味，故香味不是芳香烃的本质。随着有机化学的发展，逐渐发现芳香烃的结构特点是分子中含有苯环，所以，芳香烃是指分子中含有苯环结构的碳氢化合物。苯是其中最简单、最基本的芳香烃。

5.4.1 苯的结构和芳香烃的分类

1. 苯的结构

苯的分子式为 C_6H_6。1865 年，德国化学家凯库勒提出了苯的环状结构，把苯结构式表示为：

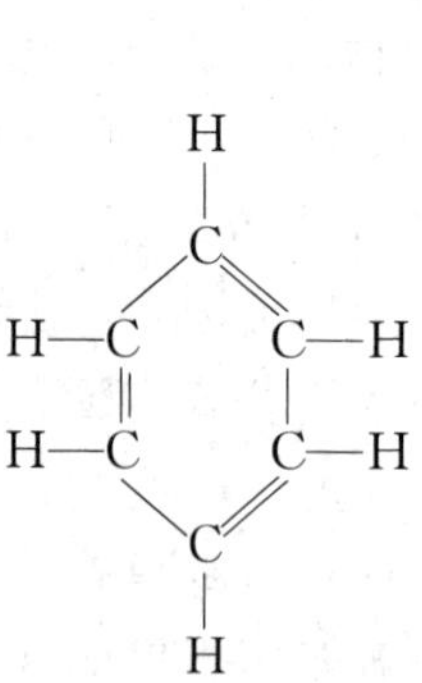

或简写成：

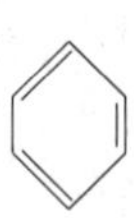

苯的凯库勒式

从苯的结构式看，苯分子中似乎存在 3 个碳碳双键，应该有类似烯烃的化学性质。但实验证明苯分子的稳定性很好，不像烯烃那样易加成、易氧化。

近代物理方法研究证明，苯分子中所有原子都在同一平面内，其中，6 个碳原子组成一个正六边形，每两个碳原子之间有 1 个 σ 键，而 6 个碳原子的 6 个单电子形成 1 个闭合的共轭大 π 键。苯分子中碳碳之间的键既不同于一般的碳碳单键，也不同于一般的碳碳双键，而是介于单、双键之间的一种特殊的键，这种键叫作芳香键。

苯的这种特殊结构，目前还没有更好的表示方法，通常仍采用 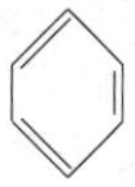 或 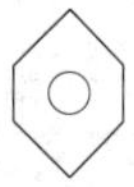 来表示。使用凯库勒式表示苯时，要注意在苯的结构中实际上不存在单、双键的区别。

2. 芳香烃的分类

根据分子中所含苯环的数目，可将芳香烃分为单环芳香烃和多环芳香烃两大类。

(1)单环芳香烃

分子中含有一个苯环的芳香烃叫单环芳香烃。单环芳香烃包括苯、苯的同系物及苯基取代的不饱和烃。常见的单环芳香烃及其名称列举如下：

苯

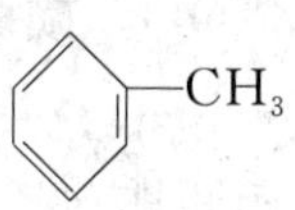

甲苯

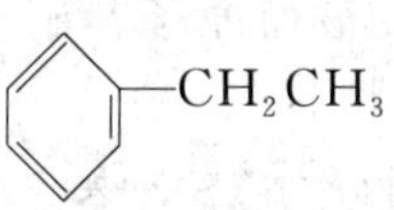

乙苯

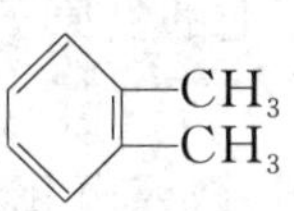

邻二甲苯

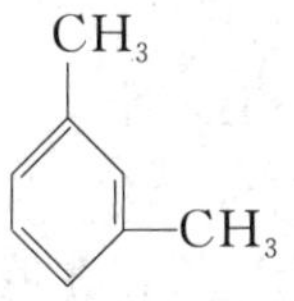

间二甲苯

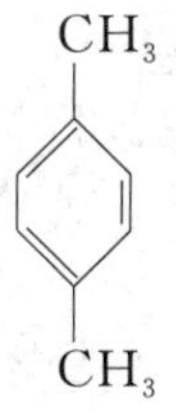

对二甲苯

从以上分子的结构式中可以看出，苯及其同系物分子中碳原子数与氢原子数之间也有一定的比例关系，如果用 n 代表碳原子数，则氢原子的数目为 $2n-6$。所以，苯及其同系物的分子通式为：$C_nH_{2n-6}(n\geqslant 6)$。

(2)多环芳香烃

分子中含有两个及其以上苯环的烃叫多环芳香烃。多环芳香烃又可分为联苯、多苯代烃和稠环芳烃，其中最为重要的是两个或两个以上苯环彼此共用两个相邻的碳原子连接起来的芳香烃，称为稠环芳香烃。例如：

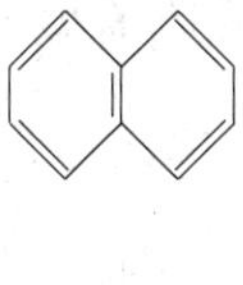
萘

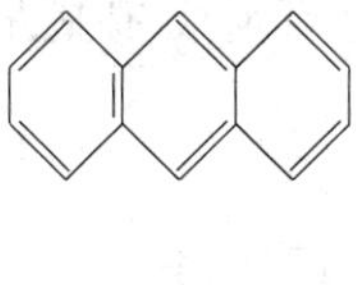
蒽

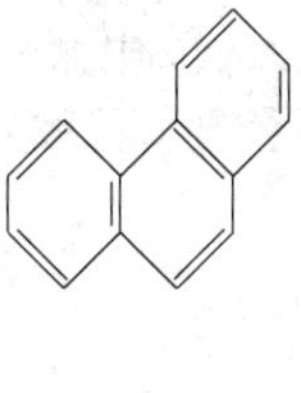
菲

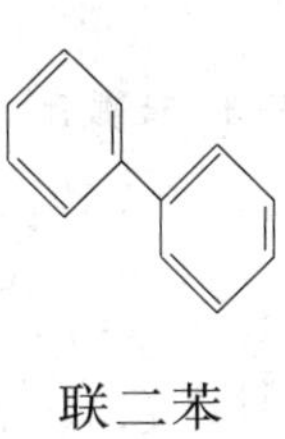
联二苯

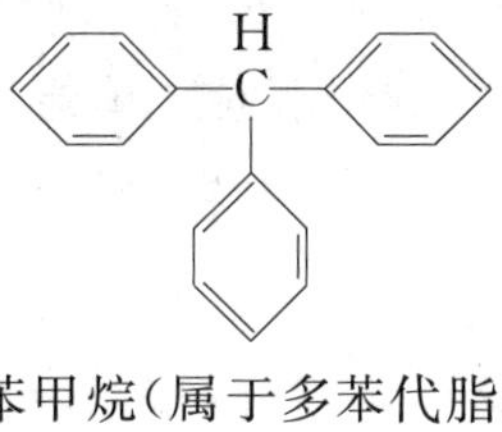

三苯甲烷(属于多苯代脂烃)

5.4.2 单环芳香烃的性质

1. 物理性质

单环芳香烃一般为无色液体，有特殊气味，不溶于水，易溶于乙醇、乙醚、石油醚等有机溶剂。一些单环芳香烃的物理常数如表5-5所示。

表5-5 一些单环芳香烃的物理常数

名　　称	熔点/℃	沸点/℃	液态密度(20℃)
苯	5.33	80.1	0.877
甲苯	−94.99	110.63	0.867
邻二甲苯	−25.19	144.41	0.880
间二甲苯	−47.87	139.10	0.864
对二甲苯	13.26	138.35	0.861
乙苯	−95.98	136.3	0.867

2. 化学性质

苯环比较稳定，在单环芳香烃的苯环(也称芳环)上，不容易发生加成反应和氧化反应，而容易发生取代反应，这是芳香烃共有的特性，常把芳香烃的这种特性叫作“芳香性”。虽然苯环上不易发生氧化反应，但苯的同系物分子中苯环上的烃基(侧链)容易被氧化。单环芳香烃的最重要的性质是苯环上的取代反应和侧链氧化。

(1)取代反应

在一定条件下，苯环上的氢原子可以被卤原子、硝基($-NO_2$)、磺酸基($-SO_3H$)等取代。

卤代反应：在催化剂(铁或卤化铁)的作用下，苯及其同系物能与卤素作用生成卤代物。例如：

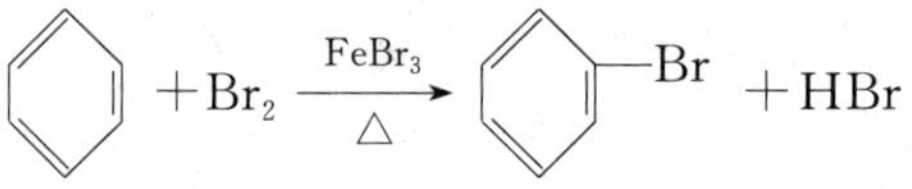

溴苯

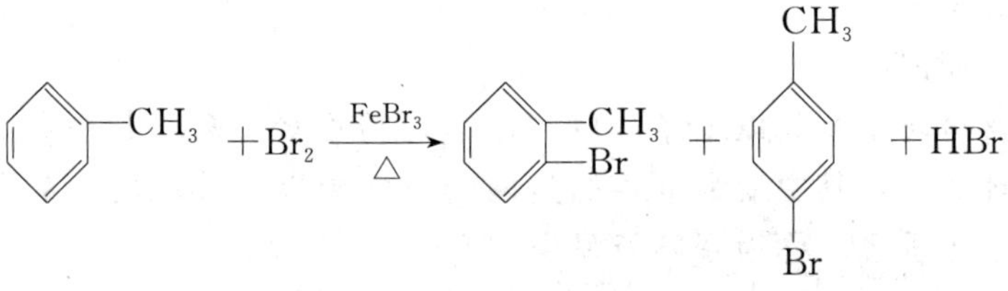

邻溴甲苯　　对溴甲苯

硝化反应：苯能与浓硝酸和浓硫酸的混合物(混酸)作用，生成硝基苯。反应需微微加热(50～60℃)。

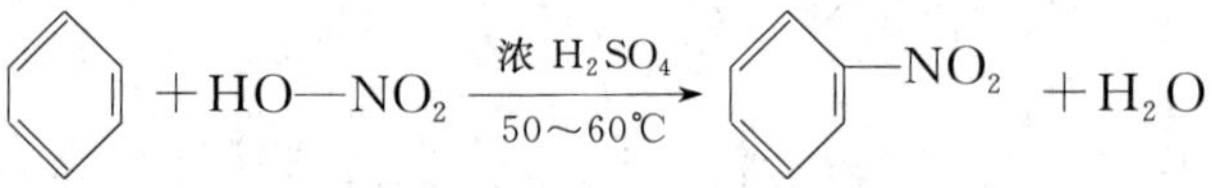

浓硝酸　　硝基苯

硝基苯是一种具有苦杏仁味的无色油状液体(不纯时呈浅黄色)，密度为1.203 7 g/cm^3，有毒，不溶于水。它是工业上制造染料和农药的重要原料。

苯的同系物比苯容易硝化，如甲苯硝化时，不需要浓硫酸而且温度较低(30℃)。

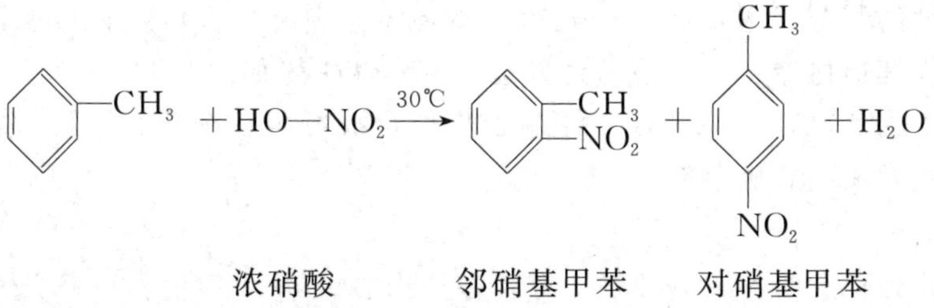

硝基甲苯进一步硝化可得到2，4，6-三硝基甲苯，即炸药TNT。例如：

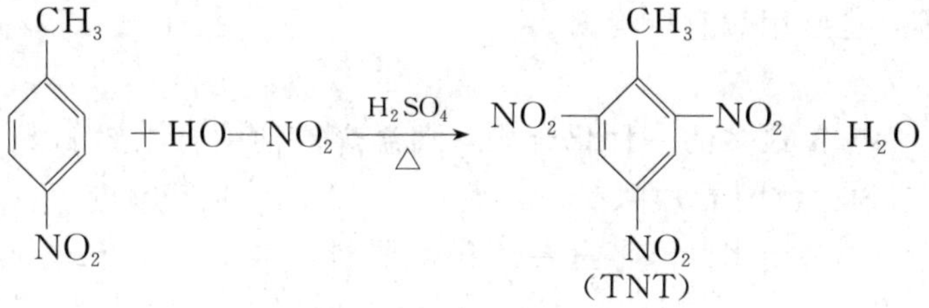

磺化反应：苯与浓硫酸共热，苯环上的氢原子可被磺酸基(—SO_3H)取代，生成苯磺酸。

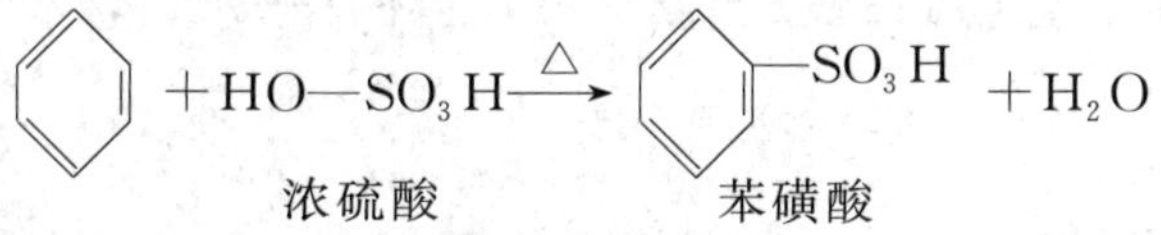

苯磺酸为无色晶体，能溶于水，有强酸性。它是工业上生产医药和农药的重要原料。在日常生活中使用的合成洗涤剂，其主要成分是对十二烷基苯磺酸钠，就是由十二烷基苯磺化后，再与碱反应而制得的。

(2)侧链氧化

苯比较稳定，通常不被高锰酸钾、重铬酸钾等氧化剂氧化。但当苯环上有侧链烃基时，不论其侧链长短，只要与苯环相连的碳原子上有氢原子，侧链都能被氧化成羧基，生成苯甲酸，这种氧化作用称为侧链氧化。例如：

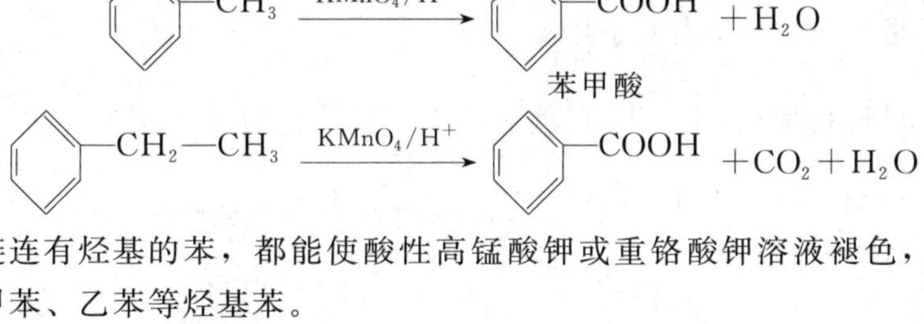

凡是侧链连有烃基的苯，都能使酸性高锰酸钾或重铬酸钾溶液褪色，据此可检验或鉴别苯与甲苯、乙苯等烃基苯。

5.4.3 常见的几种芳香烃

1. 苯

苯是无色、易燃、易挥发、有芳香气味的液体，密度为0.876 5 g/cm^3，不溶于水，沸点 80.1℃，熔点 5.33℃，有毒。长期吸入苯蒸气，可以通过呼吸道对人体产生毒害。高浓度的苯蒸气主要作用于人的中枢神经，引起急性中毒；长期接触低浓度的苯蒸气，会损坏造血器官，严重者会引起再生障碍性贫血。

苯是重要的有机化工原料，广泛用于生产合成纤维、医药、炸药、橡胶、塑料和染料等，也是常用的有机溶剂。

2. 甲苯

甲苯也是无色、易燃、易挥发、有芳香气味的液体，密度为 0.877 g/cm^3，不溶于水，沸点 80.1℃，熔点－94.99℃，也有毒。甲苯主要用来制造硝基甲苯、TNT、苯甲醛和苯甲酸等，也常用做有机溶剂。

3. 萘

萘是煤焦油中含量最多的一种化合物，高温煤焦油中含萘约 10%，萘的分子式为 $C_{10}H_8$，常温下萘为白色闪光片状晶体，熔点 80.6℃，沸点 218℃，有特殊芳香气味，能挥发并易升华，不溶于水。萘是重要的化工原料，也常用做防蛀剂，市售的卫生球就是用萘压制成的。

4. 蒽

蒽存在于煤焦油中(含量约为 0.25%)，分子式为 $C_{14}H_{10}$。常温下，纯净的蒽为有蓝色荧光的片状结晶，熔点 216℃，沸点 340℃，不溶于水。蒽本身用途不广，主要用于制染料。

5. 菲

菲也存在于煤焦油中，分子式为 $C_{14}H_{10}$，蒽与菲是同分异构体。常温下菲为白色片状晶体，熔点 101℃，沸点 340℃，不溶于水。溶于乙醇、苯、乙醚中，溶液有蓝色荧光。菲氧化生成菲醌，菲醌是一种农药，可用于防治小麦锈病和红薯黑斑病。

5.5 卤代烃

5.5.1 卤代烃的定义

烃分子的氢原子被卤素原子取代后生成的化合物称为卤代烃。一卤代烃的通式为 R—X 官能团是“—X”(X 指卤原子)。

如 CH_3Cl(氯甲烷)、CH_2Cl_2(二氯甲烷)、$CH_2=CHCl$(氯乙烯)、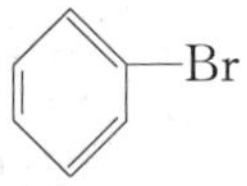

(溴苯)、$CHCl_3$(三氯甲烷，俗称氯仿)、CHI_3(三碘甲烷，俗称碘仿)等。

5.5.2 卤代烃的性质

1. 物理性质

在常温常压下，一氯甲烷、一氯乙烷、溴甲烷为气体，其他为液体或固体。卤代烃不溶于水，而溶于大多数有机溶剂，并能溶解其他弱极性或非极性的有机化合物。一卤代烷的熔点、沸点随着碳原子数目的增加而升高，并比相应的烷烃高。

2. 化学性质

卤代烷分子中的C—X键是极性键，比较活泼，能发生取代、消除等反应。

(1)取代反应

将卤代烃与氢氧化钠的水溶液共热，卤原子被羟基取代生成醇。

$$CH_3CH_2—X+NaOH \xrightarrow[\triangle]{H_2O} CH_3CH_2—OH(\text{乙醇})+NaCl$$

此反应可用于酒精的制造。

(2)消除反应

卤代烷与氢氧化钠的醇溶液共热脱去一分子的HX而生成烯烃。

$$\underset{\displaystyle\quad\ \ |\atop\displaystyle\quad\ \ Br}{CH_3—CH—CH_3} \xrightarrow[\triangle]{NaOH/\text{乙醇}} CH_3—CH{=}CH_2+HBr$$

这种在适当条件下，从一个有机物分子中脱去一个小分子(一般是HX、H_2O、NH_3等)而生成不饱和化合物的反应，称为消除反应。

当不对称的卤代烃发生消除反应时，总是消除含氢较少的碳原子上的氢，这一规律称为札依切夫(Satyzeff)规律。例如：

$$CH_3—\underset{\displaystyle |\atop\displaystyle Br}{CH}—\underset{\displaystyle |\atop\displaystyle H}{CH}—CH_3 \xrightarrow[\triangle]{NaOH/\text{乙醇}} CH_3—CH{=}CH—CH_3+HBr$$

5.5.3 重要的卤代烃

1. 溴甲烷(CH_3Br)

溴甲烷是无色的气体，一般液化后储存于耐压容器中，它有强烈的神经毒性，是一种熏蒸杀虫剂，用于熏杀仓库、种子、温室及土壤中的害虫。

2. 四氯化碳(CCl_4)

四氯化碳是无色易挥发的液体，不溶于水，能溶解多种有机物，是常用的有机溶剂。四氯化碳不燃烧，不导电，其蒸气比空气重，常用做灭火剂。但在高温下时，会产生剧毒的光气。

四氯化碳有毒，会损伤肝脏，并怀疑为致癌物质，应避免吸入。

3. 聚四氟乙烯($(—F_2C—CF_2—)_n$)

四氟乙烯是无色气体，主要用于生产聚四氟乙烯塑料。聚四氟乙烯化学稳定性超过一切塑料。在强酸、强碱、强氧化剂、甚至王水中都不发生化学反应。在−260℃低温时仍有韧性，在250℃以下长时间加热，其机械性能无任何变化。具有非常好的疏水、疏油性，也不导电，是良好的电气绝缘材料。由于它的优良特性，被人们赋予“塑料王”的美称而广泛用于生产、生活的各个领域。

4. 氟利昂(CCl_2F_2)

氟利昂是一种无毒、无腐蚀、化学性质稳定并易被压缩的气体，早期广泛用于冰箱、空调的制冷剂。但在大量使用这种物质后，由于其性质稳定，泄漏进入大气后，严重破坏了能吸收紫外线辐射的臭氧层，使地球的紫外线增强，严重威胁人类的健康和生态环境。因此，20世纪80年代末国际上签署了多个限制使用氟利昂的协议，以保护人类的生存环境。

5. 聚氯乙烯

聚氯乙烯分子量约为4.8万。硬质聚氯乙烯主要有耐酸、油、碱、许多腐蚀性的无机化合物、水以及耐氧和臭氧的性能，同时，又具有耐燃、电的绝缘体及室温下的蠕变性能低的特点。其最大缺点是软化点低及高温下易降解。在聚氯乙烯中加入增塑剂后形成软聚氯乙烯，它具有弹性，耐曲折、耐日光、耐氧化性，并抗水，故可用于生产薄膜、人造革、电缆及日用品，但不能用于食品包装。

5.6 醇、酚、醚

5.6.1 醇、酚、醚的定义及分类

1. 醇的定义和分类

烃子中C上的氢(或芳香烃侧链C上的氢原子)被—OH取代所得的有机化合物称为醇。例如：

CH_3—OH　　CH_3CH_2—OH　　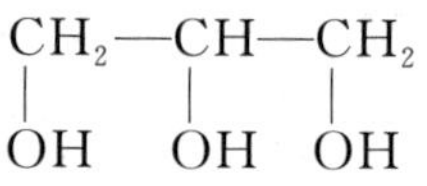　　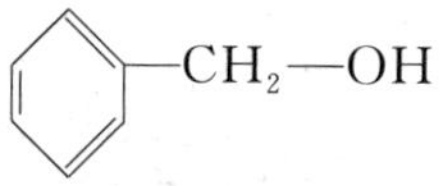

甲醇　　乙醇(酒精)　　丙三醇(甘油)　　苯甲醇

醇的官能团：—OH(羟基)，饱和一元醇的通式为：R—OH。

醇的分类方法，按烃基—R的类型：如果—R为脂肪烃基、脂环烃基、芳香烃基时，分别与—OH相连则得到脂肪醇、脂环醇、芳香醇。按与羟基所连的碳原子的类型：如果与—OH相连的碳分别是伯碳、仲碳、叔碳，则得到伯醇、仲醇、叔醇。按—OH数目：含一个—OH的称为一元醇，含两个—OH的称为二元醇，含三个或以上—OH的称为多元醇。

2. 酚的定义

芳香烃碳环上的氢被—OH取代所得的有机化合物称为酚。

例如：

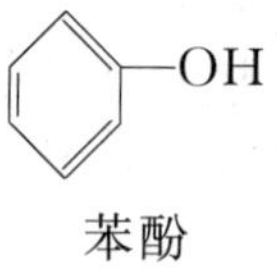　　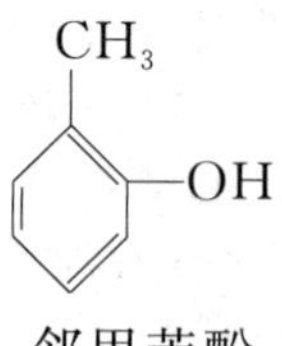

苯酚　　邻甲苯酚

3. 醚的定义

两个烃基通过一个氧原子连接起来的化合物称为醚，其通式为：R—O—R_1。

例如：

$CH_3—O—CH_3$　　$CH_3CH_2—O—CH_2CH_3$　　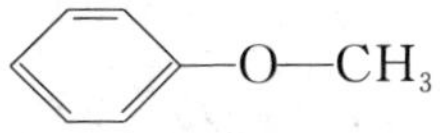

甲醚　　乙醚　　苯甲醚

5.6.2 醇、酚、醚主要性质

1. 物理性质

在常温常压下，甲醚是气体，而其他为液体或固体。酚类几乎都是固体；一元醇大多有酒味，随着碳原子数的增多，气味逐渐减少；在同类物质中，随着分子量的增大，沸点一般升高。如甲醇、乙醇沸点分别为 64.6℃和 78.4℃，醇类的沸点比分子量相近的烃或卤代烃高；低级的醇、醚可与水以任意比混溶，但随着分子量增大，也即疏水基增大，溶解度逐渐减小直至不溶。

2. 化学性质

(1)与活泼金属反应

醇与水相似，能与活泼金属钠、钾、镁等反应产生氢气，但不如水反应剧烈。

$CH_3CH_2OH + Na \longrightarrow CH_3CH_2ONa$(乙醇钠)$+ H_2\uparrow$

(2)酯化反应

醇与酸(有机或无机酸)作用生成酯的反应叫作酯化反应。

$$CH_3\overset{\overset{\Large O}{\|}}{C}—OH + H—O—CH_2CH_3 \xrightleftharpoons[\triangle]{浓\ H_2SO_4} CH_3\overset{\overset{\Large O}{\|}}{C}—OCH_2CH_3 + H_2O$$

在生物体内，醇与酸在酶的作用下生成酯，如油脂、磷脂等。

(3)脱水反应(分子内、分子间)

①在高温下，分子内脱水，即发生消除反应，消除时须遵循札依切夫规则(当不对称的醇羟基发生消除反应时，总是消除含氢较少的碳原子上的氢)。

$$CH_3—CH_2—\underset{\underset{\Large OH}{|}}{CH}—CH_3 \xrightarrow[\triangle]{催化剂} CH_3—CH{=}CH—CH_3 + H_2O$$

②在相对低温下，分子间脱水，形成醚类。

$$CH_3CH_2—OH + CH_3CH_2—OH \xrightarrow[\triangle]{催化剂} C_2H_5—O—C_2H_5 + H_2O$$

(4)酸性

在酚中，由于羟基上 O—H 键之间极性较强，故氢可以电离而具有酸性。醇也有一定的极性，但不能电离，不表现酸性。

苯酚有弱酸性，但酸性不如碳酸强。

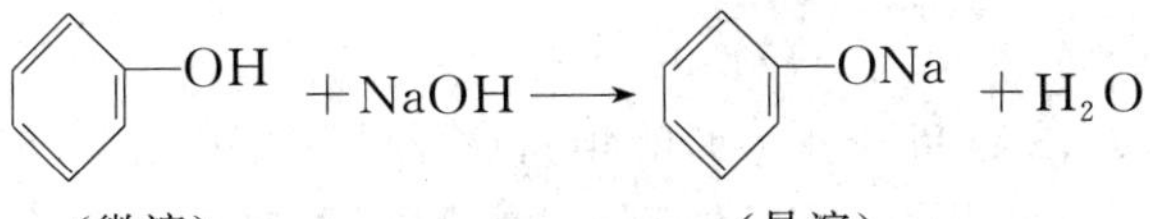

(微溶)　　(易溶)

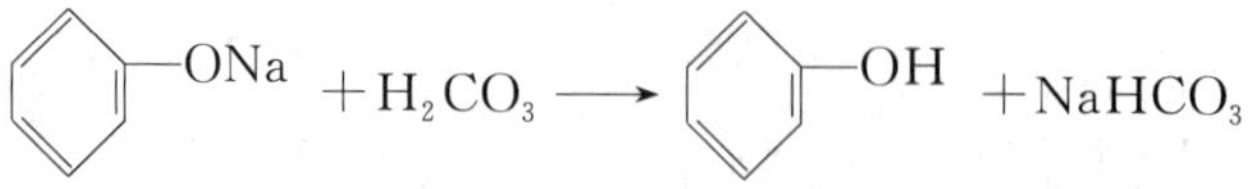

利用上述反应可进行苯酚的提纯。

(5)取代反应

向苯酚中滴溴水，即可生成2，4，6-三溴苯酚白色沉淀。该反应常用于鉴定苯酚。

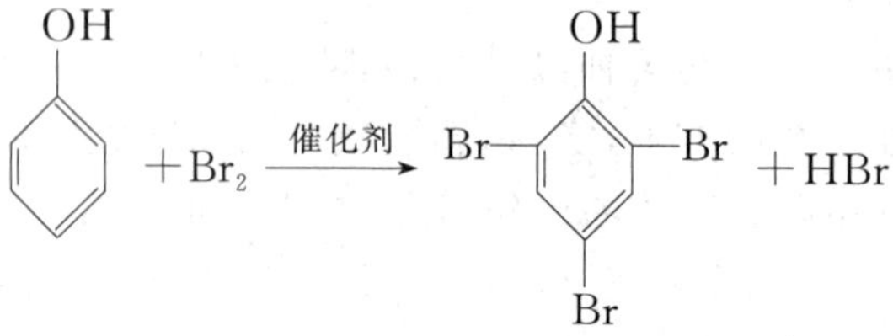

(6)氧化反应

伯醇氧化成醛，醛进一步氧化羧酸。仲醇氧化成酮。

$$R—CH_2—OH \xrightarrow[\triangle]{[O]} R—\overset{\overset{O}{\|}}{C}—H \xrightarrow[\triangle]{[O]} R—COOH$$

$$R—\overset{\overset{OH}{|}}{C}H—R_1 \xrightarrow[\triangle]{[O]} R—\overset{\overset{O}{\|}}{C}—R_1$$

酚、醚也能被氧化。

5.6.3 重要的醇、酚、醚

1. 甲醇(CH_3OH)

它最初是由木材干馏得到的，因此又称木醇或木精。甲醇是无色易燃的液体，沸点64.65℃，有毒，服入或吸入其蒸气或经皮肤吸收，均可以引起中毒，损害视力以致失明，量多时会中毒致死。工业酒精中含有少量甲醇，不能饮用。

甲醇是有机合成的重要原料及溶剂。工业上是由一氧化碳和氢气制得的。

2. 乙醇(CH_3CH_2OH)

乙醇俗称酒精，是各类酒的主要成分，是无色液体，有特殊香味。密度是0.7 893 g/cm^3，沸点是78.4℃，易挥发，可与水混溶。酒精具有很强的细胞毒作用，长期饮酒对机体的许多器官有毒害作用，特别是对肝脏的损害尤为严重。酒精性肝病(alcoholic liver disease，ALD)是一种由于过度饮酒引起的中毒性肝脏疾病。全世界有1 500万～2 000万人酗酒，其中，10%～20%的人发生不同程度的ALD。近年来，我国的ALD发病率也在逐步增加。ALD的表现多种多样，初期常表现为脂肪肝，进一步可发展为酒精性肝炎、肝纤维化和肝硬化等。

乙醇与$CaCl_2$、$MgCl_2$等能形成醇合物，如$CaCl_2 \cdot 3C_2H_5OH$，因此，酒精不能用无水氯化钙来干燥。

工业酒精是含95.6%(质量分数)乙醇与4.4%水的恒沸混合物，沸点是78.4℃，用直接蒸馏法不能将水完全除去，通常用生石灰处理后再进行蒸馏，可得含乙醇

99.5%以上的无水乙醇。

乙醇是重要的化工原料，可用做消毒剂、溶剂、燃料等。工业上主要采用发酵法和乙烯水化法制取乙醇。

3. 丙三醇

丙三醇俗称甘油，是无色、带有甜味的黏稠液体，沸点是290℃(分解)，具有强烈的吸湿性，可与水以任意比例混溶，其水溶液的凝固点很低。

甘油是油脂的组成成分，可从动植物油脂的水解中得到，是肥皂工业的副产品。

甘油具有微弱的酸性，能与新制的氢氧化铜反应，生成能溶于水的深蓝色甘油酮。

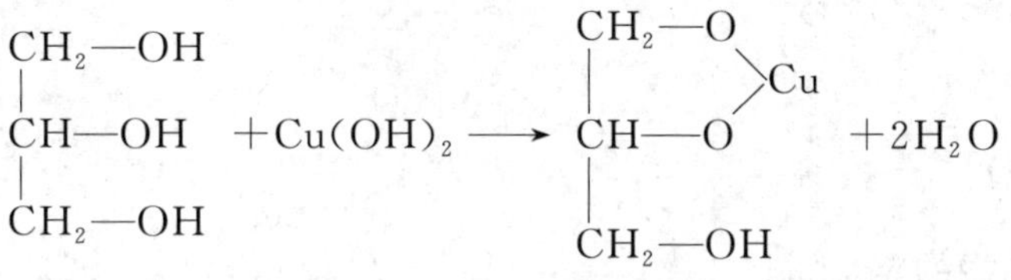

甘油酮(深蓝色)

乙二醇也具有类似的性质，这个反应用来鉴别多元醇。

甘油的重要用途是制备三硝酸甘油脂(俗称硝化甘油)，它是一种烈性炸药的主要成分。硝化甘油具有扩张冠状动脉的作用，在医药上用于治疗心绞痛。由于甘油有良好的吸润性和乳化性，还适用于医药软膏、化妆品、烟草、牙膏、油墨、玻璃纸等产品的保湿剂。甘油还广泛应用于合成树脂、食品、纺织、皮革等。

4. 苯酚

苯酚俗称石炭酸，可从煤焦油中分馏得到。纯净的苯酚是无色针状晶体，有特殊气味，露置空气中易氧化而显粉红色。室温下微溶于水，65℃以上能与水混溶，易溶于乙醇、乙醚等有机溶剂。苯酚遇 $FeCl_3$ 溶液显紫色，这可以用于苯酚的鉴定。

苯酚有毒，能凝固蛋白质，具有很强的杀菌能力，其稀溶液可用做消毒剂和防腐剂。其浓溶液对皮肤有强烈的腐蚀性，使用时要特别小心。苯酚容易被氧化，可用做抗氧化剂。

苯酚是有机合成的重要原料，用于制造苯醛塑料、合成纤维、医药、染料、农药和炸药等。

5. 甲苯酚

甲苯酚有邻甲苯酚、间甲苯酚、对甲苯酚3种异构体，都存在于焦煤油中。三者沸点相近，难以分离。它们的杀菌能力比苯酚强，医药上常用的消毒药水“煤酚皂溶液”就是47%～53%的三种甲苯酚的肥皂水溶液，俗称“来苏儿”，一般家庭消毒、畜舍消毒时可稀释至3%～5%。

6. 乙醚

乙醚是无色易挥发的液体，沸点是34.5℃，微溶于水，易溶于有机溶剂。乙醚蒸气易燃、易爆，使用时必须特别小心，远离火源。

吸入一定量的乙醚蒸气，会使人失去知觉，所以，纯乙醚可用做外科手术时的麻醉剂。大牲畜进行外科手术也可用乙醚麻醉。

7. 除草醚

除草醚的学名是 2，4-二氯，4-硝基二苯醚，结构式为：

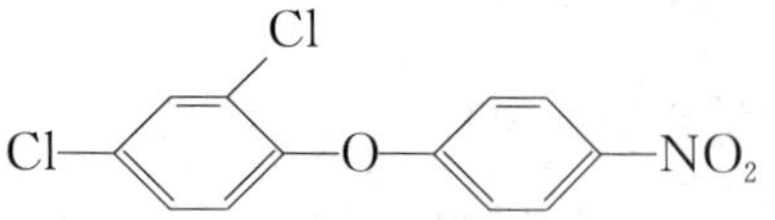

。

它是浅黄色针状晶体，熔点是 70～71℃，难溶于水，易溶于乙醇等有机溶剂中。在空气中稳定，对金属无腐蚀性，对人、畜安全。它对某些杂草有触杀性作用，是一种常用的除草剂。

5.7 醛和酮

5.7.1 醛和酮的定义

在有机化学中，基团 $-\overset{\overset{\displaystyle O}{\|}}{C}-$ 称为羰基，简写为—CO—；如果羰基与 H 相连就得醛基 $-\overset{\overset{\displaystyle O}{\|}}{C}-H$ ，简写为—CHO。

如果醛基(—CHO)与烃基—R 或 H 原子相连就叫醛，醛基是醛的官能团。醛的通式为：R—CHO。

例如：

HCHO	$CH_3—CHO$	$CH_3CH_2—CHO$	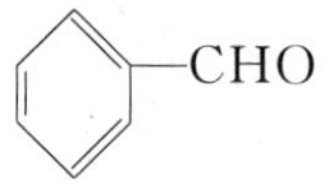
甲醛	乙醛	丙醛	苯甲醛

如果羰基(—CO—)与两个烃基—R(R 可以相同，也可以不相同)相连就叫酮。在酮中，羰基(—CO—)也叫酮基，它是酮的官能团。酮的通式为：$R—CO-R_1$。

例如：

$CH_3-\overset{\overset{\displaystyle O}{\|}}{C}-CH_3$	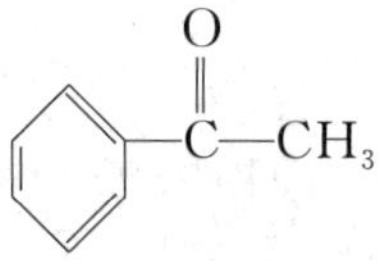
丙酮	苯乙酮

显然，醛和酮的分子结构中都含有羰基，因此，醛和酮统称为羰基化合物。

5.7.2 醛和酮的性质

1. 物理性质

常温下，甲醛是气体，低、中级醛和酮是液体；低级醛有刺激性气味，低级酮有令人愉快的气味，中级醛、酮有果香味；醛、酮的沸点比分子量相近的烷烃和醚高，但比相应的醇低。随着分子量的增大，醛和酮的溶解度都减小。

2. 化学性质

(1)加成反应

醛、酮中的 $-\overset{O}{\overset{\|}{C}}-$ 和 C═C 双键一样，可发生加成反应。

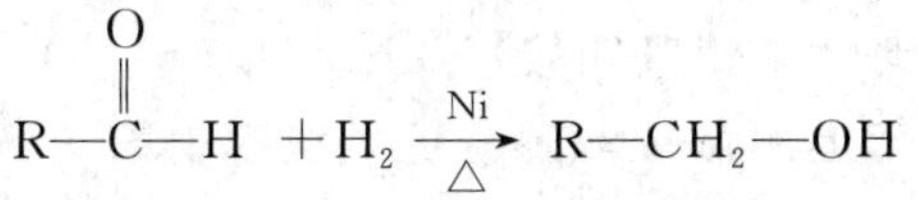

(2)缩醛反应

醛在干燥氯化氢的催化下，与醇加成生成半缩醛。半缩缩醛分子中的羟基，称为半缩醛羟基。半缩醛羟基很活泼，不但可以与另一分子醇脱水缩合形成缩醛，而且易被氧化。

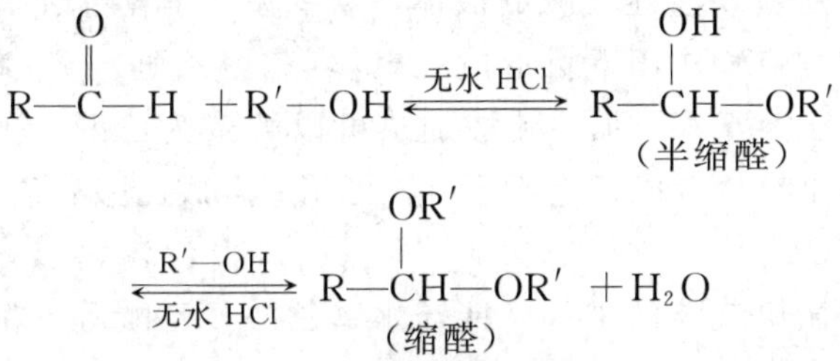

缩醛对碱和氧化剂是稳定的，但在稀酸中易水解为原来的醛和醇，这是有机合成中常用的保护醛基的方法。酮在一般情况下不易形成半缩酮。某些多羟基醛、酮能以稳定的环状半缩醛和半缩酮的形式存在于自然界。半缩醛、酮与碳水化合物的结构和性质密切相关。

(3)氧化反应

低级的醛还能被一些弱氧化剂如银氨溶液(托伦试剂)、新制的氢氧化铜(费林试剂)等氧化。银氨溶液与醛作用，醛被氧化成羧酸盐，银离子被还原成金属银附在器壁上，形成光亮的银镜，故称银镜反应。

$$CH_3CHO+Ag(NH_3)_2^+ +OH^- \xrightarrow[\triangle]{} CH_3COONH_4+Ag\downarrow+NH_3\uparrow+H_2O$$

$$CH_3CHO+Cu(OH)_2+OH^- \xrightarrow[\triangle]{} CH_3COO^-+Cu_2O\downarrow+H_2O$$

酮只与强氧化剂反应，故利用上述反应可以鉴别醛和酮。

5.7.3 重要的醛和酮

1. 甲醛(HCHO)

甲醛又叫蚁醛，是无色有刺激性气味的气体，易溶于水。甲醛能凝固蛋白质，因而有杀菌和防腐能力。消毒用的福尔马林就是含有 8%乙醇和 40%的甲醛水溶液。

甲醛分子中没有烃基，除具有醛类的通性外，它还有一些特殊的性质。

甲醛很容易聚合，甲醛气体在常温下自动聚合为三聚体。将甲醛溶液久置或蒸发至干，可得到多聚甲醛白色沉淀。多聚甲醛和三聚甲醛是白色固体，加热可解聚为甲醛。

$$n\mathrm{HCHO} \longrightarrow \left[\mathrm{CH_2O}\right]_n \xrightarrow[\triangle]{} n\mathrm{HCHO}$$

甲醛很容易与氨或铵盐作用，缩合生成环六亚甲基四胺(俗称乌洛托品)。此反应常用于铵盐中氮的测定。

$$2(\mathrm{NH_4})_2\mathrm{SO_4} + 6\mathrm{HCHO} = (\mathrm{CH_2})_6\mathrm{N_4}(\text{环六亚甲基四胺}) + 2\mathrm{H_2SO_4} + 6\mathrm{H_2O}$$

乌洛托品是无色晶体，易溶于水。在医药上用做抗流感，抗风湿，利尿，泌尿系统消毒剂等。

甲醛的用途很广，常作杀菌消毒剂，如用于谷仓、舍、无菌室的熏蒸消毒；小麦棉花等种子的浸种杀菌；生物标本的防腐等。在工业上，主要用于制造酚醛树脂。

2. 乙醛(CH_3CHO)

乙醛是无色，有强烈刺激性气味的液体，易挥发，能溶于水、乙醇和乙醚中。乙醛也很容易聚合，在浓硫酸作用下可形成三聚体(三聚乙醛)，三聚乙醛性质稳定，沸点较高，不易挥发，难溶于水，加稀硫酸加热可以解聚为乙醛。工业上常以三聚体的形式保存乙醛。乙醛是有机合成的重要原料，可用来合成乙酸、乙酸酐、三氯乙醛等。

3. 丙酮(CH_3COCH_3)

丙酮是无色，有愉快气味的液体，能与水、乙醇、乙醚等混溶，是常用的有机溶剂，又是重要的有机合成原料，可用于合成有机玻璃，制取氯仿，碘仿等。

在生物体内物质代谢中，丙酮是油脂的分解产物，常有少量存在于尿中，糖尿病患者尿中的丙酮含量比正常人高。

5.8 羧酸和酯

5.8.1 羧酸、酯的定义和分类

基团 $-\overset{\overset{\displaystyle O}{\|}}{C}-OH$ 称为羧基，简写为—COOH； $-\overset{\overset{\displaystyle O}{\|}}{C}-O-$ 称为酯基，简写为—COO—。

如果羧基(—COOH)与烃基 R 或 H 相连就叫羧酸，—COOH 是羧酸的官能团。一元脂肪酸的通式为：R—COOH。

根据羧酸分子中烃基的不同，羧酸可分为脂肪酸(包括饱和脂肪酸和不饱和脂肪酸)和芳香酸；根据羧酸分子中所含羧基数目的不同，又可分为一元羧酸、二元羧酸和多元羧酸。

例如：

HCOOH	CH_3COOH	HOOC—COOH
甲酸(蚁酸)	乙酸	乙二酸(草酸)

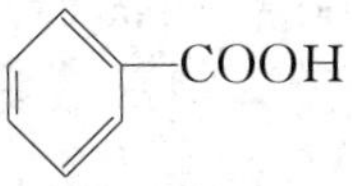
苯甲酸

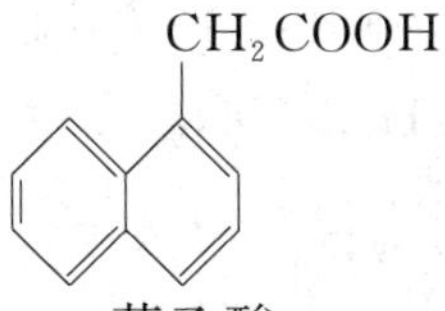
α-萘乙酸

酸和醇反应生成酯。酯可分为有机酸酯(羧酸酯)和无机酸酯，羧酸酯是羧酸分子中羟基被烃氧基($—OR_1$)取代的一类化合物。其通式为：$R—COO—R_1$。基团 $—\overset{\overset{O}{\|}}{C}—O—$ 叫酯键，是酯的官能团。

例如：

$CH_3\overset{\overset{O}{\|}}{C}—OCH_3$
乙酸甲酯

$H—\overset{\overset{O}{\|}}{C}—OCH_2CH_3$
甲酸乙酯

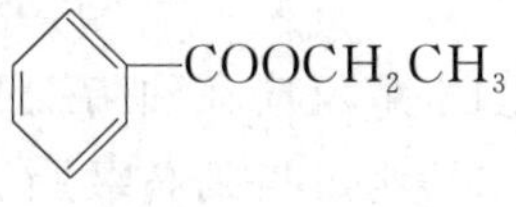
苯甲酸乙酯

5.8.2 羧酸、酯的性质

1. 物理性质

在常温下，9 个碳以下的饱和一元脂肪酸是无色、有刺激性酸味的液体，癸酸以上是无味的蜡状固体，二元羧酸和芳香酸都是晶状固体；低级酯是易挥发、具有水果香味的液体，如丁酸甲酯有菠萝香味，乙酸异戊酯有香蕉香味，丁酸异戊酯有梨香味，高级酯多为蜡状固体，没有香味。

羧酸分子间的结合能力以及与水分子形成氢键的能力都比相应的醇强，因此，羧酸的沸点比分子量相近的醇要高，其水溶性比相应的醇要大。

从表 5-6 可以看出，分子量相近的不同类物质中，沸点高低的顺序为羧酸＞醇＞醛(或酮)＞酯＞醚。

表 5-6 分子量相近的酸、醇、醛、酯及醚的沸点比较

物　质	CH_3COOH（乙酸）	$CH_3CH_2CH_2OH$（正丙醇）	CH_3CH_2CHO（丙醛）	$HCOOCH_3$（甲酸甲酯）	$CH_3—O—C_2H_5$（甲乙醚）
分子量	60	60	58	60	60
沸点/℃	118	97.2	48.8	32	11

低级脂肪羧酸可与水以任意比混溶，但随着分子量增大，也即疏水基增大，溶解度逐渐减小直至不溶。低级酯在水中有一定的溶解度，各种酯都易溶于有机溶剂。

2. 化学性质

(1)酸性

羧酸是弱酸，但其酸性比碳酸强，羧酸具有酸的一切通性。

$$CH_3COOH \rightleftharpoons CH_3COO^- + H^+$$

(2)脱羧反应

在特定的条件下，羧酸脱去羧基的反应叫脱羧反应，如实验室制取甲烷时可用无水乙酸钠与碱石灰共热，脱羧后生成比原来少一个碳的有机化合物。

$$CH_3COONa+NaOH \xrightarrow[\triangle]{} CH_4\uparrow+Na_2CO_3$$

二元羧酸较易脱羧。

$$HOOC-COOH \xrightarrow[\triangle]{} HCOOH+CO_2\uparrow$$

脱羧反应也可在酶的作用下进行，这是生物体内物质代谢的重要反应之一。

(3)水解反应

酯在碱性条件下易发生水解反应，生成羧酸盐和醇。

$$CH_3\overset{\overset{\displaystyle O}{\|}}{C}-OCH_2CH_3+NaOH \longrightarrow CH_3COONa+CH_3CH_2OH$$

酯的水解反应在油脂工业上非常重要，将天然油脂水解可得到高级脂肪酸和甘油，如加碱水解则可得到高级脂肪酸的钠盐，即肥皂的主要成分，故油脂在碱性条件下的水解称为皂化反应。

5.8.3 重要的羧酸和酯

1. 甲酸(HCOOH)

甲酸俗称蚁酸，存在于蜂、蚁等动物体内和荨麻中。甲酸是无色，有强烈刺激性的液体，易溶于水，有毒，能刺激皮肤肿痛，酸性和腐蚀性较强。

甲酸分子中有醛基，因而具有醛的性质，有较强的还原性。能使高锰酸钾溶液褪色，也能发生银镜反应，这些反应常用于甲酸的鉴定。

甲酸在工业上可做还原剂和橡胶凝结剂，也可用做消毒剂和防腐剂。它的水溶液在医药上用做风湿症的外用药。

2. 乙酸(CH_3COOH，有时简写为 HAc，Ac 表示 CH_3COO^-)

乙酸俗称醋酸，普通食醋中含有4%～8%的乙酸。乙酸是无色有强烈刺激性气味的液体，沸点是118℃，熔点是16.7℃。纯乙酸在16℃以下能结成冰状固体，因此，又称为冰醋酸。乙酸易溶于水，也易溶于其他溶剂。乙酸广泛存在于自然界中，常以盐、酯或游离态存在于动物体内。

乙酸是重要的化工原料，大量用于生产合成纤维、染料、香料、医药、农药等。过去用发酵法生产，即用谷物发酵得到乙醇，乙醇氧化为乙醛，继而被氧化成乙酸。食醋就是这样制得的。目前，工业上主要采用乙烯氧化法和烷烃直接氧化制取乙酸。

3. 乙二酸($H_2C_2O_4$)

乙二酸俗名草酸，常以盐的形式存在于植物(如大黄、草莓、菠菜)和藻类中，乙二酸是无色晶体，易溶于水。草酸是酸性最强、最简单的二元羧酸。除具有酸的通性外，还具有较强的还原性，易被氧化剂氧化。

$$5HOOC-COOH+2KMnO_4+3H_2SO_4 \longrightarrow K_2SO_4+2MnSO_4+10CO_2\uparrow+8H_2O$$

此反应是定量进行的，所以，在分析化学上常用草酸来标定高锰酸钾的浓度。草酸根离子与钙离子反应生成白色的草酸钙沉淀。常用来定性或定量地测定钙离子。

$$C_2O_4^{2-}+Ca^{2+}\longrightarrow CaC_2O_4\downarrow$$

4. α-萘乙酸

α-萘乙酸简称 NAA，是白色晶状固体，熔点是134℃，难溶于水，但其钠盐和钾盐易溶于水。它是一种常用的植物生长调节剂。低浓度时可以刺激植物生长，防止落花落果，高浓度时能抑制植物生长，可做除草剂。并能防止马铃薯在储存时发芽。

5. 苯甲酸

苯甲酸俗名安息香酸，一种白色针状晶体，易升华，蒸气有强烈的刺激性。苯甲酸具有抑菌防腐作用，同时，毒性较低，用做食品、饮料、药剂和日常用品的防腐剂。

6. 硬脂酸[$CH_3(CH_2)_{16}COOH$]和软脂酸[$CH_3(CH_2)_{14}COOH$]

硬脂酸和软脂酸分别含有18、16个碳，故又称为18酸和16酸。由于其碳链含有较多的碳原子，可以从脂肪中得到，故属于高级脂肪酸类。高级脂肪酸是油脂的重要组成部分，也是制取肥皂的重要原料。

7. 蜡

蜡广泛存在于动植物体内。其主要成分是由偶数碳原子的高级饱和一元脂肪醇与偶数碳原子的高级饱和一元脂肪酸形成的酯，此外，还含有少量游离的高级脂肪酸，高级醇和烷烃。组成蜡的脂肪酸主要有十六酸(软脂酸)、二十六酸等，高级脂肪醇有十六醇、二十六醇和三十醇等。

蜡在常温下为固体，不溶于水，易溶于有机溶剂，无固定的熔点。蜡的化学性质稳定，在空气中不易变质，难以皂化。

蜡按其来源可分为植物蜡和动物蜡。植物蜡分布于多种植物的茎、叶、果实种子的表面，植物细胞内也有蜡质。植物表层蜡可以减少植物体内水分的蒸发，防止外部水分的浸入以及防御微生物的侵害。动物蜡多存在于动物的分泌腺中，有的也存在于体表。昆虫表皮上的蜡质层也具有保护功能。

由于植物和昆虫的体表都有一层蜡质，因此，施用农药时应选用脂溶性药剂或掺有乳化剂，其目的就是对蜡质起溶解腐蚀作用，使药液容易进入虫体而发挥作用。

蜡与石蜡的物理性质相似，但化学组成完全不同，石蜡是石油产品，其主要成分是高级烷烃。

蜡主要用于制造蜡纸、药丸外壳、化妆品、上光剂以及作为润滑剂等。

8. 有机磷农药

有机磷农药(如表5-7所示)品种多，应用范围广。其组成大多数为酯类，许多有机磷杀虫剂有内吸性，可被植物吸收，并且在植物体内可以水解而失去毒性，所以不会因残留于作物中而引起人畜中毒。但有机磷农药一旦进入人体，可使人体血液中胆碱酯酶受抑制，活力下降，导致出汗、心跳加快、瞳孔缩小等，严重的可引起中枢神经系统失调，甚至引起人体死亡。

目前，使用的有机磷杀虫剂有磷酸脂类、硫代磷酸脂类、膦酸脂类等。

表 5-7　常用的有机磷农药

农药名称	毒性	作用特点
敌敌畏	中	高效、速效、广谱性杀虫剂，具有熏蒸、胃毒和触杀作用
敌百虫	低	广谱性杀虫剂，具有胃毒和触杀作用
乐果	中	广谱性杀虫、杀螨剂，具有内吸性、胃毒和触杀作用
乙酰甲胺磷	低	胃毒、触杀和一定的熏蒸作用。是内吸、缓效性杀虫剂
三唑磷	中	广谱性杀虫剂，具有胃毒和触杀作用，渗透性强
二嗪磷	中	广谱性杀虫剂，具有熏蒸、胃毒、触杀和一定的内吸作用

有机磷农药都具有一定的毒性，使用时应注意安全。有机磷农药多为脂类，能发生水解，特别在碱性条件下，更易水解为无毒物质而失效(敌百虫遇碱先水解为毒性更强的敌敌畏，但较长时间后继续水解为无毒物质)。因此，在储运和使用过程中，应避免与碱性物质接触，以免失效。同时，在使用后应立即用肥皂等碱性物质洗净皮肤和衣物，以防人身中毒。

5.9　烃的含氮衍生物

胺和酰胺是重要的烃的含氮衍生物，胺是生物化学变化过程中的重要物质，某些酰胺是构成蛋白质的基本单元，它们与生命活动有着密切的关系。

5.9.1　常见的烃的含氮衍生物

1. 几种基团的名称

羧酸分子 $R—\overset{O}{\overset{\|}{C}}—OH$ 去掉羟基后剩下的基团 $R—\overset{O}{\overset{\|}{C}}—$ 称为酰基。如：

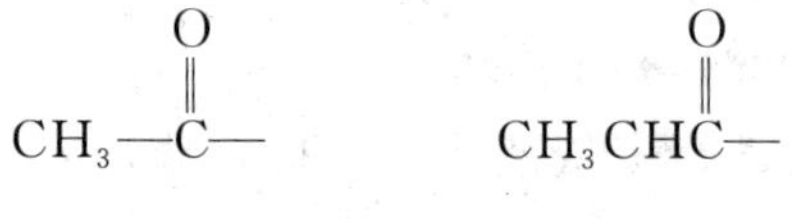

乙酰基　　丙酰基

氨分子失去一个氢原子后剩下的基团—NH_2 称为氨基。氨基中的氢原子被烃基取代后得到的基团叫烃胺基。如：

—NHR

仲胺基

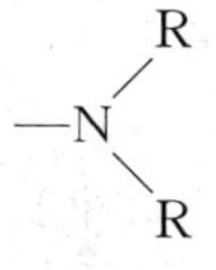

叔胺基

2. 几种烃的含氮衍生物的定义及结构特点

胺是氨分子中的氢原子被烃基取代后的化合物。氨基是胺的官能团。如：

$CH_3CH_2NH_2$　　$(CH_3CH_2)_2NH$　　$CH_3—NH—C_2H_5$

乙胺　　二乙胺　　甲乙胺

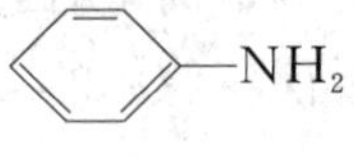

苯胺

由于氮上有孤对电子，能与 H^+ 结合，故胺类有一定的碱性。

酰胺是酰基与氨基或烃胺基相连所得的化合物。如：

$$CH_3-\overset{O}{\overset{\|}{C}}-NH_2$$

乙酰胺

$$CH_3-\overset{O}{\overset{\|}{C}}-NHCH_3$$

乙酰甲胺

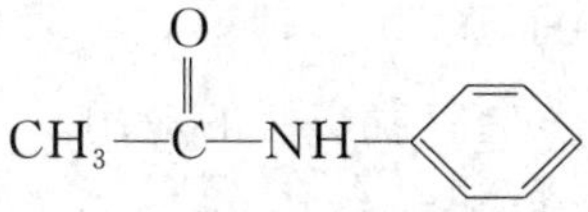

乙酰苯胺

5.9.2 烃的含氮衍生物的一般性质

1. 物理性质

在常温下，低、中级脂肪胺为气体或液体，具有鱼腥味，易溶于水；甲酰胺是液体，其余多为晶体。随着分子量的增大，胺和酰胺溶解性和气味都减少。

2. 化学性质

(1)碱性

胺具有碱性，能与酸反应生成与铵盐类似的盐。例如：

$$CH_3CH_2NH_2 + HCl \longrightarrow CH_3CH_2NH_3^+Cl^- \text{（乙胺盐酸盐）}$$

$$CH_3CH_2NH_3^+Cl^- + NaOH \longrightarrow CH_3CH_2NH_2 + NaCl + H_2O$$

利用上述性质，可以分离和精制胺类。

(2)水解

酰胺在酸、碱或酶的作用下能发生水解，酰胺在酸性条件下水解生成羧酸和铵盐。在碱性条件下生成羧酸盐和氨或胺。

$$CH_3-\overset{O}{\overset{\|}{C}}-NH_2 + H_2O + HCl \longrightarrow CH_3COOH + NH_4Cl$$

$$CH_3-\overset{O}{\overset{\|}{C}}-NH_2 + NaOH \longrightarrow CH_3COONa + NH_3\uparrow$$

5.9.3 常见的烃的含氮衍生物的应用

1. 苯胺

苯胺是无色、有特殊气味的油状液体，有毒，难溶于水。苯胺与溴水作用生成 2，4，6-三溴苯胺白色沉淀。此反应可用于苯胺的定性分析和定量分析。

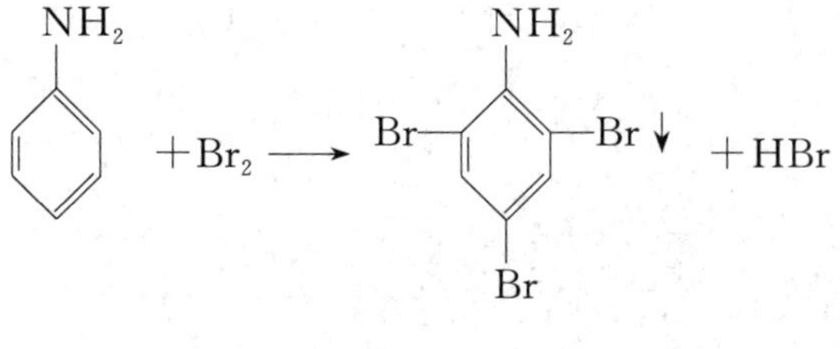

苯胺的衍生物氯苯胺灵是一种植物生长调节剂，也是一种高度选择性的苗前和苗后的早期除草剂。

2. 乙二胺（$H_2NCH_2CH_2NH_2$）

乙二胺与氯乙酸反应生成乙二胺四乙酸，简称 EDTA。

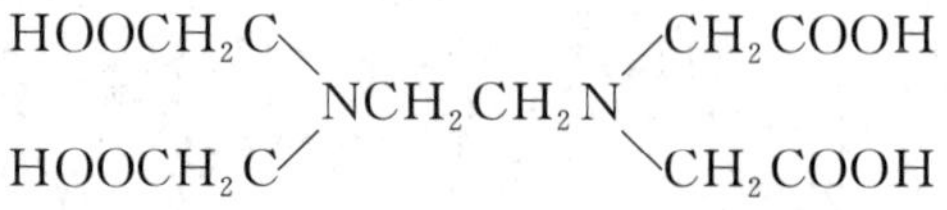

EDTA 能与许多金属离子形成配合物。因此，在分析化学上有着广泛的应用。

3. 胆胺和胆碱

胆胺是脑磷脂的组成成分，其化学名称为乙醇胺，结构为：$HO—CH_2CH_2—NH_2$。

胆碱是卵磷脂的组成成分，它是胆胺的衍生物，最初在胆汁中发现，而且具有碱性，故取名胆碱。结构为：

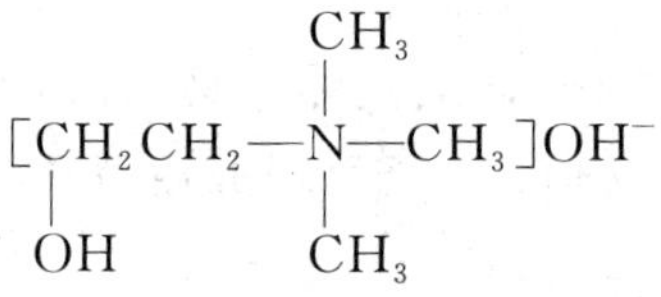

胆碱能调节肝脏中的脂肪代谢，有抗脂肪肝的作用。胆碱是强碱，可与酸作用生成盐。与盐酸作用生成的氯化胆碱$[(CH_3)_3N^+CH_2CH_2OH]Cl^-$，它是治疗脂肪肝和肝硬化的药物，也是一种植物生长调节剂。

在生物体内，胆碱在乙酰化酶的作用下，与乙酸发生酯化反应生成乙酰胆碱；乙酰胆碱在胆碱酯酶的作用下又能水解生成乙酸和胆碱。

$$\text{胆碱}+\text{乙酸}\xrightleftharpoons[\text{胆碱酯酶}]{\text{胆碱乙酰化酶}}\text{乙酰胆碱}+\text{水}$$

乙酰胆碱是生物体内传导神经冲动的重要物质，它在体内正常合成与分解，能保证生理代谢的正常进行。多数有机磷农药的杀虫机理正是由于这些农药抑制了昆虫体内胆碱酯酶的活性，导致乙酰胆碱的大量积累，使昆虫神经过度兴奋，引起功能失调而致死。人畜有机磷农药中毒的机理与此相似，因此，在使用这些农药时，必须注意人畜的安全防护。

4. 矮壮素

矮壮素属于季胺盐，是一种植物生长调节剂，能抑制植物细胞生长，使植株变矮、变粗，可防止玉米、小麦倒伏，增加产量。也可防止棉花徒长，减少蕾铃脱落。其结构式为：

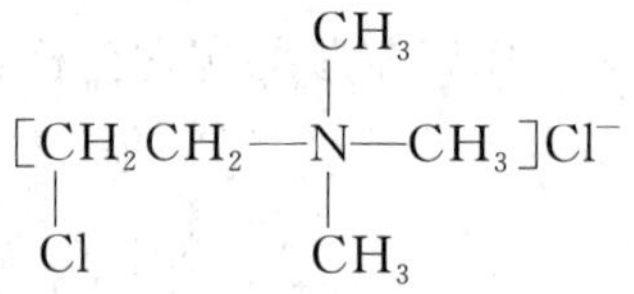

5. 尿素[$H_2N-\overset{\overset{\displaystyle O}{\|}}{C}-NH_2$ 或 $CO(NH_2)_2$]

尿素又称脲，是碳酸的二酰胺。尿素是人和哺乳动物体内蛋白质代谢的最终产物之一，成人每天排出的尿素约为 30 g。在农业上，尿素是一种含氮高达 46.7%的氮肥。把适量尿素补充在饲料里，可为牲畜体内提供氮素。

工业上常用 CO_2 和 NH_3 在高温高压下来合成尿素。

尿素是白色晶体，熔点是 132.7℃，易溶于水，其主要化学性质如下。

(1)弱碱性

尿素具有弱碱性($pK_b=13.82$)，尿素与浓硝酸作用生成不溶于水的硝酸脲，利用此性质可从尿中提取尿素。

(2)水解

和酰胺一样，尿素在酸、碱或酶的作用下，可以发生水解反应。

$$CO(NH_2)_2+H_2O+2HCl \longrightarrow CO_2\uparrow+2NH_4Cl$$

$$CO(NH_2)_2+NaOH \longrightarrow NH_3\uparrow+Na_2CO_3$$

由于尿素遇碱能产生氨气，故一般不和碱性肥料混用。

在土壤中，尿素在脲酶的催化下，水解生成易被植物吸收利用的碳酸铵。

$$CO(NH_2)_2+H_2O \xrightarrow{\text{脲酶}} (NH_4)_2CO_3$$

(3)缩二脲反应

将尿素晶体加热到 150～160℃，则两分子的尿素脱去一分子的氨，生成缩二脲。

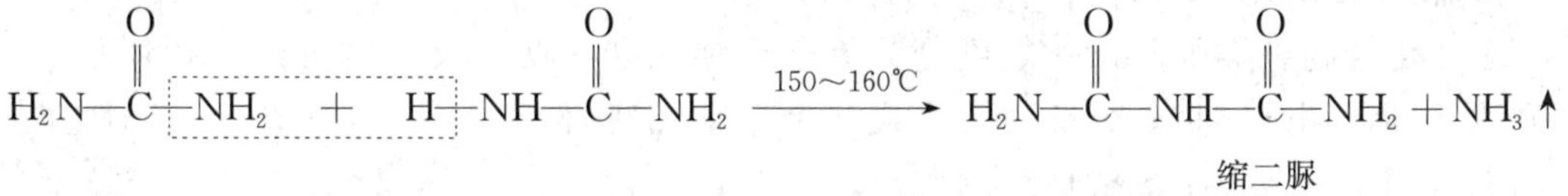

缩二脲在碱性溶液与稀硫酸铜反应，能产生紫红色的配合物，该反应称为缩二脲反应。凡分子中含有两个或两个以上酰胺键(肽键)(—CO—NH—)的化合物，如多肽、蛋白质都能发生缩二脲反应。

第6章 杂环化合物及生物碱

本章要点

1. 杂环化合物的分类和命名。杂环化合物及其衍生物的性质及应用。

2. 生物碱、分类、命名及其主要化学性质和应用。

杂环化合物是一类很重要的化合物。许多天然植物如叶绿素、血红素、维生素、核酸和大多数生物碱等都是杂环化合物，这些物质在生物体内有重要的生理作用。本章将介绍杂环化合物和生物碱。

6.1 杂环化合物

在环状化合物中，组成环的原子除碳原子外，还有其他元素的原子(如O、N、S等)，这类化合物叫杂环化合物。大多数杂环化合物都具有芳香性。

6.1.1 杂环化合物的分类和命名

1. 杂环化合物的分类

杂环化合物种类很多，一般可分为单杂环和稠杂环两大类。常见的单杂环是五元环和六元环，稠杂环是由苯环与一个或几个单杂环骈合而成的。如按杂原子的种类可分为O杂环、N杂环、S杂环等。

2. 杂环化合物的命名

杂环化合物的命名方法具有如下两种。

(1)音译法

音译法是按外文名词译音，用带“口”(表示环状化合物)字旁的同音汉字表示。例如，呋喃、吡咯、吡啶等。

(2)系统命名法

杂环上连有取代基时，以杂环作为母体命名或将杂环作为取代基命名，并按以下规则编号：①单杂环编号时，总是以杂原子为“1”位；②环中有相同的原子则由带取代基的一个杂原子开始(或从离取代基最近的一个杂原子开始)；③如果环中有两个或几个不同的杂原子，则按照O—S—N的顺序编号。例如：

五元环

呋喃

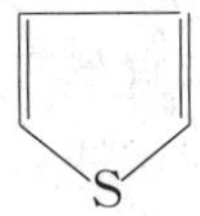

噻吩

吡咯

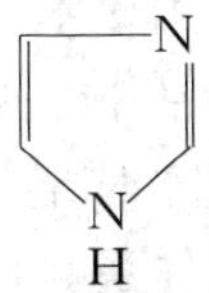

咪唑

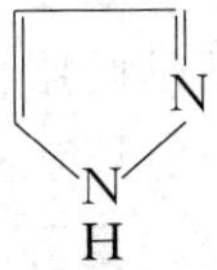

吡唑

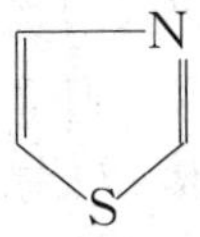

噻唑

五元环中含多个杂原子的，其中有一个为氮原子的叫作唑。

六元环

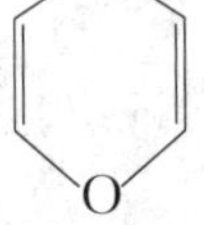

吡喃

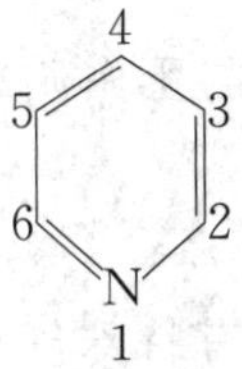

吡啶

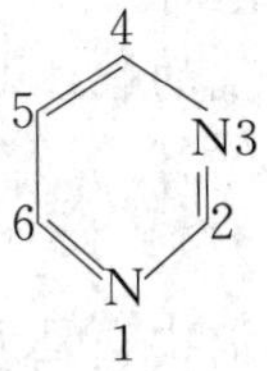

嘧啶

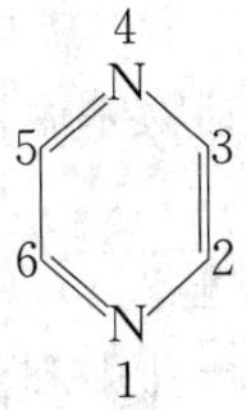

吡嗪

稠杂环

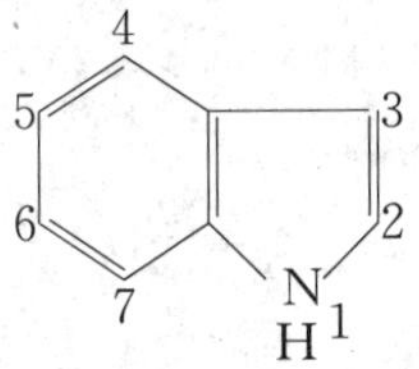

吲哚

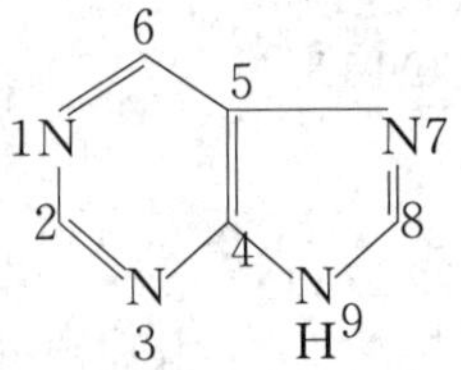

嘌呤

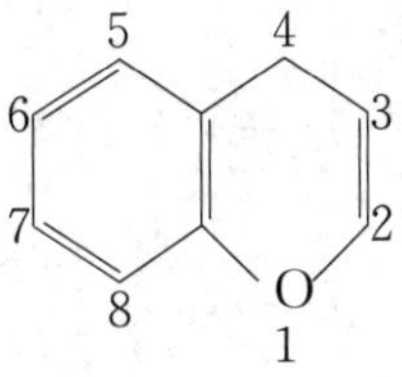

苯并吡喃

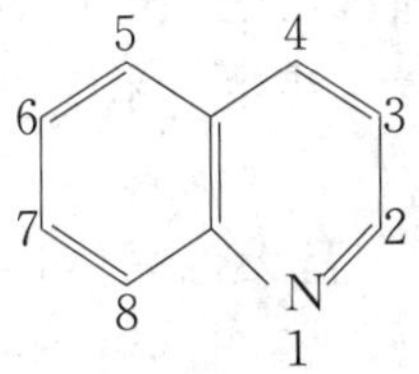

喹啉

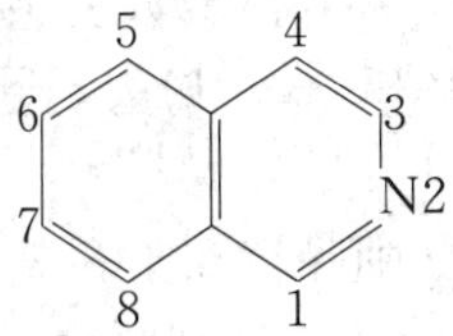

异喹啉

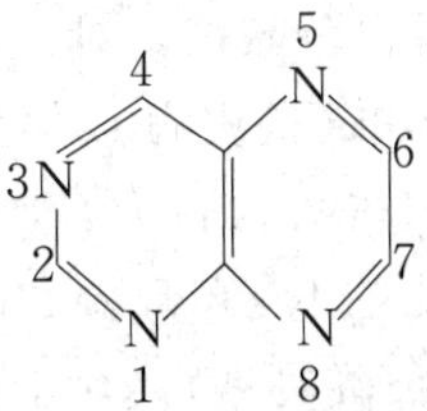

喋啶

6.1.2 杂环化合物及其衍生物

1. 呋喃及其衍生物

呋喃是一种无色易挥发的液体，沸点为 32℃，不溶于水，易溶于乙醇、乙醚等有机溶剂。

α-呋喃甲醛俗名叫作糠醛，沸点为 162℃，在光、热及空气中，很快变成黄色、褐色，并产生树脂状聚合物。糠醛可由米糠、玉米芯、花生壳等农产品废料进行酸性水解得到。苯胺醋酸盐与糠醛作用，显深红色，可用于糠醛的鉴别。

2. 吡咯及其衍生物

吡咯存在于煤焦油和骨焦油中，是无色液体，沸点为 131℃，难溶于水，易溶于乙醇，乙醚、苯等有机溶剂。易被氧化，在空气中被氧化而变为褐色。少量的吡咯蒸气遇到蘸有盐酸的松木片显红色，称为松木片反应，可用于吡咯的鉴别。

叶绿素、血红素都是吡咯的衍生物，它们广泛存在于自然界，都是具有重要作用的细胞色素。叶绿素、血红素的基本骨架是卟吩环，卟吩环是由 4 个吡咯环的 α-碳原子通过次甲基连接而成的复杂共轭体系。在环中间，4 个氮原子可以分别以共价键及配位键与不同的金属离子结合，在叶绿素中结合着镁离子，在血红素中结合着二价铁离子。

叶绿素是存在于植物的叶和茎中的绿色色素，它与蛋白质结合存在于叶绿体中，是植物进行光合作用所必需的催化剂。

血红素是高等动物体输送氧气的载体，它与蛋白质结合成血红蛋白，存在于红细胞中。

3. 吡啶及其衍生物

吡啶存在于煤焦油中和骨焦油中，是无色有特殊气味的液体，能与水混溶，可溶于乙醇、乙醚、苯等有机溶剂，其本身也是很好的溶剂。吡啶的重要衍生物有维生素 PP(VPP)、维生素 B_6 等。维生素 PP 包括 β-吡啶甲酸和 β-吡啶甲酰胺。

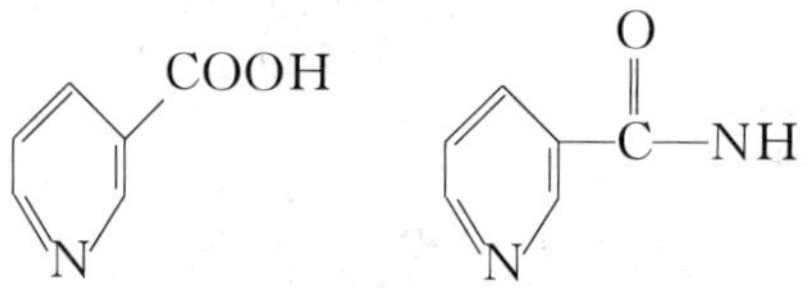

β-吡啶甲酸 β-吡啶甲酰胺

烟酸 烟酸胺

两者都是白色晶体，对酸、碱、热比较稳定，其生理作用也一致。人体内缺乏维生素 PP 时能引起糙皮病。维生素 PP 存在于肉类、肝、肾、花生、米糠以及酵母中。

4. 吲哚及其衍生物

吲哚是吡咯环与苯环稠和而成，吲哚存在于煤焦油中，是无色晶体，有粪便气味，与 β-甲基吲哚(粪臭素)共存于粪便中。但纯吲哚的稀溶液有香味，用于配制香精。熔点是 52.25℃，沸点是 254℃，可溶于热水、易溶于醇醚等有机溶剂。具有弱酸性，可进行松木片反应。

β-吲哚乙酸是吲哚的重要衍生物之一，广泛存在于植物的幼芽中，是植物生长调节剂，低浓度的 β-吲哚乙酸能刺激植物生长，高浓度的 β-吲哚乙酸能抑制植物生长。

5. 嘌呤、嘧啶及其衍生物

嘌呤是无色晶体，易溶于水，嘌呤在自然界中并不存在，但其衍生物却广泛存在于动植物体内。例如，尿酸是嘌呤最重要的衍生物之一，是鸟、爬虫类动物蛋白质代谢的最终产物，也是人类核苷酸代谢的最终产物。人的血液和尿中都含有少量尿酸。

核苷酸是由一分子戊糖和一分子含氮杂环组成的氮糖苷的磷酸酯。其中，戊糖为 D-核糖或 D-脱氧核糖，含氮杂环为嘌呤或嘧啶的衍生物。

6.2 生物碱

6.2.1 生物碱概述

在生物体内成分中，含氮碱基的有机化合物能与酸反应生成盐类，将此类化合物称为生物碱。它是一类存在于生物(主要是植物)体内、对人和动物有强烈生理作用的含氮的碱性物质。生物碱的分子构造多数属于仲胺、叔胺或季铵类，少数为伯胺类。它们的构造中常含有杂环，并且氮原子在环内。生物碱常常是很多中草药中的有效成分，例如，麻黄中的平喘成分麻黄碱、黄连中的抗菌消炎成分小檗碱(黄连素)和长春花中的抗癌成分长春新碱等。

生物碱大多数来自植物界，也有少数来自动物界，如肾上腺素等。生物体内生物碱含量一般较低。至今分离出来的生物碱已有数千种，其中用于临床的有近百种。

6.2.2 生物碱的分类和命名

生物碱的分类方法有多种。较常用和比较合理的分类方法是根据生物碱的化学构造进行分类，如麻黄碱属于有机胺类，一叶萩碱、苦参碱属于吡啶衍生物类，莨菪碱属于莨菪烷衍生物类，喜树碱属于喹啉衍生物类，常山碱属于喹唑酮衍生物类，茶碱属于嘌呤衍生物类，小檗碱属于异喹啉衍生物类，利血平、长春新碱属于吲哚衍生物类等。

生物碱多根据它所来源的植物命名，例如，麻黄碱因从麻黄中提取得到而得名，烟碱因从烟草中提取得到而得名。生物碱的名称又可采用国际通用名称的译音，如烟碱又叫尼古丁(nicotine)。

6.2.3 生物碱的一般性质

1. 一般性状

游离的生物碱为结晶形或非结晶形的固体，也有液体，如烟碱。多数生物碱无色，但有少数例外，如小檗碱和一叶萩碱为黄色。多数生物碱味苦，具有旋光性，左旋体常有很强的生理活性。

2. 酸碱性

大多数生物碱具有碱性，这是由于它们的分子结构中都含有氮原子，而氮原子上又有一对未共用电子对，对质子有一定的吸引力，能与酸结合生成盐，所以呈碱性。各种生物碱的分子结构不同，特别是氮原子在分子中存在的状态不同，所以碱性强弱也不一样。分子中的氮原子大多数结合在环状结构中，以仲胺、叔胺及季铵碱三种形式存在，均具有碱性，其中，季铵碱的碱性最强。若分子中氮原子以酰胺形式存在，则碱性几乎消失，不能与酸结合生成盐。有些生物碱分子中除含碱性氮原子外，还含有酚羟基或羧基，所以既能与酸反应，也能与碱反应生成盐。

3. 溶解性

游离生物碱极性较小，一般不溶或难溶于水，能溶于氯仿、二氯乙烷、乙醚、乙醇、丙酮、苯等有机溶剂，在稀酸溶液中溶解而生成盐。生物碱的盐类极性较大，大多易溶于水及醇，不溶或难溶于苯、氯仿、乙醚等有机溶剂，其溶解性与游离生物碱恰好相反。

生物碱及其盐类的溶解性也有例外的情况。季铵碱如小檗碱、酰胺型生物碱和一些极性基团较多的生物碱一般能溶于水，习惯上常将能溶于水的生物碱叫作水溶性生物碱。中性生物碱则难溶于酸。含羧基、酚羟基或含内酯环的生物碱等能溶于稀碱溶液中。某些生物碱的盐类如盐酸小檗碱则难溶于水，另有少数生物碱的盐酸盐能溶于氯仿。

生物碱的溶解性对提取、分离和精制生物碱十分重要。

4. 沉淀反应

生物碱或生物碱的盐类溶液能与一些试剂生成不溶性沉淀。这种试剂称为生物碱沉淀剂。此种沉淀反应可用来鉴定或分离生物碱。常用的生物碱沉淀剂有：碘化汞钾（$HgI_2 \cdot 2KI$）试剂（与生物碱作用多生成黄色沉淀）；碘化铋钾（$BiI_3 \cdot KI$）试剂（与生物碱作用多生成黄褐色沉淀）；碘试液、鞣酸试剂、苦味酸试剂、苦味酸试剂分别与生物碱作用，多生成棕色、白色、黄色沉淀。

5. 显色反应

生物碱与一些试剂反应呈现各种颜色，也可用于鉴别生物碱。例如，钒酸铵-浓硫酸溶液与吗啡反应时显棕色、与可卡因反应显蓝色、与莨菪碱反应则显红色。此外，钼酸铵的浓硫酸溶液，浓硫酸中加入少量甲醛的溶液，浓硫酸等都能使各种生物碱呈现不同的颜色。

6.2.4 重要的生物碱

1. 烟碱

烟草中含十余种生物碱，主要是烟碱，含 2%～8%，纸烟中约含 1.5%。

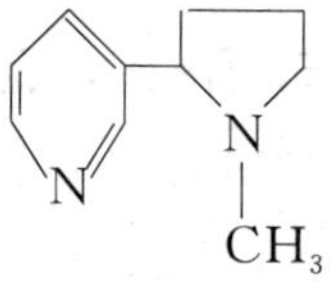

烟碱又名尼古丁，属于吡啶衍生物类生物碱。烟碱有剧毒，少量对中枢神经有兴奋作用，能升高血压，大量则抑制中枢神经系统，使心脏停搏以致死亡。几毫克的烟碱就能引起头痛、呕吐、意识模糊等中毒症状，吸烟过多的人逐渐会引起慢性中毒。

2. 吗啡和可卡因

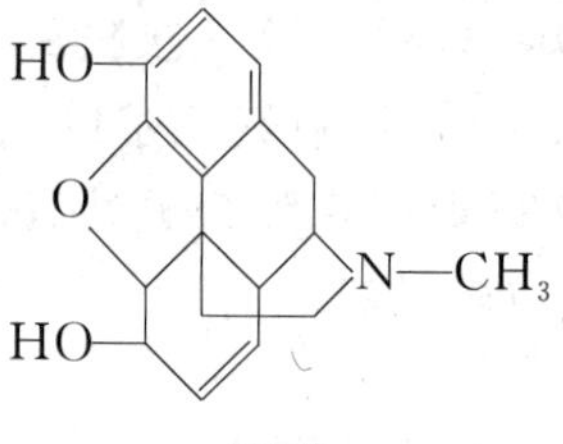

吗啡

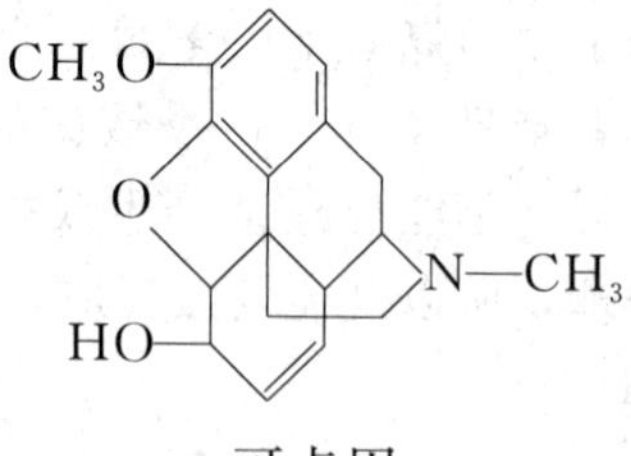

可卡因

罂粟科植物鸦片中含有20多种生物碱，其中比较重要的有吗啡、可卡因等。这两种生物碱属于异喹啉衍生物类，可看作为六氢吡啶环(哌啶环)与菲环相稠合而成的基本结构。

吗啡对中枢神经有麻醉作用，有极快的镇痛效力，但易成瘾，不宜常用。

可卡因是吗啡的甲基醚(甲基取代吗啡分子中酚羟基的氢原子)。可卡因与吗啡有相似的生理作用，可用以镇痛，但可卡因主要用做镇咳剂。

麻醉剂海洛因是吗啡的二乙酰基衍生物，即二乙酰基吗啡(两个乙酰基分别取代吗啡分子中两个羟基的氢原子)。

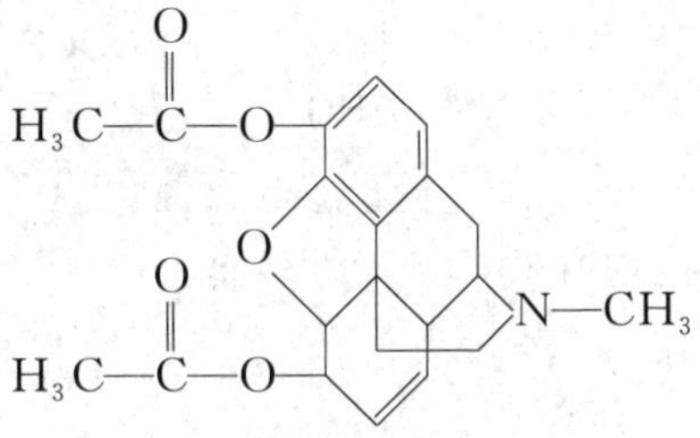

海洛因

海洛因镇痛作用较大，并可产生欣快和幸福的虚假感觉，但毒性和成瘾性极大，过量能致死。海洛因被列为禁止制造和出售的毒品。

3. 麻黄碱

麻黄碱是含于中药麻黄中的一种主要生物碱，又叫麻黄素。一般常用的麻黄碱是指左旋麻黄碱，麻黄碱和伪麻黄碱都是仲胺类生物碱，不具含氮杂环，因此，它们的性质与一般生物碱不尽相同，一般的生物碱沉淀剂也不易发生沉淀。

麻黄碱具有兴奋中枢神经、升高血压、扩大支气管、收缩鼻黏膜及止咳作用，也有扩散瞳孔的作用，临床上常用盐酸麻黄碱(盐酸麻黄素)治疗气喘等。

4. 小檗碱

小檗碱又名黄连素，存在于小檗属植物黄柏、黄连和三颗针中，它属于异喹啉衍生物类生物碱，是一种季铵化合物。

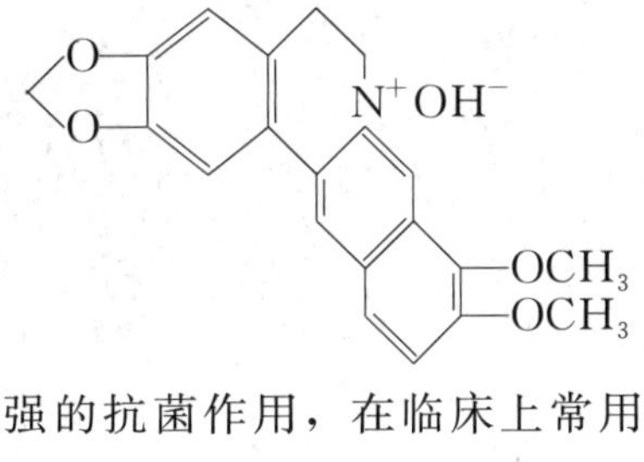

小檗碱(黄连素)具有较强的抗菌作用，在临床上常用盐酸黄连素治疗菌痢、胃肠炎等疾病。

5. 长春新碱

长春新碱又名醛基长春碱，存在于夹竹桃科植物长春花中，属于双聚吲哚类生物碱。

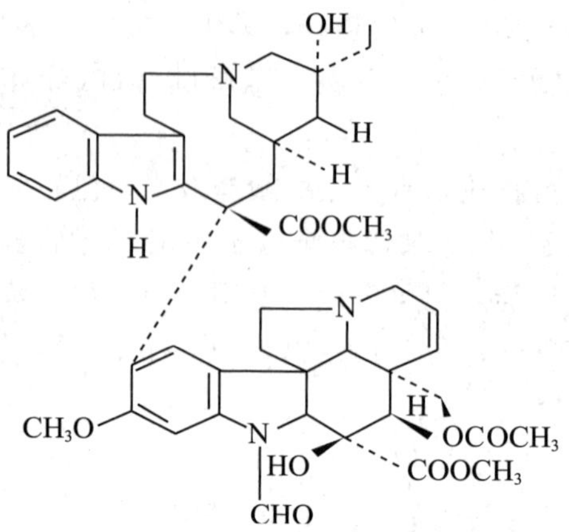

长春新碱

长春新碱对白血病、癌症均有效，且毒性较低。

第 7 章　三大营养物质

本章要点

1. 糖、脂、蛋白质的化学组成与分类。
2. 糖、脂、蛋白质的结构。
3. 糖、脂、蛋白质的性质。
4. 糖、脂、蛋白质的生物学功能。

糖、脂、蛋白质统称为三大营养物质，它们是广泛存在于生物体内的重要有机物。糖类是生物体维持生命活动所需能量的主要来源，糖、脂参与组成生物细胞的结构并作为储藏物质；蛋白质是生命现象和生理活动的主要物质基础。因此，它们是维持生命活动不可缺少的物质。本章主要介绍三大营养物质的组成、结构和性质。

7.1　糖

7.1.1　糖的组成

从化学组成和结构特点上来看，糖是由碳、氢、氧三种元素组成的多羟基醛或多羟基酮以及它们的缩合物。糖又叫碳水化合物，是自然界分布最广、数量最多的一类有机化合物。植物中的储藏物质(如淀粉、蔗糖等)和结构物质(如纤维素、半纤维素、木质素、果胶质等)、动物肝和肌肉中的糖原及水果和蜂蜜中的葡萄糖、果糖、蔗糖等都是糖类物质。糖也是绿色植物光合作用的产物。在一切生物体内都含有糖，糖是生物体获得能量的最主要的物质。没有糖就不会有生命现象。

7.1.2　糖的分类

根据糖的结构特点和水解情况可将糖分为单糖、低聚糖和多糖三大类。

1. 单糖

不能被水解的多羟基醛或多羟基酮称为单糖，如葡萄糖、果糖、核糖、脱氧核糖等。单糖又分醛糖和酮糖。

2. 低聚糖

由 2～10 个单糖分子缩聚而成的糖称为低聚糖。按组成的单糖数目，又可分为二糖、三糖、四糖……其中，最常见、最重要的是二糖，如麦芽糖、蔗糖等。低聚糖水解后生成单糖。

3. 多糖

由许多单糖分子缩聚而成的糖称为多糖。多糖是高分子化合物，如淀粉、纤维素、果胶质等。多糖经多次水解最终生成单糖。

7.1.3 单糖

1. 单糖的结构

(1)单糖的链状结构

单糖是低聚糖和多糖的基本结构单位。它不但有醛糖和酮糖之分，也可按含碳数目分为丙糖、丁糖、戊糖、己糖等。其中，最重要的是戊醛糖、己醛糖和己酮糖。

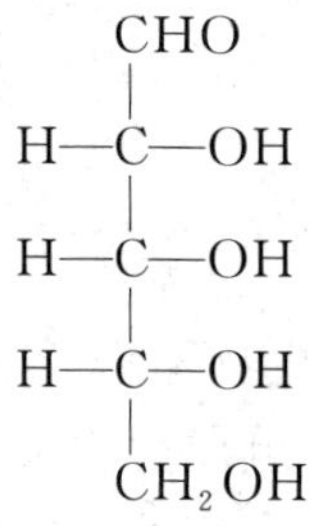
核糖(戊醛糖)

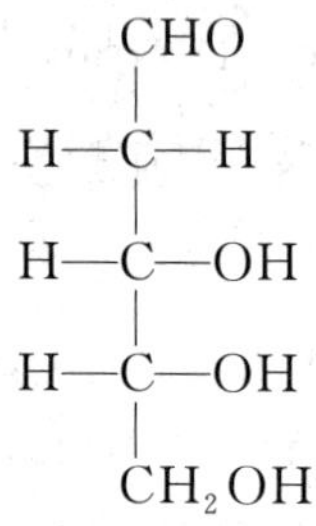
2-脱氧核糖(戊醛糖)

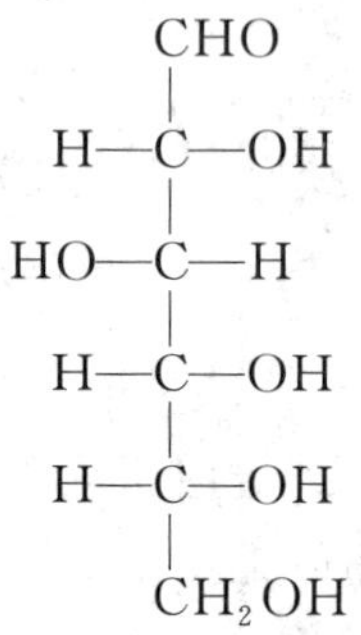
葡萄糖(己醛糖)

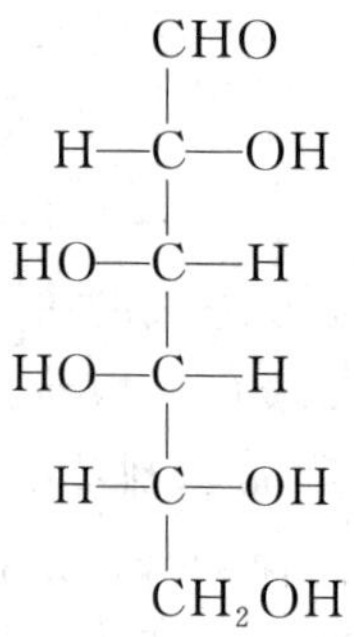
半乳糖(己醛糖)

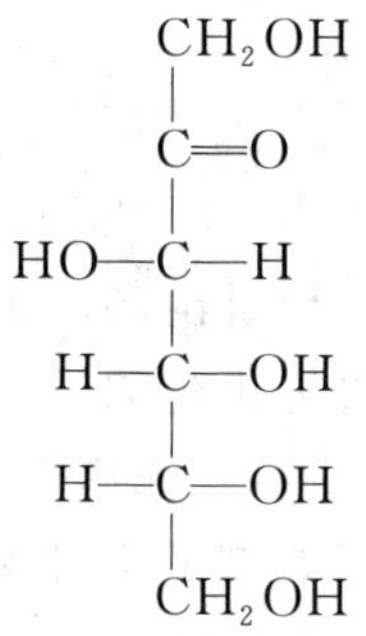
果糖(己酮糖)

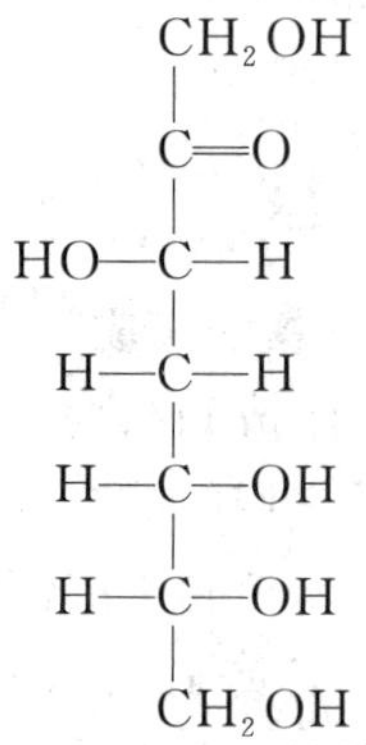
景天庚酮糖

单糖分子中碳原子的编号方法为：醛糖从醛基碳开始编号，第 1 个碳原子用 ^{1}C 表示，其他碳原子依次用 ^{2}C、^{3}C、^{4}C、^{5}C、^{6}C 等表示；酮糖从距酮基最近的碳的一端开始编号。

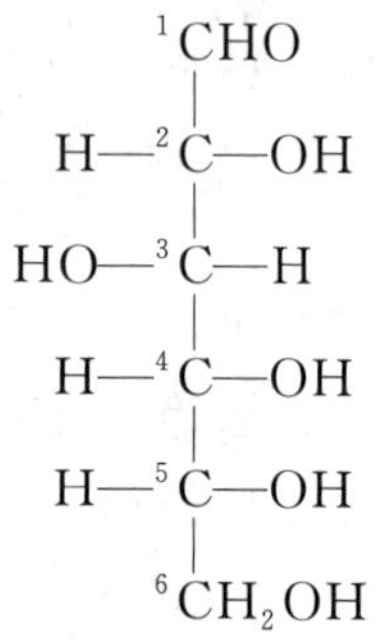
葡萄糖

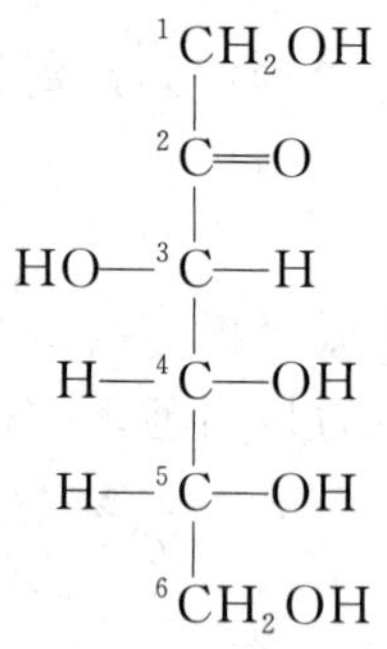
果糖

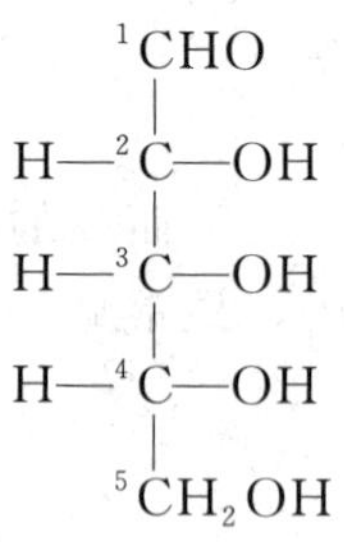
核糖

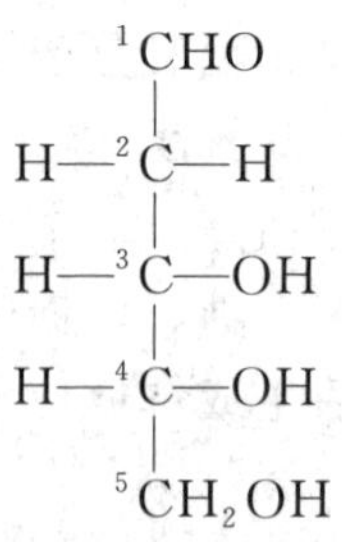
脱氧核糖

(2)单糖的环状结构

单糖的链状结构不稳定，在结晶状态和生物体内主要以环状结构形式存在。单糖的环状结构是其羰基与羟基发生半缩醛反应而形成的五元或六元含氧碳环，有 α 型和 β 型两种结构。其中，反应形成的羟基称为半缩醛羟基。半缩醛羟基在环状结构右边的为 α 型，在左边的为 β 型；单糖的 α 型和 β 型环状结构之间可以通过链状结构相互转化。葡萄糖的环状结构如图 7-1 所示。

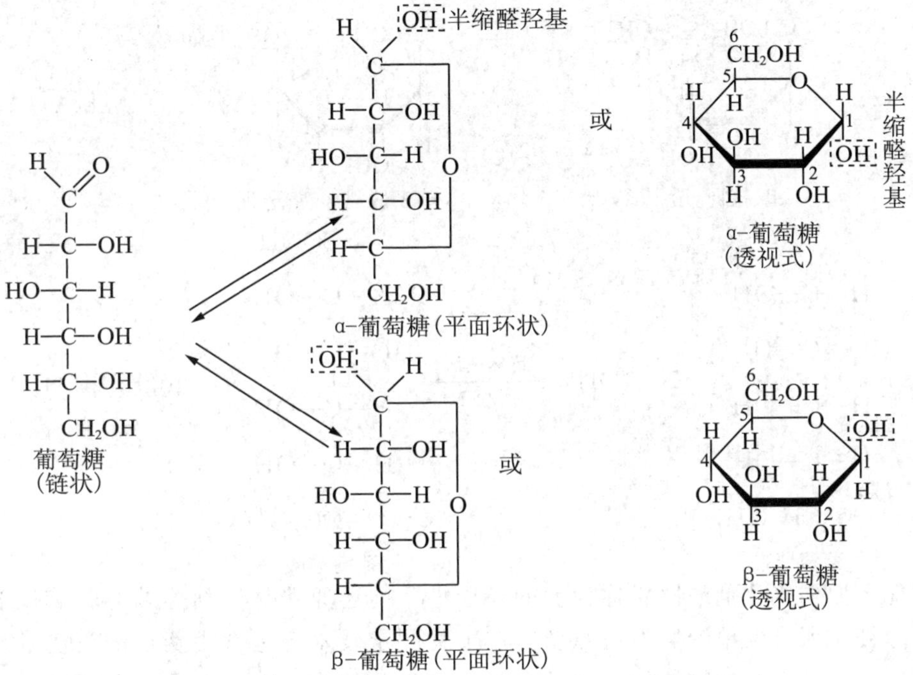

图 7-1　葡萄糖的链状结构、环状结构、透视式

环状单糖一般常用透视式表示。在透视式中，环架碳原子按顺时针方向排列，氧原子在六元环的上角；末位羟甲基(—CH_2OH)和链状结构中左侧的羟基写在环的上方，右侧的羟基写在环的下方；半缩醛羟基写在环的下方者为 α 型，在环的上方者为 β 型。葡萄糖的透视式如图 7-1 所示。果糖、β-核糖和 β-2-脱氧核糖的透视式为：

2. 单糖的性质

单糖都是无色结晶，具有吸湿性，易溶于水，难溶于乙醇，不溶于乙醚。单糖有甜味，不同的单糖甜度也不相同。如果蔗糖的甜度为 100，则葡萄糖的甜度为 74，果糖的甜度为 173。在自然界存在的糖中，果糖是最甜的。

(1)单糖的还原性

单糖中的醛基和酮基都很活泼(酮糖在碱性条件下，可转化为醛糖)，所以可发生氧化反应。

在碱性条件下，单糖可被费林试剂或托伦试剂等弱氧化剂氧化，生成糖酸或复杂的小分子羧酸混合物，并有砖红色 $Cu(OH)_2$ 沉淀或银镜生成。

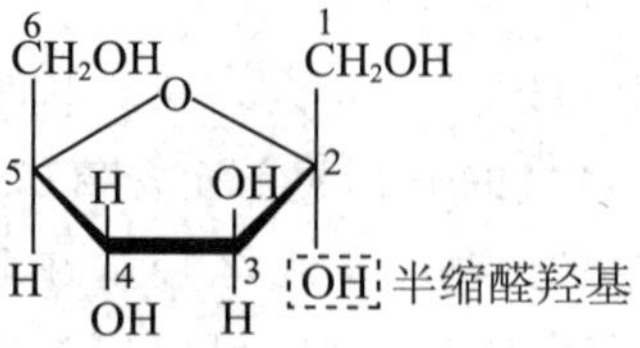

α-果糖(透视式)

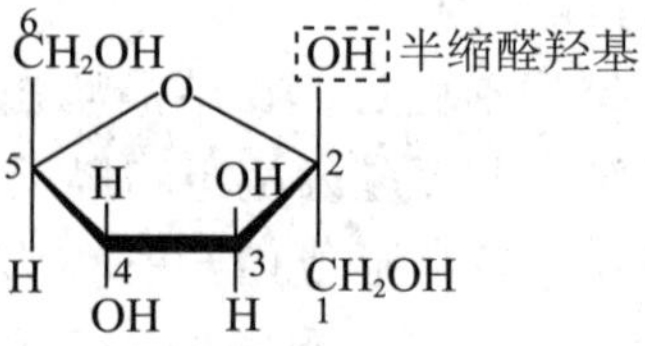

β-果糖(透视式)

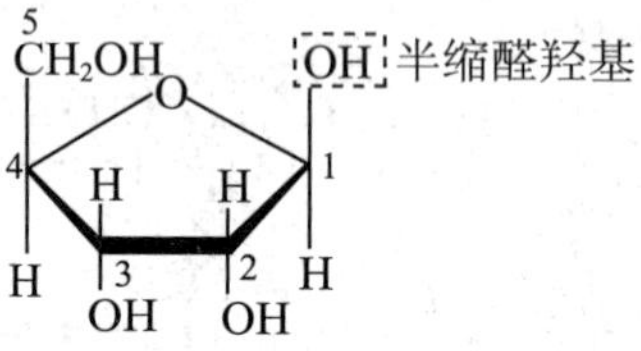

β-核糖(透视式)

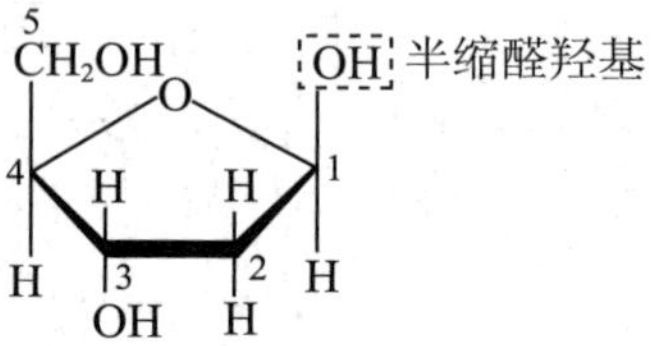

β-2-脱氧核糖(透视式)

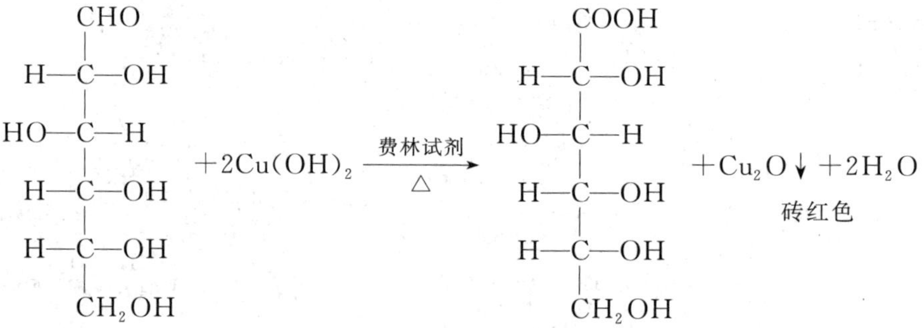

葡萄糖　　　　葡萄糖酸

糖能还原弱氧化剂的性质称为糖的还原性。能还原费林试剂等碱性弱氧化剂的糖称为还原糖。所有的单糖均为还原糖。在生物测定技术中也常用费林试剂定量地测定葡萄糖等还原性糖在生物体组织中的含量。在生物体中，糖在酶的作用下被氧化为糖醛酸，如：

$$\text{葡萄糖}\xrightarrow[\text{在生物体内}]{\text{酶}}\text{葡萄糖醛酸}$$

某些醛酸是果胶质、半纤维素等杂多糖的组成成分。在土壤微生物作用下生成的糖醛酸类物质是天然的土壤改良剂。在人体内的糖醛酸可与一些有毒物质如醇、酚等结合变成无毒物质排出体外，故有保肝和解毒的作用。临床上治疗肝炎和肝硬化等服用的“肝太乐”就是一种葡萄糖醛酸类物质。

在有氧的条件下，葡萄糖可在动物体细胞内进行彻底氧化生成 CO_2 和 H_2O，并放出能量(2 804 kJ/mol)供生命活动之需。

(2)成酯反应

糖分子中的羟基能与无机酸或有机酸反应生成酯。在生物体内常见的糖酯为糖的磷酸酯，其中，最重要的是 1-磷酸葡萄糖、6-磷酸葡萄糖、6-磷酸果糖和 1，6-二磷酸果糖等。

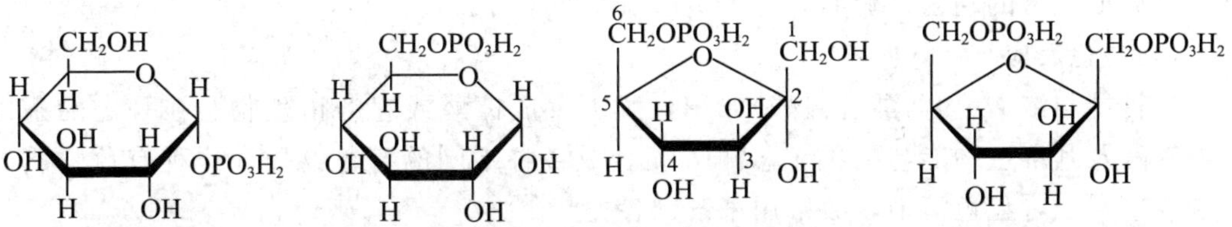

1-磷酸葡萄糖　　6-磷酸葡萄糖　　6-磷酸果糖　　1,6-二磷酸果糖

1-磷酸葡萄糖和6-磷酸葡萄糖是生物体内糖代谢的重要中间产物。农作物施磷肥的原因之一就是为农作物体内的糖的分解与合成提供生成磷酸葡萄糖所需要的磷酸。如果缺磷就会影响作物体内糖的代谢作用，作物不能正常生长。

果糖的两种磷酸酯也是机体内糖代谢的重要中间产物。

(3)成苷反应

糖分子中半缩醛羟基比其他醇羟基活泼，能与别的羟基化合物如醇、酚等发生反应。如：

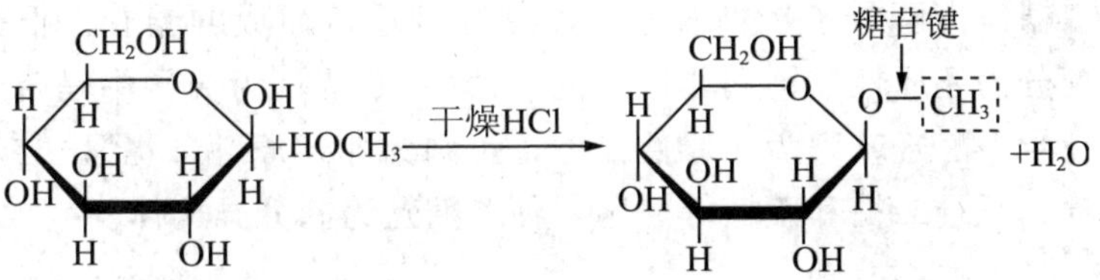

β-葡萄糖　　甲醇　　β-甲基葡萄糖苷

这种由糖的半缩醛羟基与其他羟基化合物脱水生成的化合物称为糖苷(氧糖苷)。这种生成糖苷的反应称为成苷反应。糖苷分子中糖部分称为糖基，非糖部分称为配基或非糖体，糖基与配基的连接键“C—O—C”称为糖苷键或苷键。

糖还可以和含氮碱基脱水形成糖苷，这种糖苷称为氮糖苷。核糖和脱氧核糖与含氮碱所形成的核苷是组成遗传物质核酸的成分，其中，糖基与配基的连接键“C—N—C”称为氮糖苷键。例如，核苷中腺嘌呤核苷的和脱氧核苷中的胞嘧啶脱氧核苷为：

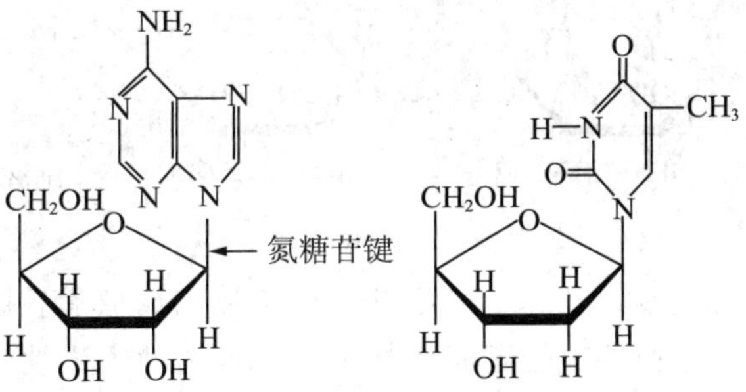

腺嘌呤核苷　　胞嘧啶脱氧核苷

糖苷类物质主要存在于植物体中，如花色素、某些药物(人参、大黄、苦杏仁等)都含有葡萄糖苷，这类苷水解后生成氢氰酸，故称之为生氰苷。临床上用杏仁、桃仁止咳去痰就是利用这一性质，但人畜误食含生氰苷较多的植物，如发芽的马铃薯、术

薯、高粱或玉米的幼苗、亚麻叶等会引起氢氰酸中毒。

(4)显色反应

单糖能与浓酸(如盐酸、硫酸)作用，脱水生成糠醛或它的衍生物。在一定的条件下，糠醛及其衍生物能与酚类、蒽酮等缩合成各种不同的有色物质。这种有色物质的生成反应灵敏，显色清晰，故常用来鉴别各类糖。

①莫立许反应：在糖的水溶液中加入 α-萘酚的乙醇溶液，然后，沿试管壁慢慢加入浓硫酸，不得振摇，密度比较大的浓硫酸沉到管底。在浓硫酸与溶液的交界面很快出现美丽的紫色环。这就是莫立许反应。所有的糖(单糖、低聚糖及多糖)都有这种颜色反应。这是鉴别糖类物质的方法。

②塞利凡诺夫反应：在酮糖(如果糖或蔗糖)的溶液中，加入塞利凡诺夫试剂(间苯二酚的盐酸溶液)，加热，很快出现鲜红色，这就是塞利凡诺夫反应。在同样的条件下醛糖看不到红色。用此反应可鉴别酮糖和醛糖。

7.1.4 二糖

二糖又称双糖。由两分子单糖脱水，以糖苷键连接而成的糖苷。根据是否具有还原性，可将二糖分为还原性二糖和非还原性二糖(判断依据为分子中是否还存在半缩醛羟基，如果存在半缩醛羟基则为还原性二糖，否则为非还原性二糖)。与生活密切相关的二糖有麦芽糖、纤维二糖和蔗糖等。这三种二糖互为同分异构体。

1. 麦芽糖

麦芽糖存在于发芽的种子中，特别在麦芽中的含量最多。淀粉在淀粉酶的作用下，可以水解产生麦芽糖。

$$淀粉 + H_2O \xrightarrow{淀粉酶} n\,麦芽糖$$

麦芽糖分子是由一分子 α-葡萄糖 C_1 上的半缩醛羟基与另一分子 α-葡萄糖 C_4 上的羟基脱水后通过糖苷键连接而成的二糖。这种糖苷键称为 α-1，4-糖苷键。麦芽糖的结构式如下：

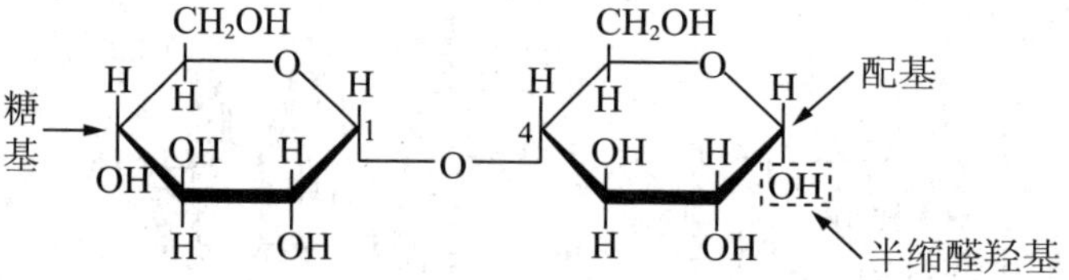

α-1，4-糖苷键

麦芽糖是无色晶体，易溶于水，有甜味，但不如葡萄糖甜。由于分子中仍有一个半缩醛羟基，所以具有还原性，能还原费林试剂，是一种还原性二糖。麦芽糖在稀酸或麦芽糖酶的作用下，可被水解为葡萄糖。

$$C_{12}H_{22}O_{11} + H_2O \xrightarrow{麦芽糖酶} 2C_6H_{12}O_6$$

麦芽糖是饴糖的主要成分，饴糖是麦芽糖和糊精的混合物。麦芽糖是制作糖果食品的原料。

2. 纤维二糖

纤维二糖是由两分子 β-葡萄糖脱去一分子水所形成的二糖，是组成纤维素的基本构件物。其结构如下：

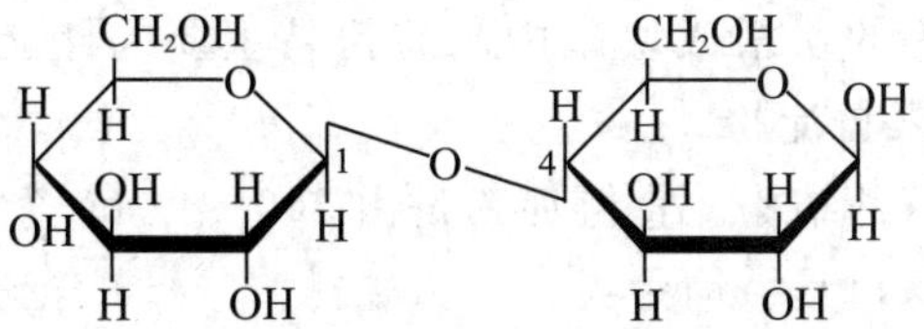

纤维二糖(β-1，4-糖苷键)

纤维二糖为还原糖，能与费林试剂反应生成砖红色 Cu_2O 沉淀，水解后生成两分子葡萄糖。

3. 蔗糖

蔗糖广泛存在于植物的根、茎、叶、花、种子和果实中，是自然界分布最广的二糖。例如，甘蔗中含蔗糖 11%～17%，甜菜块根中含有 14%～20%。日常食用的红糖、白糖和冰糖都是不同形式的蔗糖。蔗糖是无色晶体，易溶于水，甜度仅次于果糖。

蔗糖分子是由一分子 α-葡萄糖 C_1 上的半缩醛羟基与一分子 β-果糖 C_2 上的半缩醛羟基脱水，以 α，β-1，2-糖苷键连接而成的二糖。

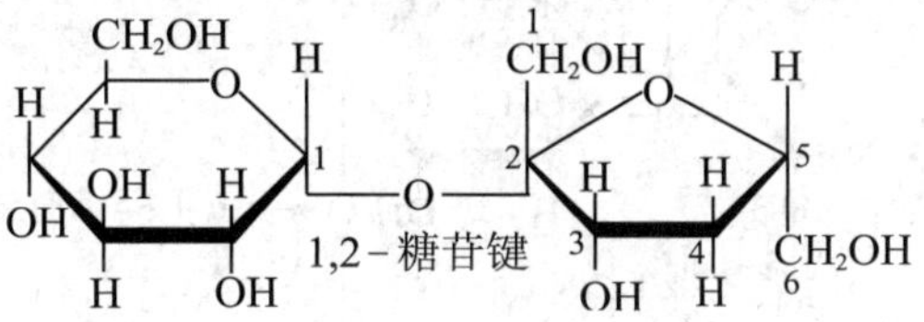

蔗糖

蔗糖分子由于不存在半缩醛羟基，不能还原费林试剂，因此没有还原性，是一种非还原性二糖。蔗糖在酸或酶的催化下水解，生成葡萄糖和果糖的混合物。这种混合物称为转化糖。因转化糖中含有果糖，故比蔗糖甜。蜂蜜的味甜就是由于其中含有转化糖。

蔗糖是植物光合作用的重要产物，是植物体内糖类储藏、积累的主要形式，也是植物体内糖的主要运输形式。

7.1.5 多糖

多糖是由许多个单糖通过糖苷键相互连接而成的、相对分子质量较大的高分子化合物，其水解的最终产物是单糖。多糖广泛存在于自然界中，如构成植物骨架的纤维素，植物储藏的养分淀粉，动物体内储藏的养分糖原，以及昆虫的甲壳、植物的黏液和树胶等很多物质，都是由多糖组成的。多糖在性质上与单糖和低聚糖有较大的不同。多糖不具有甜味，多数也不溶于水。有些多糖分子的末端虽存在半缩醛羟基，但因其相对分子质量很大，使得半缩醛羟基表现不出还原性，所以多糖没有还原性，不能被弱氧化剂氧化。多糖主要有以下几种形式。

1. 淀粉

淀粉是由若干个葡萄糖之间相互以糖苷键结合而成的生物大分子化合物。主要存在于水稻、玉米、小麦、大麦等粮食作物和豌豆、蚕豆、绿豆等豆类作物的种子及薯类作物(甘薯、马铃薯)等的块根或块茎中。淀粉是主要的储能物质和营养物质，正常人所需能量的70%左右来自淀粉。

淀粉有直链和支链两种结构。直链淀粉是由300～1 000个α-葡萄糖以α-1，4-糖苷键缩合而成的链状化合物，其结构为：

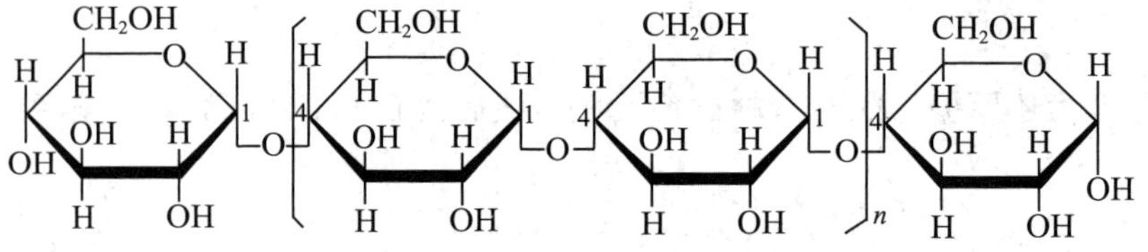

直链淀粉结构

支链淀粉由600～6 000个或更多的α-葡萄糖分子脱水以糖苷键缩合而成，直链上的葡萄糖残基，即不完整的葡萄糖单位之间以α-1，4-糖苷键相连；在分支点上则以α-1，6-糖苷键相连，其结构如图7-2所示。

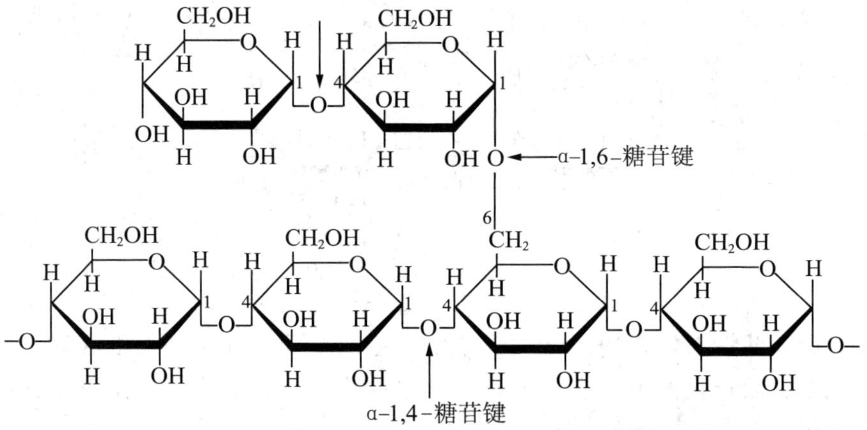

图7-2 支链淀粉的结构

直链淀粉溶于热水形成胶体溶液，无甜味，遇碘显深蓝色，没有还原性；支链淀粉不溶于水，与水共热时，膨胀成糊状，没有还原性，与碘作用呈紫红色。淀粉在酸或淀粉酶的作用下逐步水解生成麦芽糖，麦芽糖不能被淀粉酶水解，但可在酸或麦芽糖酶的催化下水解生成葡萄糖。其水解过程如下：

淀粉⟶红糊精⟶无色糊精⟶麦芽糖⟶葡萄糖

遇碘 显蓝色 显红色 不变色

淀粉的水解具有重要的意义。种子发芽时，储藏的淀粉在酶的作用下水解为葡萄糖，供胚胎呼吸和生长的需要。在冬季低温条件下，植物体内淀粉水解加强，生成分子量较小的可溶性糖(冬季蔬菜变甜)，细胞中分子数目增多，浓度变大，从而导致细胞冰点下降(不易结冰)，增强植物对寒冷的适应性。人和多数动物血液中的葡萄糖也是由消化食物时淀粉水解生成的。

2. 纤维素

纤维素是植物界分布最广的一种多糖。它是植物细胞壁的主要成分，为植物体的支撑物质(属于结构多糖)。棉花含纤维素最高，可达98%，亚麻约含70%，木材含40%～50%，禾秆中含34%～36%。

纤维素分子由1 200～10 000个β-葡萄糖分子通过β-1，4-糖苷键脱水缩合而成，其结构如图7-3所示。

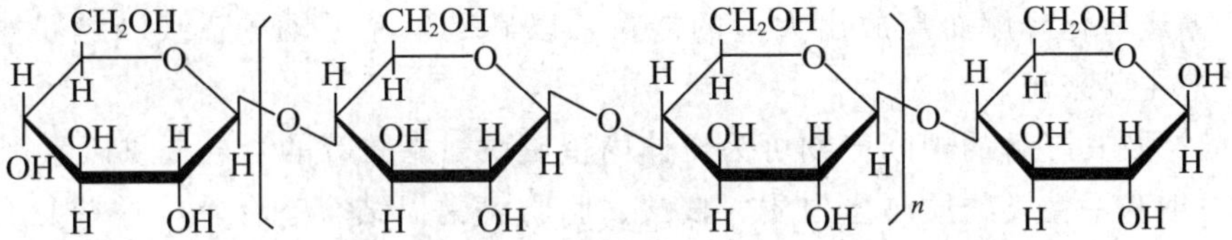

图7-3　纤维素的结构式

纤维素是白色纤维状固体，不溶于水和有机溶剂，但吸水膨胀，在酸或纤维素酶的作用下水解，最后生成β-葡萄糖。

人和大多数哺乳动物体内缺乏纤维素酶，不能消化纤维素。但是纤维素能刺激肠道蠕动，促进排便，减少胆固醇的吸收和肠道疾病。牛、羊等反刍动物瘤胃中的微生物能分泌出纤维素酶，可使纤维素水解成葡萄糖，再经发酵转化为乙酸、丙酸、丁酸等低级脂肪酸，被肠道吸收利用。土壤中也存在某些微生物，它能把枯枝败叶分解为腐殖质，增强土壤的肥力，有利于植物的生长和发育。

3. 糖原

糖原又叫动物淀粉，是动物体内的储藏性多糖。存在于肝中的叫肝糖原，存在于肌肉中的叫肌糖原。糖原由6 000～24 000个葡萄糖组成，分子结构与支链淀粉相似，但分支程度大，支链短。糖原是白色粉末，易溶于热水形成胶体溶液，遇碘呈紫红色，无还原性，在酸或酶的作用下，水解为葡萄糖。

糖原是动物体内能量的重要来源。血液中的葡萄糖(血糖)在酶的作用下，氧化分解释放能量，供生命活动之需。血糖降低后，肝糖原会降解加以补充；进食后，血糖增加，血糖又可合成为糖原储藏起来。

4. 果胶质

果胶质是植物细胞壁的成分之一，存在于相邻细胞之间的中胶层中，使细胞黏合在一起。果胶质在植物的果实、种子、根、茎和叶里都有分布，以水果及蔬菜含量较多。

根据植物的不同成熟过程，果胶质一般有原果胶、可溶性果胶及果胶酸三种形态。

(1)原果胶：存在于未成熟的水果和植物的茎、叶中，与纤维素结合成不溶于水的大分子化合物而使细胞黏合，未成熟的水果较坚硬就与此有关。随着水果的成熟，原果胶在果胶酶作用下转变成可溶性果胶。水果将由硬变软。

(2)可溶性果胶：其主要成分是半乳糖醛酸甲醋及少量半乳糖醛酸通过 α-1，4-糖苷键连接而成的长链大分子化合物，可溶于水，完全水解后生成半乳糖醛酸等。

(3)果胶酸：植物(如水果)由成熟向过成熟转化时，在果胶酯酶的作用下，可溶性果胶中的甲基酯的酯键水解生成具有游离羧基的果胶酸，果胶酸无黏性，稍溶于水。植物落叶、落花、落果、落铃是由于中胶层细胞间的原果胶转变为可溶性果胶，进而转变为小分子糖，使细胞之间分离，即产生离层而引起的。

7.1.6 糖的生物学功能

(1)糖类是主要的生物能源。糖是植物光合作用的主要产物，是植物体内化学能的储藏库。糖经氧化降解而释放出大量的能量，以满足生命活动的需要。糖是生物体获取能量的最主要来源。

(2)糖类及其降解的中间产物可为机体内蛋白质、脂肪等的合成提供碳素来源。

(3)在细胞中糖类物质与蛋白质、核酸、脂肪等常以结合态存在，这些复合分子具有许多特异而重要的生物学功能。

(4)糖类还是生物体的重要组成成分，起着保护生物体的支持作用。如高等植物细胞的细胞壁主要成分是纤维素。

(5)糖对植物的抗旱、抗寒能力有积极作用。当干旱或低温时，植物体内游离糖的含量明显增加，细胞液内溶解物浓度的增加，使蒸气压下降，减少了水分的蒸发；使冰点降低，增强了植物的抗寒能力和根系吸收能力。

7.2 油脂

油脂属于脂的一种。脂是一类不溶于水而易溶于有机溶剂的生物分子。脂包括油脂、磷脂、糖脂、蜡和甾醇等。

7.2.1 油脂的组成、结构

油脂是油和脂肪的总称，在常温下为液体的叫作油，如豆油、花生油；在常温下是固态或来源于动物的油脂叫作脂肪，如牛油、猪油。油脂不论来源和状态，它们的水解产物都有甘油和高级脂肪酸。

在化学组成上，油脂的主要成分是甘油(丙三醇)和高级脂肪酸脱水形成的酯，又称三脂酰甘油或甘油三酯。其结构通式为：

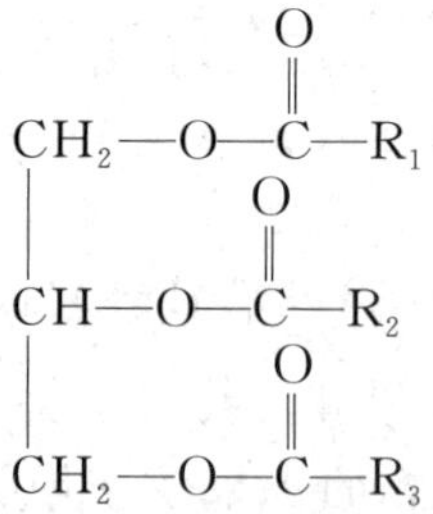

结构式中的 R_1、R_2、R_3 代表高级脂肪酸的烃基(R_1、R_2、R_3 可以相同，也可以不

相同)，$-\overset{\overset{\displaystyle O}{\|}}{C}-O-$ 称为酯键。组成油脂的高级脂肪酸种类很多，其中，绝大多数是含有偶数碳原子的饱和或不饱和的直链高级脂肪酸。油脂中常见的脂肪酸如表7-1所示。

表7-1 油脂中常见的脂肪酸

俗 名	化学名称	简 式	分 布
软脂酸	十六酸	$CH_3(CH_2)_{14}COOH$	动、植物油脂
硬脂酸	十八酸	$CH_3(CH_2)_{16}COOH$	动、植物油脂
油酸	9-十八碳烯酸	$CH_3(CH_2)_7CH=CH(CH_2)_7COOH$	动、植物油脂
亚油酸*	9，12-十八碳二烯酸	$CH_3(CH_2)_3(CH_2CH=CH)_2(CH_2)_7COOH$	植物油
亚麻酸*	9，12，15-十八碳三烯酸	$CH_3(CH_2CH=CH)_3(CH_2)_7COOH$	亚麻仁油
桐油酸	9，11，13-十八碳三烯酸	$CH_3(CH_2)_3(CH=CH)_3(CH_2)_7COOH$	桐油
花生油酸	5，8，11，14-二十碳四烯酸	$CH_3(CH_2)_3(CH_2CH=CH)_4(CH_2)_3COOH$	卵磷脂
芥酸	13-二十二碳烯酸	$CH_3(CH_2)_7CH=CH(CH_2)_{11}COOH$	菜油

注："*"为必需脂肪酸(人体代谢需要而自身又不能合成的脂肪酸)。

在饱和脂肪酸中，最普遍的是软脂酸(十六碳酸)和硬脂酸(十八碳酸)；在不饱和脂肪酸中，最普遍的是油酸(9-十八碳烯酸)。亚油酸和亚麻酸是哺乳动物自身不能合成的，必须从食物中摄取，所以称为必需脂肪酸。

油脂是生物体内重要的供能物质和储藏物质。植物体内油脂主要存在于种子、果实、胚胎等器官中。特别是油料作物的种子中含油脂丰富，高者可达50%以上。许多野生植物都含有较丰富的油脂，是人类利用野生植物的宝贵资源。常见的某些植物组织中粗脂肪含量如表7-2所示。

表7-2 某些植物组织中粗脂肪含量(质量组成)

植物名称	组织	粗脂肪含量/%	植物名称	组织	粗脂肪含量/%
甜菜	根	7.0	蓖麻	种子	60
椴树	茎	2.3	向日葵	种子	50
薄荷	叶	5.0	油菜	种子	45
橄榄	果实	50	大豆	种子	25
芝麻	种子	65			

7.2.2 油脂的性质

纯净的油脂无色无味，天然状态下的油脂因混有某些杂质而带有黄褐色，具有脂香味。油脂不溶于水，易溶于乙醚、苯、汽油、丙酮和四氯化碳等有机溶剂。天然状态的油脂无固定的熔沸点，但有一定的熔点范围，如花生油为28～32℃，牛油为42～49℃，猪油为36～46℃。

油脂的化学性质是由油脂分子中的酯键和烃基来决定的。

1. 油脂的水解与皂化

油脂属于酯类，故能发生水解反应。油脂在酸或酶的作用下，可水解成甘油和高级脂肪酸。

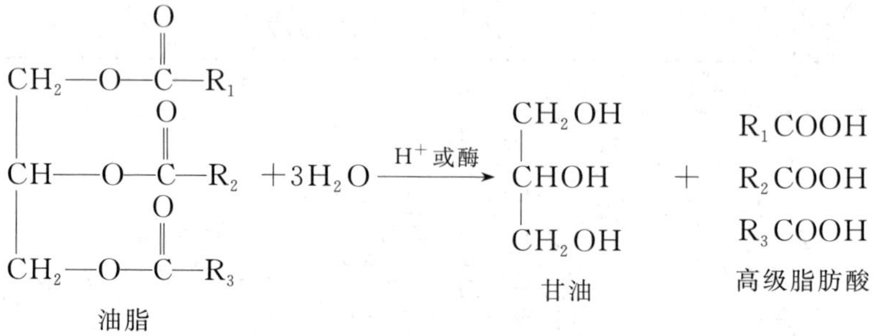

油料作物种子萌发时，储藏在种子内的油脂，在脂肪酶的作用下，水解成甘油和脂肪酸，然后分别氧化供能，或进一步发生代谢转变。

油脂的水解是一个可逆反应。但在碱性条件下，可以彻底发生水解，其产物是甘油和高级脂肪酸盐。高级脂肪酸盐是肥皂的主要成分，故油脂在碱性条件下的水解又称为皂化反应。工业上利用皂化反应来制取肥皂。

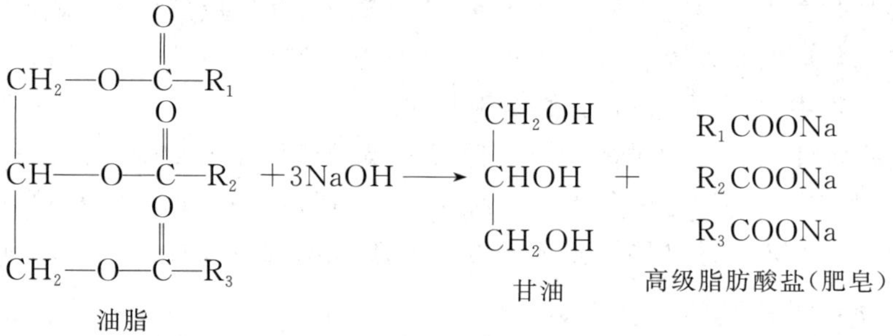

2. 油脂的加成与硬化

不饱和高级脂肪酸中含有双键，故油脂可发生加成反应。例如：

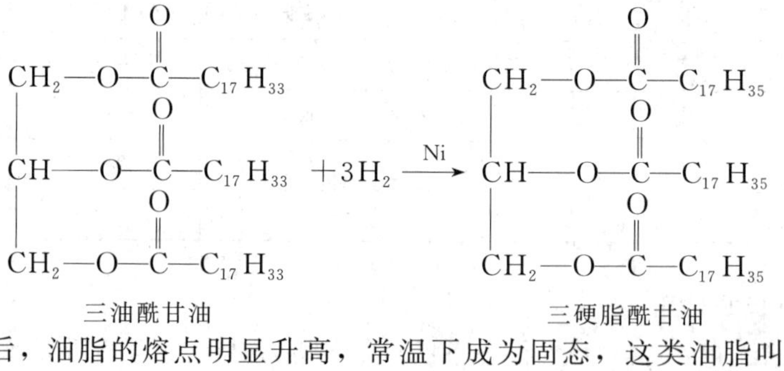

加成反应后，油脂的熔点明显升高，常温下成为固态，这类油脂叫硬化油。油脂与氢气发生加成反应而使熔点升高的现象叫油脂的硬化。油脂的硬化拓宽了工业的原料，也便于运输。许多人类不能食用的植物油，可以通过硬化后来制取肥皂，食用油可以通过硬化来制造人造奶油等。

油脂的不饱和程度是油脂营养价值的一个重要指标。目前发现在深水鱼体内，含有较丰富的多烯不饱和脂肪酸(二十碳五烯酸和二十二碳六烯酸等)，对人类健康十分有益。

3. 油脂的酸败

油脂在空气中放置过久，由于受到光照、氧气、水分或霉菌的作用发生水解、氧化等反应，生成一些羧酸、醛、酮等带刺激性气味的物质，使油脂变质，这一过程称为油脂的酸败。油脂酸败不仅影响食用，还会使一些脂溶性维生素破坏，营养价值降低，而且会对人体有毒害作用。种子若储藏不妥，其中的油脂酸败可导致种子发芽力丧失。

为减少油脂酸败，储藏油脂应在阴凉、避光、干燥和密封条件下，也可加入少量维生素 E 等抗氧化剂来增进油脂的抗氧化性，以防止酸败而变质。

7.2.3 脂肪的生物学功能

(1)脂肪是动物体内最好的储能形式，氧化 1 g 油脂可释放 39.5 kJ 的能量，比同量的糖和蛋白质所释放能量的总和还要多一些。

(2)脂肪对生物体具有保护作用，可以防止内脏和肌肉受伤，并且有保持体温的作用。

(3)脂肪协助脂溶性维生素吸收，有利于类固醇激素的合成。

(4)脂肪可以为动植物体内的生物合成提供“碳”素。

7.2.4 其他脂质

除油脂外，脂质还包括油脂、磷脂、糖脂、蜡和甾醇等，它们在生物体内具有非常重要的生理作用。

1. 磷脂

磷脂是构成生物膜的主要物质，也是构成动物神经组织的重要物质。广泛存在于生物体中，尤以动物脑、肝、蛋黄及植物种子中含量最多。

磷脂是由甘油、高级脂肪酸、磷酸和含氮碱构成的酯。磷脂中最重要的是卵磷脂和脑磷脂。其分子结构分别为：

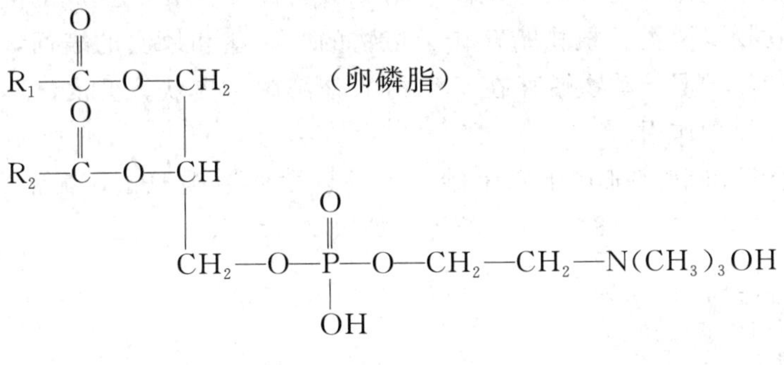

(卵磷脂)

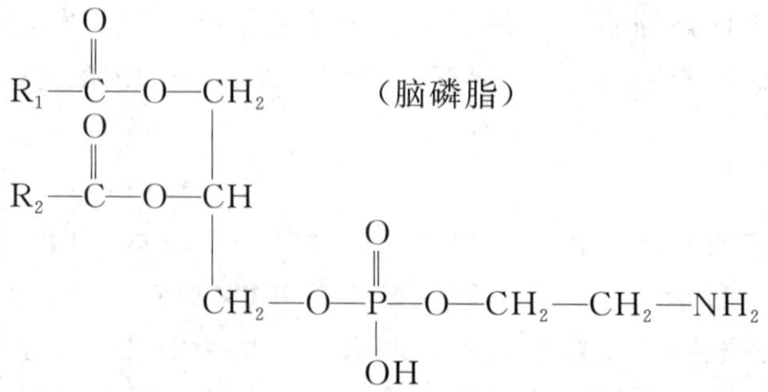

（脑磷脂）

磷脂分子中含有碱性基团（含氮碱）和酸性基团（磷酸），故磷脂具有两性性质和缓冲作用。同时，整个分子又是由亲水基团（磷酸、含氮碱部分）和疏水基团（—R 烷基）构成，因而磷脂又具有良好的乳化作用，在生物体内可使油脂乳化，有助于油脂的消化、吸收和运输。研究表明，卵磷脂对防止肝硬化、动脉粥样硬化、大脑功能缺陷及记忆障碍等多种疾病有效。

磷脂可溶于水及某些有机溶剂，但不溶于丙酮。借此，可把它和其他脂类分开。磷脂分子中都含有酯键，可发生水解反应。如果磷脂分子中含有不饱和脂肪酸，则也可发生加成反应和氧化反应等。

2．糖脂

糖脂是指含有糖成分的脂类。各种糖脂所含的脂肪酸和糖类各不相同。糖脂中最重要的脑苷脂是最简单的中性糖脂，主要存在于脑和神经组织中。

糖脂是白色蜡状物，溶于热乙醇、丙酮和苯中，难溶于乙醚。糖脂是细胞表面的重要成分，红细胞表面的糖脂使血液具有不同的血型。现在已经用 α-半乳糖苷酶处理 B 型血使其转变为 O 型血获得成功。

磷脂、糖脂和蛋白质是组成生物膜的重要成分。生物膜不仅是细胞结构的组织形式，而且也是生命活动的主要基础结构，许多基本生命过程如能量转换、物质运输、信息传递与识别等都与生物膜有关。

3．蜡

蜡广泛存在于动、植物界，它是高级脂肪酸与高级一元醇生成的酯。蜡按其来源分为植物蜡和动物蜡两类。植物蜡存在于植物的叶、茎和果实的表面，是防止细菌侵害和水分散失的保护层。动物蜡存在于动物的分泌腺、皮肤、毛皮、羽毛和昆虫外骨骼的表面，也起保护作用。

组成蜡的脂肪酸和醇都在十六个碳以上，且含偶数碳原子，最常见的是软脂酸、二十六酸、十六醇、二十六醇、三十醇等，如表 7-3 所示。

表 7-3　几种重要的蜡

名　　称	主要组分	来　　源
虫蜡	$C_{25}H_{51}COOC_{26}H_{53}$	白蜡虫
蜂蜡	$C_{15}H_{31}COOC_{30}H_{61}$	蜜蜂腹部
鲸蜡	$C_{15}H_{31}COOC_{16}H_{33}$	鲸鱼头部
巴西棕榈蜡	$C_{25}H_{51}COOC_{30}H_{61}$	巴西棕榈叶

白蜡又叫虫蜡，是寄生在女贞树上白蜡虫的分泌物。白蜡是我国的特产，主要产地是四川。羊毛脂是脂肪酸和羊毛甾醇形成的酯，它是羊毛上存在的油状物。由于它容易吸收水分，并有乳化作用，所以，常用于化妆品工业。

在常温下蜡为固态，比脂肪硬而脆，不溶于水，可溶于非极性有机溶剂，化学性质稳定。蜡在工业上用做纺织品的上光剂，是制造蜡纸、药膏基质、蜡烛、化妆品和药丸壳的原料。

由于植物及昆虫的体表有一层蜡，因此，施用农药时应选用脂溶性药剂。强碱性的松脂合剂对多种介壳虫、橘蚜、苹果红蜘蛛等的防治效果较好，其原因之一是它对蜡质有溶解腐蚀的作用，药液容易进入虫体。

7.3　蛋白质与氨基酸

蛋白质存在于一切的生物体中，是组成细胞的基础物质。动物的肌肉、皮肤、血液、毛发等都是由蛋白质构成的，约占动物细胞干重的一半。植物的各种器官也都含有蛋白质，特别是种子中含量较高，如黄豆、花生、小麦等种子中含蛋白质很高。蛋白质具有多种多样的生物学功能。例如，酶催化生物体内各种代谢反应的进行，血红蛋白运输氧气，肌肉的收缩运动。因此，生命活动都是通过蛋白质的活动来实现的。

7.3.1　氨基酸

蛋白质的种类繁多，人体内有 10 余万种不同的蛋白质。无论蛋白质的结构多么复杂，但是这些蛋白质水解的最终产物大都是氨基酸。可见，组成蛋白质的基本单位是氨基酸。组成蛋白质的氨基酸已知的约有 30 余种，其中常见的有 20 余种。

1. 氨基酸的结构和分类

羧酸分子中烃基上的氢原子被氨基取代后生成的化合物称为氨基酸。除个别氨基酸外，常见的组成蛋白质的 21 种氨基酸都是羧酸分子中 α-碳原子上的氢原子被氨基取代的化合物，因此，称之为 α-氨基酸。除脯氨酸外，其他氨基酸的结构通式为：

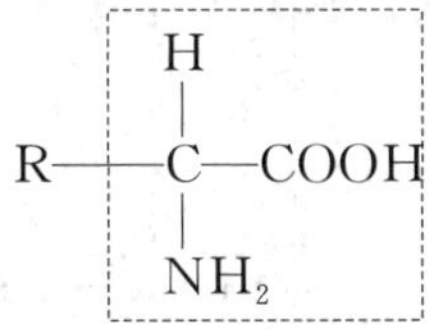

式中，R 代表侧链基团，方框内的基团为 α-氨基酸的共同结构，因此，各种氨基酸按其侧链基团 R 不同，可将氨基酸分为脂肪族氨基酸、芳香族氨基酸和杂环族氨基

酸三大类。

(1)脂肪族氨基酸

碳架结构为链状的氨基酸。该类又可分为一氨基一羧基酸、一氨基二羧基酸、二氨基一羧基酸、含硫氨基酸和酰胺型氨基酸等。

(2)芳香族氨基酸

分子中含有苯环的氨基酸,如苯丙氨酸等。

(3)杂环族氨基酸

分子中含有杂环结构的氨基酸,如色氨酸等。

天然氨基酸的命名可以按系统命名法,以羧酸为母体,以氨基为取代基而命名。但通常用习惯名称,如甘氨酸因具有甜味而得名,胱氨酸因从膀胱结石中分离而得名,天门冬氨酸最初是从天门冬植物幼苗中分离而得名的。

在表 7-4 中用“※”号标出的八种氨基酸为动物体内自身不能合成而必须从食物中摄取的氨基酸,这些氨基酸称为必需氨基酸。人和哺乳动物的必需氨基酸有:赖氨酸、色氨酸、苯丙氨酸、缬氨酸、甲硫氨酸、苏氨酸、亮氨酸、异亮氨酸等八种。精氨酸和组氨酸在动物体内虽能合成,但合成量不能满足正常生长的需要,所以称为半必需氨基酸。在食品营养学中,常把蛋白质中所需氨基酸的数量和比例作为评价蛋白质食品质量的标准。

表 7-4　组成蛋白质的氨基酸

分类		俗名	简称	缩写	结构式	等电点
脂肪族氨基酸	一氨基一羧基氨基酸	甘氨酸	甘	Cly	CH_2—COOH | NH_2	5.97
		丙氨酸	丙	Ala	CH_3—CH—COOH 　　　| 　　　NH_2	6.00
		※缬氨酸	缬	Val	CH_3—CH—CH—COOH 　　　|　　| 　　　CH_3 NH_2	5.96
		※亮氨酸	亮	Leu	CH_3—CH—CH_2—CH—COOH 　　　|　　　　| 　　　CH_3　　　NH_2	5.98
		※异亮氨酸	异亮	Ile	CH_3—CH_2—CH—CH—COOH 　　　　　　|　　| 　　　　　　CH_3 NH_2	6.02
		丝氨酸	丝	Ser	CH_2—CH—COOH |　　| OH　NH_2	5.68
		※苏氨酸	苏	Thr	CH_3—CH—CH—COOH 　　　|　　| 　　　OH　NH_2	6.18
	一氨基二羧基氨基酸	天门冬氨酸	天冬	Asp	HOOC—CH_2—CH—COOH 　　　　　　　| 　　　　　　　NH_2	2.77
		谷氨酸	谷	Glu	HOOC—CH_2—CH_2—CH—COOH 　　　　　　　　　　| 　　　　　　　　　　NH_2	3.22

续表

分类		俗名	简称	缩写	结构式	等电点
脂肪族氨基酸	二氨基一羧基氨基酸	※赖氨酸	赖	Lys	$H_2N—(CH_2)_4—CH(NH_2)—COOH$	9.74
		精氨酸	精	Arg	$H_2N—C(=NH)—NH—(CH_2)_3—CH(NH_2)—COOH$	10.76
	含硫氨基酸	※蛋氨酸	蛋	Met	$CH_3—S—CH_2—CH_2—CH(NH_2)—COOH$	5.74
		半胱氨酸	半胱	Csy	$CH_2(SH)—CH(NH_2)—COOH$	5.07
	含硒氨基酸	硒代半胱氨酸	硒		$HSe—CH_2—CH(NH_2)—COOH$	
	酰胺氨基酸	天冬酰胺	天酰	Asn	$H_2N—C(=O)—CH_2—CH(NH_2)—COOH$	5.41
		谷胺酰胺	谷酰	Gln	$H_2N—C(=O)—CH_2—CH_2—CH(NH_2)—COOH$	5.65
芳香族氨基酸		※苯丙氨酸	苯丙	pHe	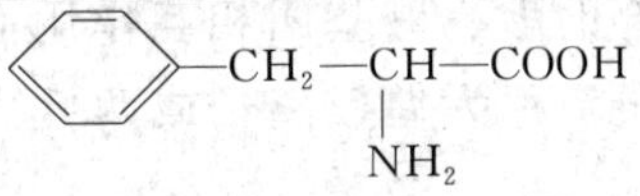	5.48
		酪氨酸	酪	Tyr	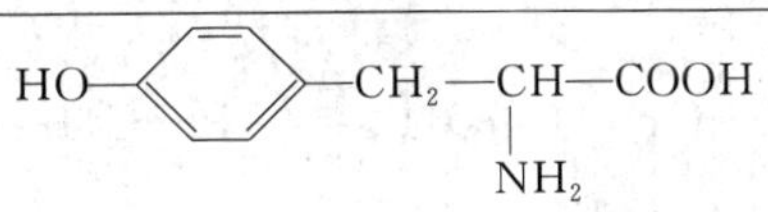	5.66
杂环族氨基酸		组氨酸	组	His	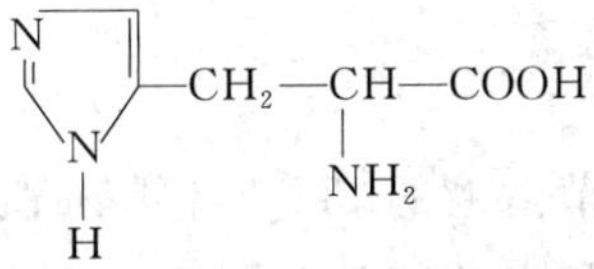	7.59
		※色氨酸	色	Trp	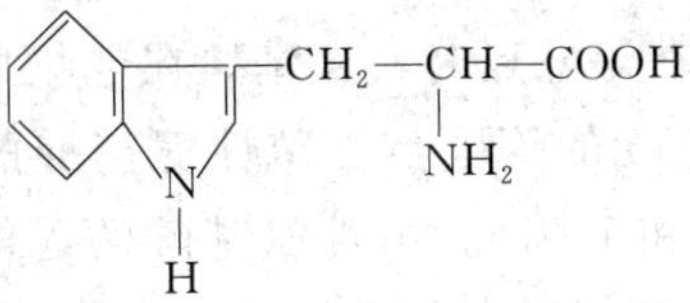	5.89
		脯氨酸	脯	Pro	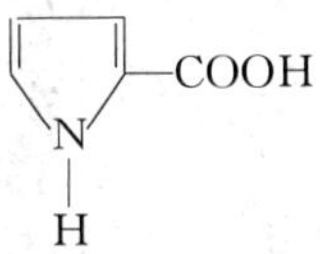	6.30

在蛋白质组成中，除了上述 21 种常见的氨基酸外，从少数蛋白质中还分离出一些稀有氨基酸，它们都是相应的常见氨基酸的衍生物。此外，还有一些氨基酸不参与蛋

白质的组成，而是以游离状态存在于生物体内，如鸟氨酸、瓜氨酸等。

2. 氨基酸的性质

(1)氨基酸的物理性质

氨基酸为无色晶体，能溶于水、稀酸或稀碱中，大多数难溶于有机溶剂。有些氨基酸有鲜味，如味精是谷氨酸的钠盐；有些有甜味；有些无味或有苦味。

(2)氨基酸的主要化学性质

①两性性质：氨基酸分子中含有氨基和羧基，因此具有碱或酸的双重性质。可与酸或碱反应生成盐。

$$\underset{\displaystyle NH_2}{R-\underset{|}{CH}-COOH} + NaOH \longrightarrow \underset{\displaystyle NH_2}{R-\underset{|}{CH}-COONa} + H_2O$$

$$\underset{\displaystyle NH_2}{R-\underset{|}{CH}-COOH} + HCl \longrightarrow \underset{\displaystyle NH_3^+Cl^-}{R-\underset{|}{CH}-COOH}$$

在同一分子中，氨基与羧基相互作用生成内盐。

$$\underset{\displaystyle NH_2}{R-\underset{|}{CH}-COOH} \rightleftharpoons \underset{\displaystyle NH_3^+}{R-\underset{|}{CH}-COO^-} \text{（内盐）}$$

这种由分子内部的酸、碱基团相互作用而形成的盐称为内盐。内盐是具有正、负两种电荷的双重离子，称为偶极离子或两性离子。在不同的酸碱溶液中，氨基酸离子转变的反应式如下：

$$\underset{\substack{\displaystyle NH_3^+ \\ \text{阳离子} \\ pH<pI}}{R-\underset{|}{CH}-COOH} \underset{OH^-}{\overset{H^+}{\rightleftharpoons}} \underset{\substack{\displaystyle NH_3^+ \\ \text{两性离子} \\ pH=pI}}{R-\underset{|}{CH}-COO^-} \underset{H^+}{\overset{OH^-}{\rightleftharpoons}} \underset{\substack{\displaystyle NH_2 \\ \text{阴离子} \\ pH>pI}}{R-\underset{|}{CH}-COO^-}$$

由上式可见，调节溶液的 pH，可使氨基酸具有不同的带电形式。调节溶液的 pH，使氨基酸所带的正、负电荷相等，即净电荷为零时溶液的 pH 称为该氨基酸的等电点，以符号 pI 表示。在等电点时，氨基酸在电场中既不向正极移动，也不向负极移动。不同的氨基酸具有不同的等电点。碱性氨基酸的等电点较大，如赖氨酸、精氨酸等的等电点分别为 9.74 和 10.76；酸性氨基酸的等电点较小，如天门冬氨酸、谷氨酸的等电点分别为 2.77 和 3.22。大多数氨基酸的等电点为 6 左右(见表 11-4)。在等电点时，氨基酸的溶解度最小，容易沉淀析出。

②与茚三酮反应：α-氨基酸(除脯氨酸外)与水合茚三酮溶液共热，生成蓝紫色化合物。

绝大多数氨基酸与茚三酮反应生成蓝紫色化合物，只有脯氨酸、羟脯氨酸等显黄色。此反应非常灵敏，常用做氨基酸纸层析和比色分析的显色剂，来定性和定量地测定氨基酸。

具有特殊 R 基团的氨基酸，可以与某些试剂产生独特的颜色反应，如蛋白黄反应、米伦反应(Millon 反应)和乙醛酸反应等(如表 7-5 所示)。这些颜色反应可作为氨基酸、多肽和蛋白质的定性和定量分析基础。

表 7-5　鉴别具有特殊 R 基团氨基酸的颜色反应

反应名称	试　剂	颜　色	鉴别的氨基酸
蛋白黄反应	浓硝酸，再加碱	深黄色或橙红色	苯丙氨酸、酪氨酸、色氨酸
米伦反应(Millon 反应)	硝酸亚汞、硝酸汞和硝酸混合液	红色	酪氨酸
乙醛酸反应	乙醛酸和浓硫酸	两液层界面处呈紫红色环	色氨酸
亚硝酰铁氰化钠反应	亚硝酰铁氰化钠溶液	红色	半胱氨酸

③成肽反应：一个氨基酸的羧基可与另一个氨基酸的氨基脱水缩合所形成的化合物称为肽。

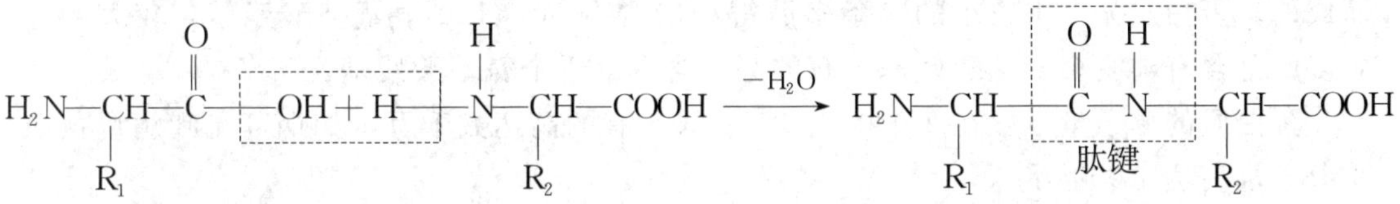

(二肽)

这种氨基酸分子之间的氨基与羧基脱水所形成的酰胺键称为肽键。由两个氨基酸缩合而成的肽称为二肽，由三个氨基酸缩合形成的肽则称为三肽，依此类推。由多个氨基酸缩合形成的肽称为多肽。多肽链的结构通式如下：

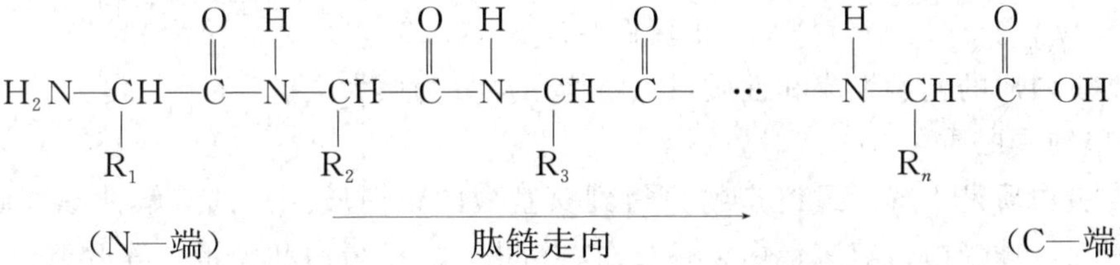

肽链中不完整的氨基酸分子称为氨基酸残基。肽链两端的氨基酸残基称为末端氨基酸。含有氨基末端的一端称为 N—端或氨基末端，习惯上写在肽链的左端。含有羧基的另一端称为 C—端或羧基末端，习惯上写在肽链的右端。

生物体内存在着多种游离的多肽，它们起着不同的生理作用。如催产素是九肽化合物；脑中脑啡肽为五肽，具有镇痛作用；普遍存在于细胞中的谷胱甘肽是三肽化合物，参与细胞的氧化还原过程。谷胱甘肽的结构式为：

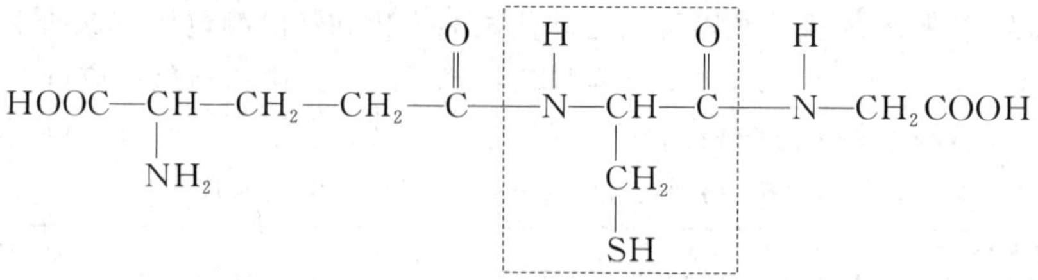

（谷氨酸残基）（半脱氨酸残基）（甘氨酸残基）

谷胱甘肽的结构

④脱氨基作用：在生物体内氨基酸在酶的催化下可以氧化脱氨基、转氨基和联合脱氨基生成相应的α-酮酸，从而使氨基酸可以进入糖代谢。

7.3.2 蛋白质

1. 蛋白质的组成和分类

蛋白质是由一条或两条以上的多肽链构成的大分子化合物。如人的肌红蛋白分子是由一条含有153个氨基酸残基的多肽链构成的；血红蛋白分子是由四条多肽链聚合而成的。蛋白质分子中较小的一条多肽链一般含有50～100个氨基酸残基，较大的一条多肽链含有300个氨基酸残基，有的甚至含有上千个氨基酸残基。

蛋白质的分子量一般在5 000～1 000 000，有的高达数千万，如烟草花叶病毒蛋白质分子量高达4 000万。

蛋白质分子中主要含有碳、氢、氧、氮四种元素，多数蛋白质含有硫，有的含有磷、铁、锌、锰、铜和碘等元素。其中，氮的含量较恒定，平均为16%，即每100 g氮相当于100/16=6.25 g蛋白质。所以，6.25是蛋白质的换算系数。只要测定出样品的含氮量，再乘以该换算系数，便可求得蛋白质样品中粗蛋白的含量。

$$粗蛋白=N\%\times 6.25$$

根据蛋白质的化学组成和性质，可将蛋白质分为两大类。

(1)单纯蛋白质

单纯蛋白质是水解后最终产物只得到氨基酸的蛋白质。按其溶解性等性质，又可分为清蛋白、球蛋白、醇溶蛋白、谷蛋白、精蛋白、组蛋白和硬蛋白等七类。

(2)结合蛋白

结合蛋白是由单纯蛋白质与非蛋白质两部分结合而成的蛋白质。结合蛋白质水解的最终产物除氨基酸外，还有糖、脂质、核酸、磷酸和色素等。这些非蛋白质部分称为辅基。根据辅基的不同，结合蛋白又可分为糖蛋白(蛋白质与糖类结合)、脂蛋白(与脂质结合)、核蛋白(与核酸结合)、磷蛋白(与磷酸结合)和色蛋白(与色素结合)等五类。

2. 蛋白质的结构

蛋白质的分子结构很复杂。通过多年研究，现已确定蛋白质分子的结构可分为一级结构、二级结构、三级结构和四级结构等四个层次。其中，二、三、四级结构统称为空间结构，又称高级结构。

(1)蛋白质的一级结构

指蛋白质分子多肽链中，各种氨基酸残基的排列顺序。一级结构中氨基酸残基之间是以肽键连接的。它是蛋白质的基本结构，是形成空间结构的基础。由于氨基酸残基的数目和比例变化很大，排列顺序也千变万化，因此构成了自然界结构和功能各异的蛋白质。

(2)蛋白质的二级结构

蛋白质的二级结构是指蛋白质分子多肽链的主链骨架在空间盘旋曲折叠形成的方式。天然蛋白质一般均含有α-螺旋、β-折叠的结构，这些都是二级结构的内容。

①α-螺旋结构

α-螺旋结构是蛋白质主链的一种典型结构方式。绝大多数蛋白质分子中存在的α-螺旋是右手螺旋，如图7-4所示。其结构特点如下。

α-螺旋体中氨基酸残基侧链伸向外侧，相邻的螺旋之间形成氢键，氢键的取向几乎与中心轴平行。氢键是由氨基酸残基的N—H与前面相隔三个氨基酸残基的C═O形成的。α-螺旋体的结构允许所有肽键都能参与链内氢键的形成，因此，α-螺旋的结构是相当稳定的。氢键是维系α-螺旋的主要作用力。

蛋白质多肽链能否形成α-螺旋结构以及形成的螺旋体是否稳定，与它的氨基酸组成和序列直接有关。多肽链中若有脯氨酸出现，由于脯氨酸是亚氨基酸，N原子上没有H原子，则不能形成链内氢键，而阻断了α-螺旋，使多肽链发生转折。侧链R基团的大小、形状以及荷电状态对α-螺旋的形成及稳定均有影响。在酸性或碱性氨基酸集中的区域，由于同性相斥，不利于α-螺旋的形成。在较大的R基团(比如苯丙氨酸、色氨酸、异亮氨酸)集中的区域，由于空间位阻也会妨碍α-螺旋的形成。

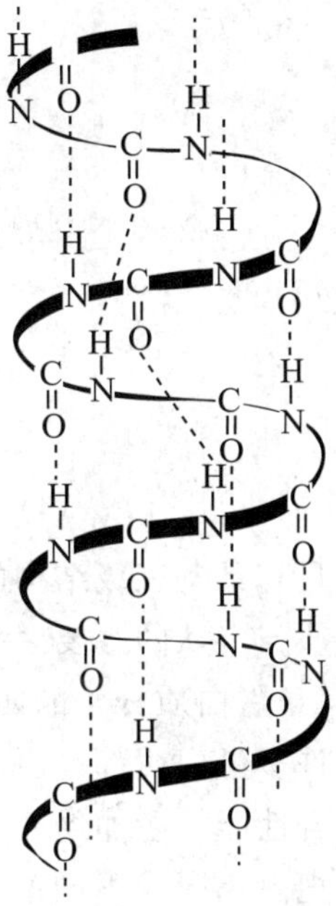

图7-4　α-螺旋结构示意图

②β-折叠结构

β-折叠是多肽主链的另一种有规律的结构单元，是主链骨架充分伸展的结构。这种结构一般由两条以上的肽链或一条肽链内的若干肽段共同参与形成，它们平行排列，并在两条肽链或一条肽链的两个肽段之间以氢键维系而成。为了在相邻的主链骨架之间能形成最多的氢键，避免相邻侧链R基团之间的空间阻碍，各条主链骨架须同时做一定程度的折叠，从而产生一个折叠片层，称为β-折叠。

在蛋白质分子中，可以同时存在上述的两种二级结构或以某种二级结构为主的结构形式。这取决于各种残基在形成二级结构时具有的不同倾向或能力，例如，谷氨酸、甲硫氨酸、丙氨酸残基最易形成α-螺旋；缬氨酸、异亮氨酸残基最有可能形成β-折叠。

(3)蛋白质分子的三级结构

蛋白质的三级结构是指多肽链在形成二级结构的基础上，相隔较远的氨基酸残基通过氢键、二硫键、酯键和盐键以及疏水交互作用(统称作副键)等分子内的相互作用而形成的卷曲状、折叠状或盘绕状的较复杂空间构象。蛋白质的三级结构使蛋白质分子能够较为紧凑地束缚在一起，形成一个不规则的近似球形的结构。不同蛋白质的三级结构不同。肌红蛋白的三级结构如图 7-5 所示。

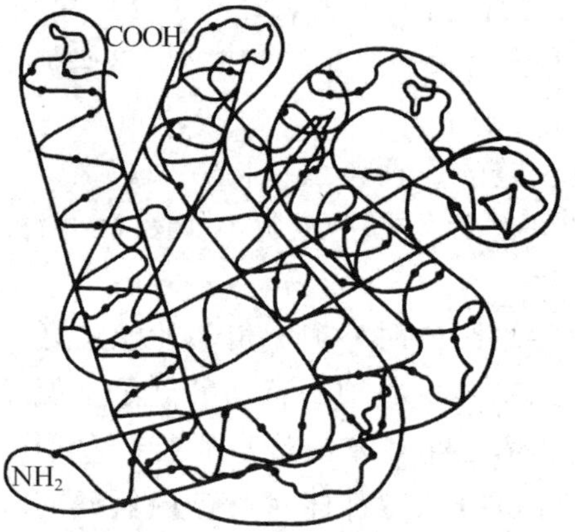

图 7-5　蛋白质三级结构示意图

只有具备三级结构的多肽链才能成为蛋白质，而简单多肽只具有一级结构，这是蛋白质与多肽的主要区别。

(4)蛋白质分子的四级结构

许多蛋白质都是由两条或多条相同或不相同的肽链构成。这些肽链之间具有可逆的缔合性能。参加缔合的最小单位称为亚基。生物功能较复杂的蛋白质都具有亚基。我们把由相同或不同的亚基互相缔合而形成的更复杂的结构称为蛋白质的四级结构，如图 7-6 所示。

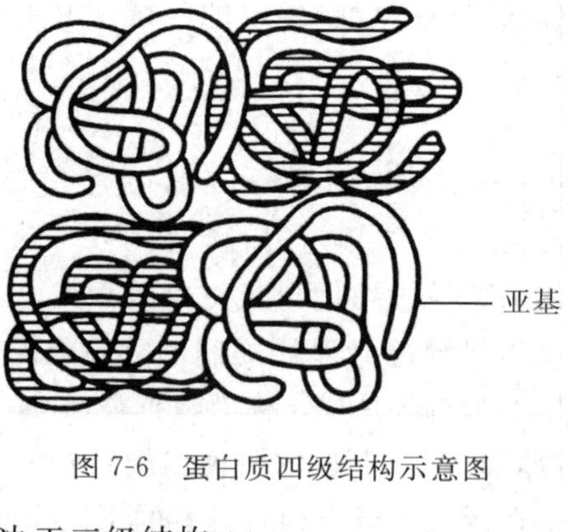

图 7-6　蛋白质四级结构示意图

蛋白质的四级结构取决于三级结构。

实验证明，每一种蛋白质分子都具有独特的、高度规律的空间结构。这种特定的空间结构决定了各种蛋白质特有的生物学功能和活性。如果空间结构发生了改变，蛋白质的理化性质就会改变，甚至失去生理活性。因此，蛋白质的空间结构与生命活动的关系极为密切。

3. 蛋白质的性质

(1)胶体性质

蛋白质是高分子物质，分子直径在$10^{-9}\sim10^{-7}$ m，故具有胶体特征，如布朗运动、丁达尔现象和电泳现象等。蛋白质是亲水胶体。成熟种子中的蛋白质呈凝胶状态，具有很强的吸水膨胀能力，这种能力保证了种子萌发时幼苗的顺利出土。

蛋白质分子不能透过半透膜，利用这一性质可进行蛋白质的透析，从而去除蛋白质溶液中低分子量的杂质，获得较为纯净的蛋白质。

(2)蛋白质的两性性质和等电点

蛋白质多肽链的两端分别具有自由的氨基和羧基；有些侧链上还有碱性或酸性基团。因此，蛋白质与氨基酸一样，具有两性性质和等电点，现以 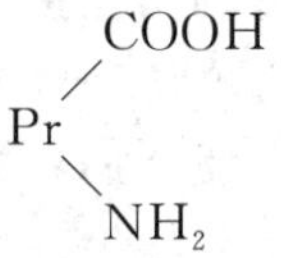 代表蛋白质分子式，它在水溶液中的离解过程如下：

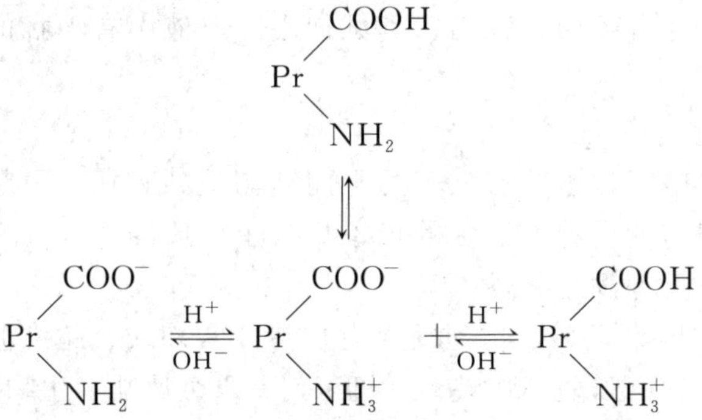

阴离子 两性离子 阳离子

pH>pI pH=pI pH<pI

调节溶液的pH，当蛋白质正负电荷相等，净电荷为零时溶液的pH称为该蛋白质的等电点(pI)。蛋白质在等电点时，分子间静电斥力减弱，相互碰撞后容易凝聚成较大的颗粒而沉淀析出。所以，在等电点时，蛋白质的溶解度最小。

蛋白质分子的酸性和碱性基团，对外来的碱和酸具有一定的缓冲能力，因此是活性细胞中重要的缓冲物质之一。

(3)蛋白质的沉淀

①盐析作用

向蛋白质溶液中加入硫酸铵、硫酸钠、氯化钠等可溶性盐时，蛋白质将从溶液中结晶析出，这种现象叫蛋白质的盐析。用盐析法得到的蛋白质仍保持生物活性并不变性，经过盐析后的蛋白质又能溶于水。因此，盐析法是一种有效的分离提纯蛋白质的方法。如在含有多种蛋白质的混合溶液中，用不同浓度的盐类进行盐析，可将各种蛋白质分别析出。

②有机溶剂沉淀蛋白质

在蛋白质溶液中加入乙醇、丙酮和甲醇等一些极性较大的有机溶剂时，由于这些有机溶剂与水的亲和力较大，能破坏蛋白质颗粒的水化膜而使蛋白质沉淀。有机溶剂沉淀蛋白质也是常用的分离蛋白质的方法之一，但使用有机溶剂时，如不注意用量，容易使蛋白质的生物活性丧失，一般常用浓度较低的有机溶剂在低温下操作，使蛋白质沉淀析出。产生的沉淀不宜在有机溶剂中放置过久，以防止蛋白质变性而失去活性。医用消毒酒精就是利用较高浓度(70%酒精)有机溶剂使蛋白质变性的原理杀灭病菌的。

③重金属盐沉淀蛋白质

在蛋白质中加入重金属盐时，重金属离子如 Ag^{+}、Hg^{2+}、Cu^{2+}、Pb^{2+} 等能与蛋白质生成不溶性盐而沉淀。

临床上利用生蛋清和牛奶作为重金属中毒的解毒剂，就是根据这个原理。

④生物碱试剂或酸类沉淀蛋白质

在蛋白质中加入某些生物碱试剂(如苦味酸、鞣酸、钨酸等)或某些酸类(如三氯乙酸、磺基水杨酸等)时，蛋白质生成沉淀析出。

使用这类试剂往往会引起蛋白质变性，因而不适宜用于制备具有生物活性的蛋白质。在临床检验和生化实验中，常用这类试剂去除血液中有干扰的蛋白质，还可用于尿中蛋白质的检验。

(4)蛋白质的变性和复性

在外界因素的影响下，蛋白质分子的空间结构受到破坏，引起蛋白质的某些理化性质改变，并失去原有的生物学活性的现象称为蛋白质的变性。变性蛋白质分子中的一级结构并未破坏，肽键没有断裂。

使蛋白质变性的因素很多。物理因素有加热、紫外线、超声波、强烈振荡及各种射线等；化学因素方面有强酸、强碱、有机溶剂、重金属盐、生物碱试剂等。

蛋白质变性后失去了结晶的能力，溶解度降低，出现结絮、凝固等现象。但是也有的变性后仍呈现溶解状态。变性一般是不可逆的。

如果去除变性因素，也有某些蛋白质仍可恢复或部分恢复其原有的构象和功能，这一过程称为蛋白质的复性。例如，核糖核酸酶用尿素和β-巯基乙醇处理后，其分子内部的空间结构被破坏，变成变性蛋白质，从而失去催化功能；经过透析法去除尿素和β-巯基乙醇后，分子内部的空间结构能自动恢复，酶的活性也随之恢复。

蛋白质的变性作用有许多实际的应用，如农业上用福尔马林、波尔多液防治病害。酒精消毒、高温、高压或紫外线照射进行消毒灭菌等。反之，在保存酶、疫苗等制品和农作物种子时，要注意保存在低温、干燥、避光等环境中，以避免变性因素的影响。

(5)蛋白质的水解

在酸、碱或酶的催化下，蛋白质分子中的肽键加水分解而断裂，最后生成各种氨基酸的过程称为蛋白质的水解。

在温和条件下，蛋白质的水解是逐步进行的，可以得到一系列中间产物。比较重要的中间产物是蛋白胨。它是一种分子量比蛋白质小得多的多肽，可溶于水，遇热不凝固。常用做配制微生物的培养基。

$$蛋白质\longrightarrow 胨\longrightarrow 多肽\longrightarrow 二肽\longrightarrow \alpha\text{-}氨基酸$$

(6)颜色反应

蛋白质与一些试剂作用，呈现出各种不同的颜色。因此常被用于定性和定量地测定蛋白质的含量。

①二缩脲反应

蛋白质分子中含有多个肽键，可在碱性溶液中与硫酸铜发生二缩脲反应，生成紫红色化合物，肽键数目越多，颜色越深，常利用此法定量地测定蛋白质的含量。

②黄蛋白反应

蛋白质在浓硝酸作用下生成白色沉淀，加热后沉淀变为黄色，再加碱中和后转变为橙色。皮肤、指甲和毛发遇浓硝酸后变为黄色，就是这个原因。

蛋白质也可以和氨基酸一样发生茚三酮反应、米伦反应和亚硝酰铁氰化钠反应。

4. 蛋白质的生物学功能

蛋白质是各种生物细胞中最重要的有机物质，是一切生命活动所依赖的物质基础，具有极其重要的生理功能，具体表现如下。

(1)催化功能

酶属于蛋白质，酶又是生物催化剂，是机体代谢的分子工具。

(2)结构功能

蛋白质构成动植物机体的组织和细胞如α-角蛋白、膜蛋白等。

(3)运动功能

蛋白质在生物运动和收缩系统中执行重要功能。许多植物和低等动物的运动细胞含有肌动蛋白和肌球蛋白。

(4)运输功能

这种蛋白质称运载蛋白，它们能够结合并且运转特殊分子，如血红蛋白在血液中运输氧气，细胞色素在叶绿体和线粒体中具有传递电子的功能。

(5)调节功能

调节葡萄糖代谢的胰岛素等都是激素蛋白质。

(6)储藏氨基酸的功能

植物种子中的谷蛋白、醇溶蛋白等没有酶或其他功能，主要是作为储藏物质，供种子萌发时利用。

(7)保护功能

如动物体内的免疫球蛋白是抗体，能防御病菌的侵染。

第 8 章　酶与维生素

本章要点

1. 酶是一种特殊的催化剂，其化学本质是蛋白质。它具有催化的高效性、高度专一性、高度的不稳定性，其活性受机体的调节控制。

2. 根据酶催化反应的类型，可把酶分为六大类。

3. 酶表现催化活性的关键部位——酶的活性中心。

4. 酶促反应速度主要受底物浓度、酶浓度、温度、pH、激活剂和抑制剂等因素的影响。

5. 维生素的生理功能主要是对物质代谢过程起非常重要的调节作用；按其溶解性质可分为脂溶性维生素和水溶性维生素两大类。

生命活动的基本特征是能够进行新陈代谢。新陈代谢的本质是一系列受严格调控的化学反应。生物体内进行的这些化学反应，是在常温、常压、酸碱适中的温和条件下，有条不紊地迅速完成的。如果这些化学反应在体外进行，则速度非常缓慢，或者需要高温高压等特殊条件才能进行。这是为什么呢？原来在生物体内含有一类特殊的催化剂——酶，细胞内的化学反应几乎都是在酶催化下进行的。维生素也是生物体不可缺少的生理活性物质，对生物体的新陈代谢起促进和调节的作用。维生素发挥生理作用经常和酶联系在一起，这是因为多数维生素参与辅酶或辅基的组成。因此，认识酶的本质及作用机理，了解维生素与辅酶的关系，对于我们了解生命活动的规律，进而指导生产实践具有非常重要的意义。

8.1　酶

8.1.1　酶的概念与特性

1. 酶的概念

酶是由生物活细胞产生的、具有高效催化功能和高度专一性的一类特殊蛋白质，又叫生物催化剂。

目前已发现 2 500 多种酶，它们的化学本质都是蛋白质，其中已有 200 多种酶制得了结晶，有几十种酶已确定了氨基酸排列顺序，有的还确定了空间结构，目前还能人工合成核糖核酸酶。可以说，酶的本质就是蛋白质，但不能说所有的蛋白质都是酶，只有那些具有催化活性的蛋白质才是酶。

2. 酶的特性

酶是生物催化剂，故具有一般催化剂的共性：如只能催化热力学上允许进行的化学反应；能加速化学反应速度；反应前后没有质和量的改变；能使可逆的酶促反应加速达到平衡点，而不能改变反应的平衡点等。但酶也有与一般催化剂不同的特性。

(1)酶催化的高效性

酶的催化效率极高，同一化学反应，酶催化的效率一般要比普通催化剂高 10^7～10^{13} 倍。例如，用蔗糖酶催化蔗糖水解要比用酸催化效率高 2.5×10^{12} 倍，用过氧化氢酶催化过氧化氢的分解要比用酸催化效率高 10^8 倍。

(2)酶的高度专一性

一种酶只作用于一种或一类化合物，发生一定的化学反应，生成一定的产物的性质称为酶的专一性。

(3)酶的高度不稳定性

酶是蛋白质，对环境条件的变化很敏感。高温、高压、强酸、强碱、紫外线、重金属盐等都可能使酶变性而失去催化活性。甚至 pH 的轻微变化或少量抑制剂的存在也能使酶的催化活性发生明显变化。所以，酶必须在特定的条件下才能发挥其催化功能。

(4)酶的活性受机体的调控

生物体对酶的催化活性能够通过多方面的因素进行调节和控制，使生命活动中的各个反应能有条不紊地进行。它的调控方式很多，包括抑制剂调节、共价修饰调节、反馈调节及激素控制等。

8.1.2　酶的分类

酶的种类很多，已经发现的酶有 2 500 多种，而且每年还陆续发现不少新酶。为了避免混乱，1961 年国际酶学委员会决定，根据酶催化反应的类型，把酶分为 6 大类。

1. 氧化还原酶类

催化氧化还原反应的酶叫氧化还原酶。反应式为：$AH_2+B \rightleftharpoons A+BH_2$，如琥珀酸脱氢酶、醇脱氢酶、细胞色素氧化酶等。

2. 转移酶类

催化分子间基团转移的酶叫转移酶。反应式为：$AR+B \rightleftharpoons A+BR$，如谷丙转氨酶、胆碱转乙酰酶等。

3. 水解酶类

催化水解反应的酶叫水解酶。反应式为：$AB+H_2O = AOH+BH$，如蛋白酶、淀粉酶、脂肪酶等。

4. 裂解酶类

催化非水解的除去底物分子中的基团及其逆反应的酶叫裂解酶。反应式为：AB ⇌ A＋B，如脱羧酶、醛缩酶等。

5. 异构酶类

催化同分异构体之间互相转变的酶叫异构酶。反式应为：A ⇌ B，如磷酸己糖异构酶、磷酸甘油酸变位酶等。

6. 合成酶类

与ATP的一个焦磷酸键断裂相偶联，催化两个分子合成一个分子的反应的酶称为合成酶。反应式为：A＋B＋ATP ⇌ AB＋ADP＋Pi，如谷氨酰胺合成酶、丙酮酸羧化酶、乙酰辅酶A合成酶等。

8.1.3 酶的命名

酶的命名法有习惯命名法和系统命名法两种。

1. 习惯命名法

习惯命名法多根据酶所催化的底物或酶催化的反应类型来命名，有时两者兼用。如水解淀粉的酶叫淀粉酶，水解蛋白质的酶叫蛋白酶，催化脱氢反应的酶叫脱氢酶等。有时还加上酶的来源，如唾液腺分泌的淀粉酶称唾液淀粉酶，胰腺分泌的淀粉酶称为胰淀粉酶，催化琥珀酸脱氢的酶叫琥珀酸脱氢酶等。

习惯命名法简单，使用方便。因此沿用至今，但缺乏系统性，有时出现一酶数名或一名数酶的情况。

2. 系统命名法

国际酶学委员会于1961年提出了一个新的系统命名法。此命名法规定在命名酶时应当明确标明酶催化的底物及催化反应的性质，底物之间用"："隔开。例如，催化乳酸脱氢的酶，命名应为"乳酸：NAD^+脱氢酶"。催化丙氨酸和α-酮戊二酸反应的转氨酶，系统名称叫"丙酮酸：α-酮戊二酸氨基转移酶"。这样从酶的名称可以确切知道酶的性质和所催化的反应。这种命名法比较严格，但酶的名称太长，使用不太方便。目前尚未广泛采用，一般叙述时仍用习惯命名法。

8.1.4 酶的组成

酶是具有催化能力的蛋白质。为什么酶具有催化能力而不是酶的蛋白质就没有催化能力呢？大量事实证明，酶具有催化能力是和它的结构分不开的。

蛋白质有单纯蛋白质和结合蛋白质两大类。酶的化学本质是蛋白质，按其化学组成不同可分为单纯酶和结合酶两类。

1. 单纯酶

这类酶水解后产物只有氨基酸，其催化能力由蛋白质结构决定，如尿酶、淀粉酶、蛋白酶、脂肪酶、核糖核酸酶等。

2. 结合酶

这类酶由蛋白质和非蛋白质两部分组成。此类酶水解后除得到氨基酸外，还有非氨基酸类物质。蛋白质部分称为酶蛋白，非蛋白质部分称为辅助因子。生物体内多数酶是结合酶。

结合酶(全酶)＝酶蛋白＋辅助因子

辅助因子有两类：一类是无机金属离子；另一类是小分子有机化合物。根据辅助因子与酶蛋白结合的牢固程度，可把辅助因子分为辅基和辅酶。辅基和酶蛋白结合较紧密，不易用透析或超滤方法除去；辅酶和辅蛋白结合较松，易用透析或超滤方法除去。但两者并无严格的区别。

酶蛋白或辅助因子单独存在时都不具有活性，只有两者结合成全酶后才具有催化性质。其中，酶蛋白决定酶对底物的专一性和催化的高效性，辅助因子则决定催化反应的类型，参与电子、原子或某些基团的传递过程。在生物体内酶蛋白的种类很多，而辅酶或辅基的种类并不多，一种酶蛋白通常只与一种辅酶或辅基结合，构成一种酶；而一种辅酶或辅基却往往能与多种不同的酶蛋白结合，构成多种专一性不同的酶。

8.1.5 酶催化作用的机理

1. 酶的必需基团与活性中心

(1)酶的必需基团

酶分子很大，结构也很复杂。有的酶分子只含有一条多肽链，称为单体酶，如核糖核酸酶、溶菌酶等。有的酶分子含有两条以上的多肽链，称为寡聚酶，如3-磷酸甘油醛脱氢酶有2条多肽链，己糖激酶有4条多肽链，天冬氨酸转氨基甲酰酶有12条多肽链。不论哪种类型的酶，其分子都比它所作用的底物分子大得多。实验证明，酶在催化过程中并非整个分子都参与作用，而是仅有少数游离基团是催化作用所必需的。这些与酶的催化活性直接有关的基团称为酶的必需基团。常见的必需基团如组氨酸的咪唑基、丝氨酸的羟基、半胱氨酸的巯基、天冬氨酸的羧基等。

(2)活性中心的概念

酶分子的必需基团在一级结构中可能相距很远，甚至不在同一条多肽链上，但在空间结构中却相互靠近，集中地占据一定的空间区域。把酶分子中由必需基团相互靠近所构成的、能直接与底物结合并使之转变为产物的空间区域，称为酶的活性中心。

(3)活性中心的组成

单纯蛋白酶的活性中心只包括几个氨基酸侧链基团。结合蛋白酶除包括几个氨基酸侧链基团外，辅助因子或辅助因子中的某些基团也往往参与活性中心的组成。酶活性中心的必需酶活性中心的必需基团按所起的作用不同分为两类：一类起着与底物结合的作用，称为结合基团，它所占据的部位称为结合部位；一类起着催化化学反应的作用，称为催化基团，它所占据的部位称为催化部位(如图8-1所示)。

酶的活性中心是酶表现催化活性的关键部位，它不仅决定酶的专一性，同时也决定催化性能。活性中心的结构一旦被破坏，酶立即失去催化功能。应当指出，酶的活性中心并不是孤立存在的，它只是酶蛋白整体结构中的一部分。酶蛋白的整体结构只能在正常范围内变化，才不至于破坏活性中心。为了形成酶分子的整体结构以维持活性中心的稳定，在活性中心外也有某些基团是必需的，这些基团称为活性中心外必需基团。酶活性中心以外的结构部分虽然并不直接参与催化作用，但能非常灵敏地影响活性中心的活力。

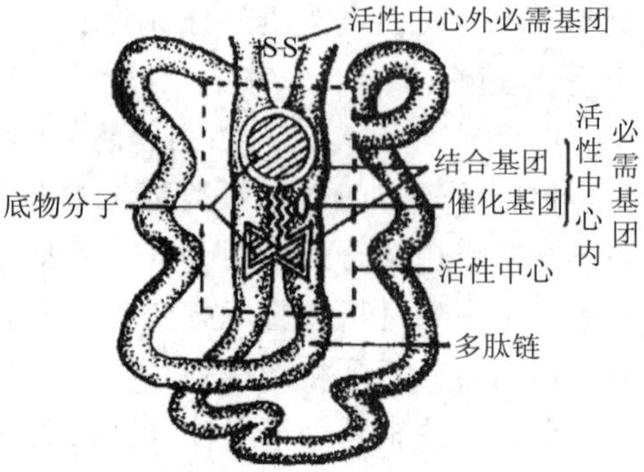

图 8-1　酶的活性中心示意图

2. 酶催化作用的机理

酶是生物催化剂，它的主要特性是催化的高效性和对底物的专一性。酶为什么能加快反应速度，又为什么对底物有专一性呢？现从以下几方面做简单介绍。

(1)活化能

在一个化学反应体系中，反应物的每一个分子所含的能量并不相同。因此，并非反应物的所有分子都能进行反应，只有那些能量较高，已达到或超过某一能量水平的分子才能参加反应，这种分子称为活化分子。分子由常态变为活化状态所需要的能量称为活化能。不同的化学反应所需要的活化能不同，活化能越高，反应越难进行。从图 8-2 可以看出，酶能大大降低反应的活化能，使反应体系中活化分子的数目增多，反应速度就大大加快了。

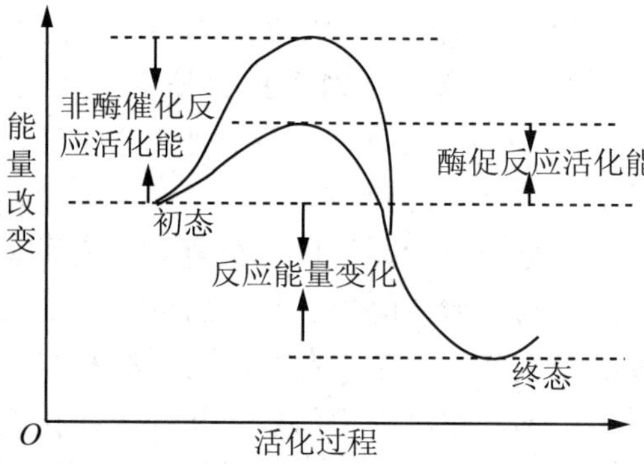

图 8-2　酶对反应活化能的影响

例如，蔗糖水解的活化能是 1 338.8 kJ，用酸催化时活化能降低为 1 046 kJ，用蔗糖酶催化时活化能降低为 39.3 kJ。可见，酶催化的高效性在于能大幅度降低反应的活化能。

(2)中间产物学说

酶为什么能降低反应的活化能呢？这可用酶与底物形成的中间产物来说明，即中间产物学说。该学说认为，酶在催化某一反应时，酶(E)和底物(S)在活性中心的结合部位首先结合成一个不稳定的中间产物，然后中间产物再分解为产物和原来的酶(E)。

$$E+S \rightleftharpoons ES \longrightarrow E+P$$

在没有酶存在的情况下，底物变为产物需要较高的活化能。在酶的催化下，反应按上述两步进行，每一步反应所需的活化能都较低，所以，反应速度自然加快了。中间产物学说是否正确，决定于中间产物是否确实存在。目前，用光谱法可以证实中间产物的存在，用电子显微镜还可以直接看到核酸和它的聚合酶形成的中间产物，若干种中间产物的结晶已能分离得到，使中间产物学说有了可靠的证据。

(3)诱导契合学说

酶在催化化学反应时要和底物形成中间产物，两者是如何结合的呢？早在1890年，伊美费歇尔(EmailFisher)提出“锁匙学说”。他认为酶的活性中心与底物的结合就像锁和钥匙的关系一样，底物分子在和酶结合前就具备了与酶活性中心相吻合的结构模式，就像“钥匙”插入“锁”一样，底物分子插入酶的活性中心，形成中间产物。这种假说能够解释酶对底物的专一性，但局限性很大，对相对专一性不能很好地解释。1958年，考希兰德(D. E. Koshland)提出的“诱导契合”学说认为，酶与底物结合时两者的结构相互诱导，相互变形，相互适应，即酶的活性中心的结构和底物的结构原来并不完全吻合，当两者接触时，酶分子在底物分子的诱导下，空间结构发生一定的变化，使活性中心上的基团重新排列和定向，形成更适合与底物结合的空间结构。同时，底物分子也发生一些互相适应的变化，经过变化后的酶和底物完全吻合，很快结合成中间产物。酶的诱导契合学说成功地解释了酶的各种特异性(如图8-3所示)。

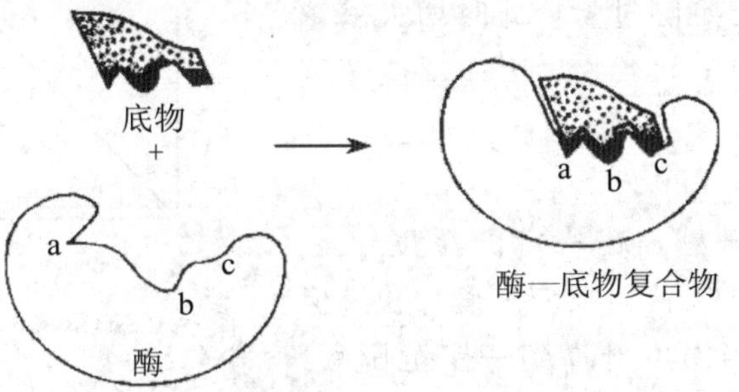

图8-3 酶和底物的结合示意图

8.1.6 影响酶促反应速度的因素

酶的本质是蛋白质，对环境条件非常敏感，只有在合适的条件下才具有最大的活性。一切有关酶活性的研究，均以测定酶促反应速度为依据。酶促反应速度受很多因素的影响，这些因素主要有底物浓度、酶浓度、温度、pH、激活剂和抑制剂等。了解这些因素的作用，维持这些因素的协调，对控制和调节生物体正常生长发育具有非常重要的意义。

1. 底物浓度的影响

在酶浓度及其他条件不变的情况下，底物浓度与反应速度的关系可用图8-4中的曲线表示。

在底物浓度很低时，反应速度随底物浓度的增加而增加，两者成正比关系(曲线的 *OA* 段)。随着底物浓度继续升高，反应速度的增加趋势渐缓(曲线的 *AC* 段)。如再加大底物浓度，反应速度不再增加，达到最大值，称为最大反应

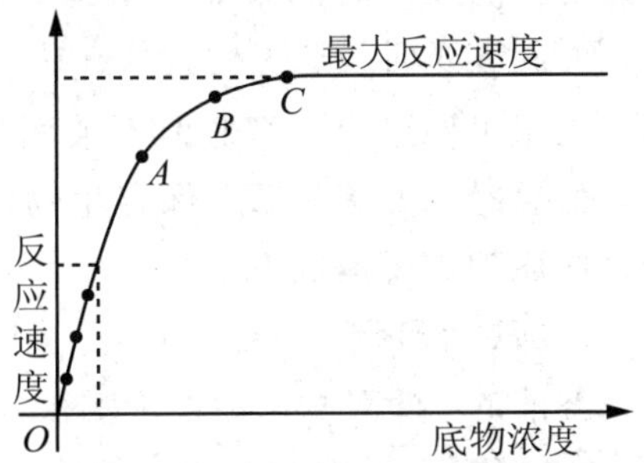

图8-4 底物浓度对酶促反应速度的影响

速度(曲线的 C 后)。

酶促反应速度和底物浓度之间的关系可以用中间产物学说来解释。若以产物生成的速度表示反应速度，显然产物生成的速度决定于中间产物的浓度。在曲线的 OA 段，底物浓度还很低，只有一部分酶和底物结合，此时增加底物浓度，便有更多的酶生成中间产物，因而反应速度与底物浓度成正比。在曲线的 AC 段，底物浓度已相当高，溶液中的酶几乎全部与底物结合成中间产物，即使再增加底物浓度，也不会有更多的中间产物生成，此时反应速度受底物浓度变化的影响很小。到 C 以后，酶已全部与底物结合，再增加底物浓度，中间产物也不再增多，反应速度也就不再变化，此时，酶促反应已达到最大的反应速度。

2. 酶浓度的影响

在底物浓度足够过量而且其他条件固定时，酶促反应速度和酶浓度成正比(如图 8-5 所示)。这是因为底物浓度已足够过量，此时增大酶浓度，可以生成更多的中间产物，因而反应速度加快。

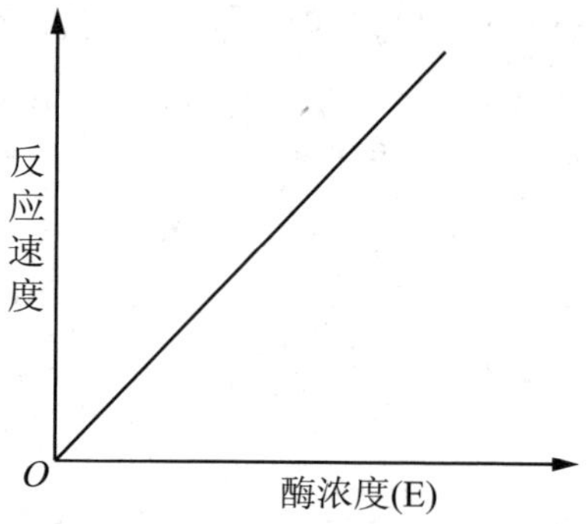

图 8-5　酶浓度对酶促反应速度的影响

3. 温度的影响

酶对温度极为敏感，在一定的温度(0～40℃)内，随着温度的升高，反应速度加快。但由于酶是蛋白质，当温度升高到一定范围后，酶可发生变性而降低催化活性，反应速度反而下降。多数酶在 40℃以上开始出现变性，80℃以上绝大多数酶丧失活性。使酶促反应速度达到最高值时的温度叫作酶的最适温度(如图 8-6 所示)。

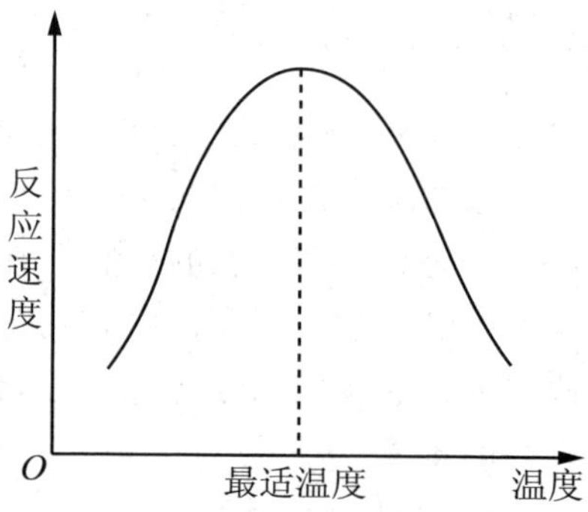

图 8-6　温度对酶反应速度的影响

在一定的条件下，每种酶都有一定的最适温度。人体内酶的最适温度多在 37℃左右。植物体内酶的最适温度为 50～60℃。酶的最适温度并不是固定不变的，它受底物种类、作用时间长短等因素的影响而改变，酶作用时间较短时最适温度就高一些，酶作用时间较长时最适温度就低一些。

低温可使酶活性降低但不破坏酶的活性，当温度回升时，酶的活性又可恢复，所以，低温冷冻方法常用于保存生物制品和离体组织器官。另外，还利用高温使酶蛋白变性的原理进行消毒灭菌。

4. pH 的影响

溶液的 pH 对酶的活性影响很大。在一定的 pH 范围内酶才具有催化活性。在某一 pH 时，酶的催化活性最大，把酶表现最大活性时的 pH 叫作酶的最适 pH。高于或低于最适 pH，酶的活性都降低，偏离最适 pH 越远，酶的活性越低，甚至变性失活。

不同的酶有不同的最适 pH，生物体内多数酶的最适 pH 接近中性。但也有例外，如胃蛋白酶的最适 pH 为 1.5，胰蛋白酶的最适 pH 为 8.0，肝中精氨酸酶的最适 pH 为 9.7。

由于 pH 对酶活性有显著的影响，所以，在测定酶活性时，应选用适宜的缓冲溶液，以保持酶活性的相对稳定(如图 8-7 所示)。

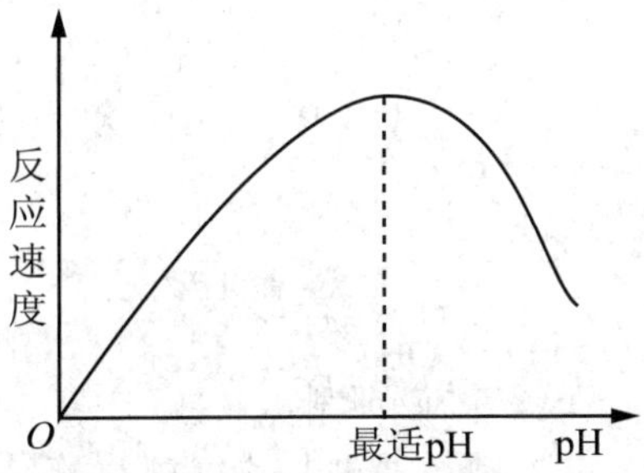

图 8-7　pH 对酶促反应速度的

5. 激活剂的影响

在酶促反应中，凡是能提高酶活性的物质叫作酶的激活剂。其种类很多，有无机离子，如 K^+、Na^+、Mg^{2+}、Fe^{2+}、Cl^- 等；有小分子有机化合物，如半胱氨酸、巯基乙醇、EDTA 等。还有一些酶分子本身就是激活剂。

无机离子激活剂主要是稳定酶的空间结构，参与酶活性中心的形成，在酶与底物之间起桥梁作用，从而提高酶的活性。小分子有机物可以解除某些抑制酶活性的因素影响。如还原型谷胱甘肽可解除某些重金属离子对酶活性中心巯基(—SH)的抑制，EDTA 可解除某些重金属离子对酶活性的抑制等。

应当指出，激活剂不是酶的组成成分，它只能提高酶的活性，这一点和酶的辅助因子不同。

6. 抑制剂的影响

凡能降低酶的活性而不引起酶蛋白变性的物质称为酶的抑制剂。抑制作用主要是酶分子上的某些必需基团，特别是活性中心上的一些基团与抑制剂结合引起酶活性的改变。根据抑制剂与酶的作用是否可逆，将抑制作用分为不可逆抑制和可逆抑制两大类。

(1)不可逆抑制

此类抑制剂以共价键与酶的活性中心相结合，从而使酶的活性丧失。与酶结合的抑制剂不能用透析、超滤等物理方法除去，故称不可逆抑制。例如，敌百虫、一〇五九等一些有机磷农药能与动物体内的胆碱酯酶的活性中心——丝氨酸羟基结合，使酶磷酸化而抑制酶的活性。

催化乙酰胆碱水解的胆碱酯酶是羟基酶，当有机磷中毒时，此酶的活性受到抑制，使神经传导的物质乙酰胆碱不能分解而堆积，造成一系列神经中毒症状，如心律变慢、肌痉挛、呼吸困难等，甚至使动物死亡。

对于有机磷农药中毒的解救一方面用阿托品阻断乙酰胆碱的作用，可缓解中毒症状；另一方面应用氯磷定、解磷定等解毒剂取代酶分子上的有机磷使酶恢复活性。

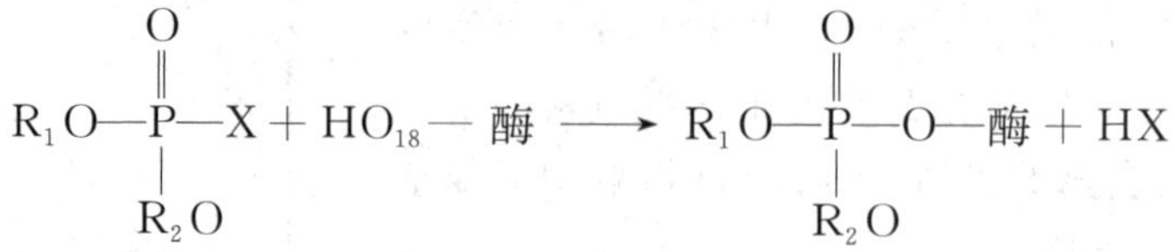

有机磷化合物　胆碱酯酶　　　　磷酸化胆碱酯酶
　　　　　　（有活性）　　　　　　（失活）

（2）可逆抑制

抑制剂通过非共价键与酶结合，可用透析、超滤等物理方面去除抑制剂，恢复酶的活性，这种抑制作用称可逆抑制。根据抑制剂与底物的关系不同，可逆抑制又分为竞争性抑制和非竞争性抑制两类。

①竞争性抑制：抑制剂与底物结构相似，因而能竞争性地与酶的活性中心结合，使底物与酶结合的机会减少，酶促反应速度降低，这种抑制作用称为竞争性抑制作用。竞争性抑制作用的强弱取决于抑制剂和底物浓度的相对比例，在抑制剂浓度不变的情况下，增加有机磷化合物底物浓度能减弱抑制剂的抑制作用。在底物浓度不变的情况下，抑制剂只有达到一定浓度才起作用。例如，丙二酸、戊二酸与琥珀酸的结构相似，它们都能与琥珀酸脱氢酶的活性中心结合，故都是琥珀酸脱氢酶的竞争性抑制剂。

利用竞争性抑制作用的原理，可以阐明一些药物的作用机理。如磺胺药之所以会抑制某些细菌的生长，是因为这些细菌的生长需要对氨基苯甲酸合成叶酸。而磺胺类药物的结构与对氨基苯甲酸相似，可竞争性地抑制细菌的二氢叶酸合成酶，从而阻碍了二氢叶酸的合成，使细菌的代谢发生障碍，影响细菌的生长繁殖。而人体则是直接利用食物中的叶酸，所以，人体的代谢不受磺胺药物的影响。根据竞争性抑制的特点，在使用磺胺类药物时，必须保持血液中药物的浓度远高于对氨基苯甲酸的浓度，才能发挥有效的抑菌作用。服用磺胺类药物首次加倍就是这个道理。

对氨基苯甲酸

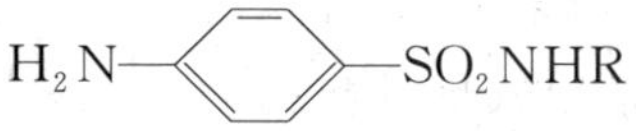

磺胺类药物

②非竞争性抑制：抑制剂和底物的结构不相似，可同时结合在酶的不同部位上。抑制剂与酶结合后，不妨碍酶再与底物结合，但所形成的酶—底物—抑制剂三元复合物（ESI）不能进一步形成产物，因而造成酶的活性降低，这种抑制作用叫作非竞争性抑制。

非竞争性抑制与竞争性抑制不同，它不能靠增加底物浓度的方法恢复酶的活性。竞争性抑制和非竞争性抑制的区别如图 8-8 所示。

8.2　维生素和辅酶

维生素是维持机体正常生命活动所必需的一类小分子有机化合物。尽管机体对它的需要量很少，每日仅以毫克或微克计算，但由于这类物质在体内不能合成，或合成

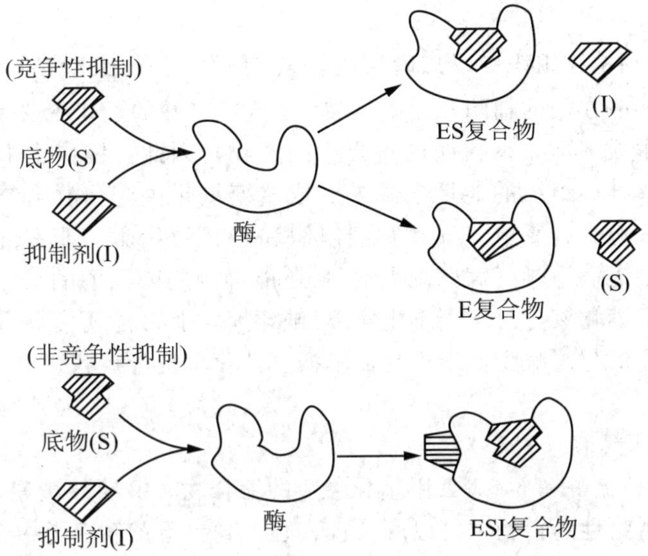

图 8-8　竞争性抑制和非竞争性抑制

的量不能满足机体的需要，故必须从食物中摄取。维生素既不是机体组织的结构物质，也不是机体的能源物质。它们的生理功能主要是对物质代谢过程起着非常重要的调节作用。因为多数维生素是辅酶或辅基的组成成分，和酶的催化作用有密切的关系。机体缺少某种维生素时，可使物质代谢过程发生障碍，因而使生物不能正常生长，以致发生各种维生素缺乏病。

维生素一般按发现的先后顺序在“维生素”之后加上 A、B、C、D 等英文字母来命名。也有根据其生理功能进行命名的，如维生素 D 又名抗佝偻病维生素，维生素 C 又名抗坏血酸等。也可根据其化学结构特点进行命名，如维生素 B_1 是含硫的胺类，故又称硫胺素。此外，还有初发现时以为是一种，其后证明是几种维生素的混合物，于是便在字母下方注上 1、2、3 等数字加以区别，如 B_1、B_2、B_6、B_{12} 等。

维生素种类很多，它们的化学结构差别很大，因此，通常按溶解性质将其分为水溶性维生素和脂溶性维生素两大类。

水溶性维生素有：维生素 B_1、维生素 B_2、维生素 PP、维生素 B_6、泛酸、生物素、叶酸、维生素 B_{12} 和维生素 C 等。脂溶性维生素有：维生素 A、维生素 D、维生素 E、维生素 K 等。

8.2.1　水溶性维生素

能够溶于水的维生素称为水溶性维生素。

1. 维生素 B_1

(1)化学本质及来源

维生素 B_1 分子中有含硫的噻唑环和含氨基的嘧啶环，故又称硫胺素。维生素 B_1 广泛存在于种子的外皮及胚芽中，米糠、麦麸、酵母及瘦肉等食物中含量最多。白菜和芹菜中也富含维生素 B_1。

(2)生理功能

维生素 B_1 在动植物组织中以焦磷酸硫胺素(TPP+)的形式存在。TPP^+ 是 α-酮酸氧化脱羧作用及转酮作用的辅酶，在丙酮酸、α-酮戊二酸的氧化脱羧反应中起重要的作用。丙酮酸和 α-酮戊二酸是糖代谢的重要中间产物，因此，维生素 B_1 与糖代谢有关。在正常的情况下，神经组织的能量来源主要依靠糖氧化供应。故当维生素 B_1 缺乏时，神经组织的能量来源受到影响，导致神经组织和心肌的代谢功能紊乱，表现为多发性神经炎，典型的缺乏病为脚气病。维生素 B_1 还能抑制胆碱酯酶的活性。乙酰胆碱能增加胃肠蠕动、促进消化液分泌。当维生素 B_1 缺乏时，胆碱酯酶活性升高，乙酰胆碱分解加快，引起消化液分泌减少，出现食欲不振、消化不良等症状。

2. 维生素 B_2

(1)化学本质及来源

维生素 B_2 是核糖醇和 6，7-二甲基异咯嗪的缩合物，又叫核黄素。维生素 B_2 广泛存在于动物性和植物性的食物中，以肝、肾、心、乳、蛋黄和豆类中含量较多。

(2)生理功能

维生素 B_2 在生物体内以黄素单核苷酸(FMN)和黄素腺嘌呤二核苷酸(FAD)的形式存在。FMN 和 FAD 是多种氧化还原酶的辅基，在氧化还原反应中传递氢原子，参与生物氧化过程，促进物质代谢。凡以 FMN 或 FAD 为辅基的酶都叫黄素酶，因此，FMN 或 FAD 叫黄素辅酶。其递氢的变化方式如下：

$$\mathrm{FMN} \underset{2\mathrm{H}}{\overset{+2\mathrm{H}}{\rightleftharpoons}} \mathrm{FMNH_2}$$

$$\mathrm{FAD} \underset{2\mathrm{H}}{\overset{+2\mathrm{H}}{\rightleftharpoons}} \mathrm{FADH_2}$$

缺乏维生素 B_2 时，细胞呼吸减弱，代谢强度降低，常出现唇炎、舌炎、口角炎、眼角膜炎等。

3. 维生素 PP

(1)化学本质及来源

维生素 PP 又叫维生素 B_5，包括烟酸(尼克酸)和烟酰胺(尼克酰胺)，以烟酰胺最普遍。维生素 PP 存在于多种食物中，以酵母、花生、豆类和瘦肉中含量丰富。人体可利用色氨酸合成烟酸，但含量甚微，仍需由食物供给。

(2)生理功能

烟酰胺在生物体内是构成辅酶Ⅰ(NAD^+)和辅酶Ⅱ($NADP^+$)的重要成分。辅酶Ⅰ叫烟酰胺腺嘌呤二核苷酸，辅酶Ⅱ叫烟酰胺腺嘌呤二核苷酸磷酸。

NAD^+ 和 $NADP^+$ 都是脱氢酶的辅酶，在许多氧化还原反应中传递原子，与糖、脂肪、蛋白质代谢的关系密切。其作用的部位是烟酰胺的吡啶环，其递氢的变化方式如下：

$$\mathrm{NAD^+} \underset{-2\mathrm{H}}{\overset{+2\mathrm{H}}{\rightleftharpoons}} \mathrm{NADH} + \mathrm{H^+}$$

$$\mathrm{NADP^+} \underset{-2\mathrm{H}}{\overset{+2\mathrm{H}}{\longrightarrow}} \mathrm{NADPH} + \mathrm{H^+}$$

维生素PP在机体内一般不易缺乏。人体缺乏维生素PP可引起癞皮病，故维生素PP又称抗癞皮病维生素。本症的特征是出现对称性皮炎、胃肠炎及神经炎，甚至严重腹泻。

4. 维生素B_6

(1)化学本质及来源

维生素B_6为吡啶的衍生物，包括吡哆醇、吡哆醛和吡哆胺3种化合物。在体内吡哆醇可以转变成吡哆醛和吡哆胺。

富含维生素B_6的食物很多，如蛋黄、鱼类、乳汁、豆类、谷类等。

(2)生理功能

维生素B_6在体内经磷酸化生成磷酸吡哆醛及磷酸吡哆胺，两者都是转氨酶的辅酶，在氨基酸代谢中起传递氨基的作用。磷酸吡哆醛还是某些氨基酸脱羧酶的辅酶，可促进谷氨酸脱羧生成γ-氨基丁酸。

因食物中富含维生素B_6，同时，肠道细菌又可合成，故人类极少发生维生素B_6缺乏病。

5. 泛酸(维生素B_3)

(1)化学本质及来源

泛酸又名遍多酸，因广泛存在于自然界而得名。它是由β-丙氨酸与2，4-二羟-3，3-二甲基丁酸通过肽键缩合而成的一种有机酸。肉、蛋、奶、鱼类和谷物中均含有一定量的泛酸。

(2)生理功能

生物体内的泛酸与巯基乙胺和3-磷酸腺苷及焦磷酸结合，组成辅酶A。

辅酶A是酰基转移酶的辅酶，它所含的巯基(—SH)和酰基结合成巯酯，在物质代谢过程中作为酰基的载体传递酰基。因此，辅酶A常写作CoA—SH。由于泛酸广泛存在于自然界，故人类尚未发现其缺乏症。

6. 叶酸(维生素B_{11})

(1)化学本质及来源

叶酸由喋啶、对氨基苯甲酸和谷氨酸结合而成。

叶酸在植物的绿叶中含量丰富，故名叶酸。叶酸主要存在于新鲜绿叶蔬菜、动物肝、肾和酵母中，其次为乳类和鱼类等。

(2)生理功能

叶酸在体内的活性形式是四氢叶酸。四氢叶酸又叫辅酶F，是叶酸分子加氢形成的。它是甲酰基、羟酰基、甲基等一碳单位的载体，在核苷酸代谢及某些氨基酸合成过程中起着重要的作用。人体缺乏叶酸时，影响血红细胞的发育和成熟，易造成贫血症。

7. 维生素B_{12}

(1)化学本质及来源

维生素B_{12}的结构复杂，含有金属元素钴(Co)，故又称钴胺素，是唯一含有金属元素的维生素。维生素 B_{12} 主要来源于动物性食物，以肝中含量最丰富，其次为肾，植物性食物中不含维生素 B_{12}。

(2)生理功能

维生素 B_{12} 参与体内一碳单位的代谢。维生素 B_{12} 与叶酸的作用常常是相互关联的，维生素 B_{12} 可以通过增加叶酸的利用率来影响蛋白质的生物合成，从而促进细胞的发育和成熟。当缺乏维生素 B_{12} 时，会发生恶性贫血症。

8. 生物素(维生素 B_7)

(1)化学本质及来源

维生素 B_7 俗称生物素，又叫维生素 H，广泛存在于动植物的组织中，以肝、肾、牛奶和酵母中含量丰富，花生、蛋品中也较多。人们可以从食物中得到，也可由肠内细菌合成。

(2)生理功能

维生素 B_7 是多种羧化酶的辅酶，它与专一性的酶蛋白结合，在羧化反应中起固定和传递 CO_2 的作用。

在正常情况下，由于生物素来源广泛，很少出现缺乏症。但若大量进食生鸡蛋清，则可引起生物素缺乏症。因为生鸡蛋清中含有一种抗生物素蛋白，它能与生物素结合成为一种稳定的、无活性并难以吸收的化合物，从而阻碍生物素吸收。如将蛋清加热处理，抗生物素蛋白即被破坏。

9. 维生素 C

(1)化学本质及来源

维生素 C 又名抗坏血酸，其化学本质为六碳的不饱和多羟基内酯化合物，其 C_2 和 C_3 烯醇式羟基上的氢不仅可以解离出 H^+，也能以 H 原子的形式释放。因此，维生素 C 既具有较强的酸性，又具有较强的还原性。

维生素 C 广泛存在于新鲜蔬菜、水果中，尤以番茄、青椒、柑橘、鲜枣中含量丰富。人体自身不能够合成维生素 C，必须从食物中摄取。

(2)生理功能

①参与体内的羟化反应：维生素 C 是羟化酶的辅酶。当维生素 C 缺乏时，羟化酶活性降低，导致胶原蛋白合成不足，细胞间隙增大，微血管的通透性和脆性增加，易破裂出血，这种维生素 C 缺乏症称为“坏血病”。

②参与氧化还原反应：维生素 C 能可逆地脱氢和加氢，既可作受氢体又可作供氢体。因而在物质代谢中构成了重要的氧化还原体系。如维生素 C 能使氧化型谷胱苷肽转化为还原型谷胱苷肽，而还原型谷胱苷肽可与重金属离子结合排出体外，故维生素 C 常用于重金属的解毒。维生素 C 能保护细胞膜上的不饱和脂肪酸，使之不被氧化为过氧化物，故有抗衰老作用。

③维生素 C 还具有良好的抗癌效果。

表 8-1 为几种维生素与辅酶(辅基)的关系。

表 8-1　几种维生素与辅酶(辅基)的关系

维生素	辅酶(辅基)	生理功能
维生素 B_1	焦磷酸硫胺素(TPP^+)	为α-酮酸氧化脱羧酶的辅酶，参与α-酮酸的氧化脱羧
维生素 B_2	黄素单核苷酸(FMN) 黄素腺嘌呤二核苷酸(FAD)	为多种黄素酶的辅基，参与递氢作用
维生素 PP	辅酶Ⅰ(NAD^+) 辅酶Ⅱ($NADP^+$)	为多种脱氢酶的辅酶，参与脱氢反应
维生素 B_6	磷酸吡哆醛、磷酸吡哆胺	为氨基酸转氨酶的辅酶，参与转氨基作用； 磷酸吡哆醛又是某些氨基酸脱羧酶的辅酶
泛酸	辅酶 A(CoA—SH)	为酰化酶的辅酶，参与转酰基作用
生物素 B_7	生物素	为羧化酶辅酶的组成成分，参与体内 CO_2 固定和羧化过程
叶酸	四氢叶酸	为“一碳单位”转移酶系的辅酶，是“一碳单位”的传递体
维生素 B_{12}	辅酶 B_{12}	参与体内“一碳单位”的代谢

8.2.2　脂溶性维生素

凡不溶于水而易溶于脂肪的维生素称为脂溶性维生素。主要有维生素 A、维生素 D、维生素 E、维生素 K 四种。

1. 维生素 A

(1)化学本质和来源

维生素 A 是含有β-白芷酮环的不饱和一元醇类。包括 A_1 和 A_2 两种，A_1 又称视黄醇，A_2 又称 3-脱氢视黄醇。

维生素 A 主要来自动物性食品，以肝、乳制品及鱼肝油中含量最多。植物体内虽不含维生素 A，但胡萝卜、红辣椒等中含有β-胡萝卜素等，它被人体吸收后可转变为维生素 A。

(2)生理功能

①维持正常视觉：人视网膜杆状细胞内含有感光物质视紫红质，对弱光敏感，与暗视觉有关。而视紫红质由维生素 A 参与形成。当机体缺乏维生素 A 时，杆状细胞合成视紫红质减少，对弱光敏感度降低，暗适应能力下降，造成夜盲症。

②维持上皮组织的健全与完整：维生素 A 能促进上皮组织中糖蛋白的合成。糖蛋白是细胞膜的组成成分，与细胞的结构和分泌功能有关。缺乏维生素 A 时，上皮细胞分泌黏液的功能丧失，出现上皮干燥、角化、脱屑，如果由此影响到泪腺上皮，会造成干眼症。

③促进生长发育：维生素 A 具有类固醇激素的作用，影响细胞分化，促进生长和发育。缺乏维生素 A 时会引起生长停顿、发育不良。

2. 维生素D

(1)化学本质和来源

维生素D为类固醇衍生物，具有抗佝偻病的作用，故称抗佝偻病维生素。其种类很多，但以维生素D_2和D_3较为重要。

维生素D_3主要存在于肝、牛奶及蛋黄中，以鱼肝油中含量最丰富。人体内的胆固醇可变成7-脱氢胆固醇，并储存于皮下，经日光或紫外线照射可转变为维生素D_3。植物油及酵母中所含的麦角固醇经日光或紫外线照射后可转变为维生素D_2。因此，经常晒太阳可补充维生素D。

(2)生理功能

维生素D的主要生理功能是促进钙和磷的吸收，调节钙磷代谢，促使骨骼正常发育。缺乏维生素D常引起儿童的佝偻病和成人的软骨病。

3. 维生素E

(1)化学本质及来源

维生素E又称生育酚，是苯骈二氢吡喃的衍生物，由于环上甲基的数目和位置的不同可分为8种，其中，α-生育酚的活性最高。

维生素E主要存在于植物油中，以麦胚油、豆油、玉米油中含量最多。

(2)生理功能

维生素E与动物的生殖功能有关，缺乏维生素E可造成动物的不育症。由于食物中极易得到维生素E，故人类不易发生相关的缺乏病。由于维生素E结构中的酚羟基很容易被氧化，具有高效的抗氧化作用，近年来维生素E广泛应用于抗衰老方面。

4. 维生素K

(1)化学本质和来源

维生素K是2-甲基-1，4-萘醌的衍生物。天然存在的有K_1和K_2两种。K_1在绿叶植物(苜蓿、菠菜、莱花)及动物肝脏中含量较多，也是人体肠道细菌的代谢产物。

(2)生理功能

维生素K能促进凝血酶原的合成，并使凝血酶原转变为凝血酶，从而加速血液凝固。此外，维生素K具有醌式结构，能够还原成氢醌，是某些微生物呼吸链的组成成分，参与细胞的生物氧化过程。

第 9 章　植物有效成分的提取分离方法

本章要点

1. 植物有效成分传统提取方法原理和分离方法。
2. 植物有效成分现代提取方法原理和分离方法。
3. 干燥方法。

植物中有效成分的提取分离是根据植物中有效成分的存在状态、极性、溶解性等设计一条科学、合理、可行的提取、分离工艺。针对植物有效成分提取工艺中能耗大、物耗大、杂质多和效率低的状况，近年来，许多学者从不同的角度对中药提取工艺进行了优化，在不破坏有效成分的前提下，将一些化工分离和传质的强化新技术应用于提取的研究和开发，如超临界流体萃取(SFE)、超声场强化、生物技术、微波辅助提取技术等。许多研究结果表明，与传统方法相比，这些技术的应用将会有产率高、纯度高、速度快、物耗与能耗低等特点，这些优点显示出它们在中药制剂工业生产中具有广泛的应用前景。

9.1　传统提取与分离方法

9.1.1　传统提取法原理

植物有效成分的提取是溶剂进入植物细胞中，将有效成分从固相转移到液相的过程。一般认为，有效成分在药材中的扩散是决定浸出速率的主要步骤。影响浸出的因素主要有溶剂、温度、压力、植物粒度与液体的流动状态等。

溶剂的极性、黏度等物性影响到植物组织中不同物质的浸出速度和溶出度。水和乙醇是最常用的溶剂，两者的不同配比混合溶液对中药材的浸出影响很大。

温度和压力升高，扩散速度加快，浸出速度也加快。但温度过高可能会破坏热敏成分，传统中药生产采用的煎煮是在常压沸点下进行的，但也有报道认为，减压操作有利于提高药材吃水量，使组织疏松，有利于浸出。

植物粒度越小，比表面积越大，浸取速度越快。但粒度过小会使杂质浸出量增加，使分离提纯困难。固液相对运动速率越高，溶液的湍动越强烈，会导致边界层变薄，更新加快，提高浸出速度。

9.1.2　常用提取方法简介

根据提取溶剂的不同可分为以下三类：水、亲水性的有机溶剂(如乙醇、丙酮等)、亲脂性的有机溶剂(如石油醚、苯、氯仿、乙醚、乙酸乙酯等)。同时，原料的粉碎度、提取时间、提取温度、设备条件等因素也都能影响提取效率，必须加以考虑。

用溶剂提取中草药成分，常用的方法如下。①浸渍法：浸渍法是将中草药粉末或碎块装入适当的容器中，加入适宜的溶剂(如乙醇、稀醇或水)，浸渍药材以溶出其中成分的方法。本法比较简单易行，但浸出率较差，且如用水为溶剂，其提取液易于发霉变质，须注意加入适当的防腐剂。②渗漉法：渗漉法是将中草药粉末装在渗漉器中，不断添加新溶剂，使其渗透过药材，自上而下地从渗漉器下部流出浸出液的一种浸出方法。当溶剂渗进药粉溶出成分比重加大而向下移动时，上层的溶液或稀浸液便置换其位置，产生良好的浓度差，使扩散能较好地进行，故浸出效果优于浸渍法。③煎煮法：煎煮法是我国最早使用的传统的浸出方法。所用容器一般为陶器、砂罐或铜制、搪瓷器皿，不宜用铁锅，以免药液变色。直火加热时最好时常搅拌，以免局部药材受热太高，容易焦煳。有蒸气加热设备的药厂，多在大反应锅、大铜锅、大木桶，或水泥砌的池子中通入蒸气加热。还可将数个煎煮器通过管道互相连接，进行连续煎浸。④回流提取法：应用有机溶剂加热提取，需采用回流加热装置，以免溶剂挥发损失。小量操作时，可在圆底烧瓶上连接回流冷凝器。溶剂浸过药材表面 1～2cm。在水浴中加热回流数小时。此法提取效率较冷浸法高，大量生产中多采用连续提取法。⑤连续提取法：应用挥发性有机溶剂提取中草药有效成分，不论小型实验或大型生产，都采用连续提取法，而且需用溶剂量较少，提取成分也较完全。实验室常用脂肪提取器或称索氏提取器。连续提取法，一般需数小时才能提取完全。提取成分受热时间较长，遇热易变化的成分不宜采用此法。

这些提取方法的特点是：工艺较为简单。但一般有浸出率较差；加热时间较长；易破坏热稳定性差的成分；能耗大、物耗大；杂质含量高；效率低，较为费时等缺点。

9.2　现代提取分离技术

植物有效成分的传统提取方法有一定的局限性，经多年努力，研究出了一些提取的新技术，如超临界流体萃取技术、超声技术、酶工程技术、微波提取、半仿生提取法及超高压技术等。

9.2.1　现代提取技术

1. *超临界流体萃取技术*(Supercritical Fluid Extraction，SFE)

该技术是指以超临界流体(Supercritical Fluid，SF)(指在临界温度和压力以上，接近临界状态下的流体)作为萃取剂，利用其兼有液体和气体双重性质的特点，通过控制温度和压力进行选择性萃取和分离的新技术。利用这种 SF 作溶剂，可以从多种液态或固态混合物中萃取出待分离组分，常用的 SF 为 CO_2，因 CO_2 无毒，不易燃不易爆，价廉，临界压力和温度较低，易于安全地从混合物中分离出来。20 世纪 90 年代该技术开始被用于中药提取领域。

该法的技术特点：①不使用有机溶剂，不存在残留有机溶剂问题；②萃取和蒸馏一次完成；③操作温度低，在接近室温(31.06℃)的条件下萃取，能保存有效成分不被破坏，特别适宜于热敏性成分的提取；④萃取过程密闭、连续进行，排除了遇空气氧化和见光反应的可能性，使萃取物稳定；⑤流程简单，操作方便，操作范围广，便于调节，最常用的操作范围是压力8～30 MPa，温度35～80℃；选择性好，可通过控制压力和温度，改变超临界CO_2的密度，从而改变其对物质的溶解能力，有针对性地萃取中草药中某些成分；从萃取到分离可一步完成，萃取后CO_2不残留于萃出物；⑥萃取能力强，提取率高，选择性强、浸取物纯度高，有效成分高度富集；⑦可以调节萃出物的粒度，即可借超临界流体的核晶作用，使萃出物达到期望的粒度和粒度分布。该技术与GC、IR、MS结合起来，成为一种较有效的分离分析手段，能高效、快速地进行药物分析。

该技术的不足在于对于极性较大或分子量太大的物质如甙类、多糖等的萃取，要加入夹带剂并在很高的压力下进行，给工业化生产带来一定的难度。此外该设备一次性投资大，也对其普及带来一定的限制。

超临界流体萃取技术是目前工业上最有希望取代传统的蒸馏法和溶剂法来提取中药挥发性成分的技术。

2. 超声技术

超声波在冲击物体表面时产生骚动效应、空化效应和热效应，使液体流动而产生数以万计的微小气泡，这些气泡在超声波纵向传播的负压区形成、生长，而在正压区迅速闭合，气泡的闭合可形成超过1 000个大气压的瞬间高压，就像一连串小“爆炸”不断冲击物体表面，同时，局部温度瞬时上升至几千摄氏度高温，从而达到击碎物体、净化表面、溶解提取等目的。超声波使用的介质多为水，目前最常用的是电声型超声波发生器，市场销售的规格多为50～2 000 W、20～40 kHz的仪器。

利用超声技术可以对药物的制剂进行乳化制成乳剂，也可以用于制剂等的灭菌。

3. 酶工程技术

该技术是选用适当的酶，通过酶反应较温和地将植物的组织分解而达到提取、纯化有效成分的目的，是近几年用于中药工业的一项生物工程技术。中药制剂中的杂质大多为淀粉、果胶、蛋白质等，可选择相应的酶予以分解除去。针对根中含有脂溶性、难溶于水或不溶于水成分多，通过加入淀粉部分水解产物及葡萄糖苷酶或转糖苷酶，使脂溶性、难溶于水或不溶于水的有效成分转移到水溶性苷糖中。酶反应较温和地将植物组织分解，可较大幅度地提高效率。在国内，上海中药一厂应用酶法成功制备了生脉饮口服液，选用不同的酶的作用有：将植物组织分解，加速有效成分的释放；将非需成分如蛋白质、果胶、淀粉、植物纤维等分解而除杂，提高液体制剂的澄清度。

4. 微波提取技术

微波是一种非电离的电磁辐射，被辐射物质的极性分子在微波电磁场中快速转向及定向排列，从而产生撕裂和相互摩擦引起发热，同时可以保证能量的快速传递和充分利用。微波辅助提取的研究表明，微波辐射诱导萃取技术具有选择性高、操作时间短、溶剂耗量少、有效成分得率高的特点，已被应用于有机污染物的提取、天然化合物及生物活性成分的提取等方面。

微波具有热效应和非热效应，尤其热效应特别明显，水、乙醇等中药提取常用溶剂在微波作用下均升温明显，同时微波泄漏对操作者影响很大，这些对 MAE 的研究与应用带来了一定的困难，实验用微波装置设计的好坏对能否得到有价值的结果影响甚大。

5．半仿生提取法

从生物药剂学的角度将整体药物研究法与分子药物研究法相结合，模拟口服给药后药物经胃肠道转运的环境，为经消化道给药的中药制剂设计的一种新的提取工艺。即先将药粉以一定 pH 的酸水提取，再用一定 pH 的碱水提取，提取用水的最佳 pH 和其他工艺参数的选择，可用一种或几种有效成分结合主要药理作用指标，采用比例分割法来优选。以芍药苷、甘草次酸为指标比较芍甘止痛颗粒“半仿生提取法”和传统水煎煮法的提取率，结果，“半仿生提取法”优于传统水煎煮法。以小檗碱、黄芩苷、栀子苷为指标，考察寒痛定泡腾冲剂 4 种提取方法，结果，半仿生提取法＞半仿生提取醇沉法＞水提取法＞水提取醇沉法。

“半仿生提取法”体现了中医临床用药的综合作用特点，又符合口服药物经胃肠道转运吸收的原理。同时不经乙醇处理，可以提取和保留更多的有效成分，缩短生产周期，降低成本，也可利用一种或几种指标成分的含量控制制剂内在质量。多种制剂实践提示我们：“半仿生提取法”有可能替代水提取法；“半仿生提取醇沉法”有可能替代水提取醇沉法，这是中药制剂工艺的一项重大革新，有较高的学术价值和推广应用前景。

此外，还有加压逆流提取法：即将若干提取装置串联，溶剂与药材逆流通过，并保持一定接触时间的方法。用此法可使冬凌草提取液浓度增加 19 倍，而溶剂及热能单耗分别降低 40％和 57％。

旋流提取法：采用 PT-1 型组织搅拌机，搅拌速度为 8 000 r/min。原料不必预先粉碎。提取用水温度分别为 20℃和 100℃，处理时间为 20～30 min。旋流法(8 000 r/min)提取侧金盏花，对提取液中黄酮类化合物、皂苷、有机酸等进行分析表明，该法的提取效率高。

6．超高压技术

超高压技术是近年来发展较快的一种新型的加工技术，具有快速、高效、耗能小、提取温度低、操作简单以及绿色环保等特点，是一种新型的提取技术，广泛地应用于热敏和易焦煳食品的低温灭菌、病毒灭活、疫苗制取、淀粉和蛋白质改性、食品加工、制药等诸多领域，为生物、医药和食品工程的科学研究、产品开发、工艺改革提供了新的平台。

超高压提取过程压力对提取效率的影响可以从以下不同阶段加以说明。①升压阶段：压力在几分钟内(一般小于5min)迅速由常压升为几百兆帕，固体组织细胞内外形成了超高的压力差，提取溶剂在超高压力推动下迅速渗透到植物内部维管束和腺细胞内。随着压力迅速升高，细胞体积被压缩，如果超过其形变极限，会导致细胞破裂，细胞内的物质与溶剂接触被溶解；如果没有超过细胞的形变极限，提取溶剂在高压作用下，进入植物细胞内，有效成分溶解在提取溶剂中。②保压阶段：超高压力引起体系的体积变化，推动了化学平衡的移动，溶剂的渗透、溶质的溶解快速达到平衡。因此保压阶段时间很短，一般几分钟之内即可完成。③卸压阶段：卸压一般在几秒之内即可完成(一般卸压时间<2 s)，组织细胞的压力从几百兆帕的超高压迅速减小为常压，在反方向压力作用下，发生流体以及药物基质体积的爆破膨胀，对细胞壁、细胞膜、质膜、核膜、液泡、微管等形成强烈的冲击致使发生变形。如果变形超过了其变形极限，导致细胞结构出现松散、孔洞、破裂等结构变化，有效成分和溶剂充分接触，溶解了有效成分的溶液会向细胞外迅速扩散；如果在反方向压力作用下细胞壁的变形没有超过其变形极限(在高压作用下通透性增大)，细胞内部已经溶解了有效成分的溶剂在高渗透压差下快速转移到细胞外，达到提取的目的。在流体吸收外界施加的压缩能一定(压力一定)的情况下，卸压时间越短，细胞内流体在向外扩散的同时产生的冲击力越强，引起的湍动效应越强烈，形成的孔洞、碎片越多，一定质量的药物基质的有效比表面会越大，有效成分扩散的传质阻力就会越小、与溶剂接触也就会更充分，提取效率会更高。

9.2.2 现代分离纯化技术

1. 絮凝沉淀技术(吸附澄清技术)

絮凝沉淀技术是在保留绝大多数有效成分的前提下，应用甲壳素类澄清剂、101果汁澄清剂、ZTC1+1系列天然澄清剂、明胶-丹宁絮凝剂、鞣酸、明胶、蛋清、壳聚糖等絮凝剂，通过电中和、吸附架桥对不稳定的胶体溶液或混悬液进行处理，去除提取液中蛋白质、黏液质、树胶、鞣质等杂质，使之澄清稳定的一种新兴制剂技术。

絮凝沉淀技术操作简便，耗时少，成本低，对所需设备及工艺条件要求不高，可操作性强。而且吸附澄清效率高，有效成分损失少，安全无毒，无污染。现在主要用于口服液澄清工艺的改进，颗粒剂制备工艺的改进，药酒澄清工艺，中药分析等。

用鞣酸和明胶精制小儿抗炎清热剂水溶液，不仅成品稳定性好，澄明度也好，临床应用观察疗效优于原汤剂。将101果汁澄清剂用于玉屏风口服液的澄清，与醇沉法比较氨基酸、多糖、黄芪甲苷及总固体的量，前者能更好地保留有效成分，降低生产成本和周期。将ZTC澄清剂用于八珍口服液的制备，并与醇沉法比较，结果表明，可较好地保留中草药指标成分。

2. 大孔树脂吸附技术

大孔吸附树脂是一类不含离子交换基因的交联聚合物，具有网状结构和很高的比表面积，而且由于选用的骨架材料不同(有非极性与极性之分)，一般根据所需分离纯化物质的分子大小及极性强弱，选择与之相适应的大孔吸附树脂，通过物理吸附有选择地吸附有机物质达到提纯分离的目的。

大孔吸附树脂具有选择性好，吸附容量高，解析容易，机械强度好，可反复使用以及流体阻力较小，交换速度快，耐污染性强、使药效成分高度富集、杂质少，减少产品的吸潮性，去除重金属等特点，免去了静置沉淀、浓缩等耗时多的工序。尤其是其孔隙大小，骨架结构和极性可根据需要选择不同的原料和合成条件而改变，使得它的应用范围非常广泛。

用大孔吸附树脂提取精制三七总皂苷，所得产品纯度高，质量稳定，成本低。另外，大孔吸附树脂还可用于含量测定前样品的预分离。

大孔树脂吸附技术能缩短生产周期，所需设备简单。节约包装，降低成本，为中药进入国际市场创造了条件。大孔吸附树技术是目前较为成熟的技术，很有工业推广价值。

3. 超滤技术

超滤是以多孔性半透膜——超滤膜为分离介质，利用不对称微孔结构，在常温下依靠施压，使提取液流经膜面而使高分子杂质被截流的分离技术。超滤膜的孔径在几个纳米至几百个纳米之间，能够在 10^3～10^6 粒径范围内实现分子截留。由于大多数中药有效成分的分子量在 1 000 以下，而非有效成分如大多数的多糖、蛋白质、鞣质等其分子量多在 50 000 以上，因而使用超滤能够有效地去除蛋白质、多肽、黏液质、鞣质、大分子色素、淀粉、热原等；达到除菌、提高药液澄明度以及提高有效成分含量等目的。截留 1 万～3 万分子量的超滤膜可以制备注射用水、输液及中药注射剂，截留 5 万～7 万分子量的超滤膜可以制备口服液和固体制剂。

超滤法制备中药注射液工艺简单，具有提高中药注射剂澄明度，去除杂质和热原，保留更多有效成分及部分脱色的特点。

4. 无机陶瓷膜微滤技术

无机陶瓷膜微滤技术是利用筛分原理，分离大小为 0.05～10 μm 粒子的膜分离技术。主要用于除去液体中的固体粒子，其微滤液澄明度高，在有效成分的质与量上与传统汤剂基本一致。将陶瓷微滤膜微滤法与醇沉法应用于澄清药液，研究结果表明，微滤的澄清除杂的效果和有效成分的保留率与醇沉法基本相近，但微滤法操作简单，常温下进行，生产周期短，省去了大量使用乙醇及浓缩蒸发的过程。与有机高分子膜相比，无机膜(特别是陶瓷膜)化学性质稳定，具有耐高温、耐腐蚀、机械强度高等特点，在微滤、超滤等分离应用中，充分展示了其独特的优点。

近年来，现代膜分离技术因其高效、节能、可在常温低压下操作，对热敏性、保味性物质分离尤为适用，正日益在中药制剂中得到应用。

5. 高速离心技术

高速离心技术是以离心机为主要设备，通过离心机的高速运转，使离心加速度超过重力加速度的成百上千倍，而使沉降速度增加，以加速药液中杂质沉淀并除去的一种方法。

高速离心分离药液具有省时、省力，药液回收完全，有效成分含量高、澄明度高的特点，特别适于分离含难于沉降过滤的细微粒或絮状物的悬浮液。在中药制剂中特别是注射剂中应用非常广泛。

6. 分子蒸馏技术

分子蒸馏技术(Molecular Distillation)又叫短程蒸馏(Short-path Distillation)，是一种特殊的高真空蒸馏。根据分子运动理论，液体分子受热会从液体表面逸出，而不同种类分子逸出后其平均自由程(分子从液面逸出后不与其他分子碰撞的飞行距离)不同。液体混合物为达到分离的目的，首先进行加热，能量足够大的分子逸出表面，轻分子的平均自由程大，重分子平均自由程小，若在离液面小于轻分子平均自由程而大于重分子平均自由程处设置一冷凝面，使得轻分子落在冷凝面上被冷凝，从而破坏了轻分子的动态平衡，使得轻分子能不断逸出，而重分子因达不到冷凝面，很快趋于动态平衡，这样就将混合物分离了。

分子蒸馏具备许多常规蒸馏无法比拟的优点。①操作温度低。常规蒸馏依靠不同物质的沸点差进行分离，而分子蒸馏依靠不同物质分子运动自由程的差别进行分离。②蒸馏压强低。由于分子蒸馏装置独特的结构形式，其内部压强极小，可以获得很高的真空度，同时，也可获得足够大的平均自由程。③在分离过程中，物料处于高真空、相对低温的环境，而且停留时间短，损耗极少，故分子蒸馏技术特别适合于高沸点、热敏性物料，尤其是有效成分的活性对温度极为敏感的天然产物的分离，如玫瑰油、藿香油、桉叶油、山苍子油等。④分离程度高。分子蒸馏常常用来分离常规蒸馏不易分开的物质，然而就两种方法均能分离的物质而言，分子蒸馏的分离程度更高。

7. 高速逆流色谱技术

高速逆流色谱(High-speed Counter Current Chromatography，HSCCC)技术是一种不用任何固体载体或支撑体的液体分配色谱技术，它利用样品中各组分在互不相溶的两相液体中的分配能力不同，导致在聚四氟乙烯管中移动的速度也不同，从而使样品中各组分得到分离。

高速逆流色谱具有两大突出优点：(1)聚四氟乙烯管中的固定相不需要载体，因而消除了气液色谱中由于使用固体载体而带来的吸附损耗、样品变性、沾染和色谱峰拖尾畸变现象，特别适用于分离极性物质和具有生物活性的物质；(2)由于与一般色谱的分离方式不同，所以，其特别适用于制备性分离。

9.2.3 干燥技术

应用于中药制剂的浓缩干燥新技术有沸腾干燥、喷雾干燥、减压干燥、冷冻干燥、红外干燥、微波干燥等。这些技术的应用不仅可以缩短干燥时间、提高产品质量，而且拓宽了干燥范围，使一些原来无法进行干燥的液体物料、热敏性物料、湿粒性物料也能够进行干燥。此外，浓缩干燥技术兼有其他功能，如采用喷雾干燥法制备藿香油等挥发油微囊，微波干燥(2 450 MHz)兼有灭菌的作用等。

1. 喷雾干燥

喷雾干燥是采用较低的温度(80℃左右)将提取浓缩后的药液以雾状喷入干燥器内，

快速将药液干燥为颗粒的制剂工艺和技术。它具有受热时间短、温度低，对有效成分破坏小的优点。上海制药机械三厂生产有流化床喷雾干燥制粒机，可将干燥制粒一次完成。可降低工时、耗能、改善环境、减轻劳动强度，减少损耗，有利于产品质量的提高。目前，此技术和设备已在许多药厂应用。

喷雾干燥是流化技术用于液态物料干燥的一种方法。因是瞬间干燥，特别适用于热敏性物料，故所得产品质量好，不但保持原来的色香味，而且易溶解。利用喷雾干燥来制备微囊的研究正在进行，它是将心料混悬在衣料的溶液中，经离心喷雾器将其喷入热气流中，所得的产品是衣料包心料而成的微囊，这种微囊粉末可采用于直接压片，也可制备胶囊剂、糖浆剂或混悬剂。

2. 冻干技术

冷冻干燥是将需要干燥的产品药液预先冻结成固体，然后在低温条件下，从冻结状态直接升华而除去水分的一种干燥方法。选择冻干箱的温度和真空度应根据不同的产品性质来决定。真空度应在一个合理的范围内，真空度太高不利于传热，干燥速度反而下降。真空冷冻干燥技术尤其适用于遇热分解或变化的成分、动物药品制剂、生化药品制剂的干燥处理，但其设备成本较高。

冷冻干燥是将干燥液体物料冷冻成固体，在低温减压条件下利用冰的升华性能，使物料低温脱水而达到干燥的一种方法。由于物料在高度真空及低温条件下干燥，故很适合对某些极不耐热物品的干燥。王大林报道了一种喷雾通气冻干新技术，是利用冷的空气或氮气作为介质，迅速流经冻结物使水升华，从而实现干燥。喷雾冻干制得的产品微粒小、干燥快、时间短、均匀、流动性好，并具良好的速溶性。近年来，对膏状物料和黏稠物料干燥的研究取得了较大进展，流态化技术、喷射技术、惰性载体技术等是在此研究基础上发展起来的。旋转闪蒸干燥机、热喷射气流干燥机、惰性载体干燥机均适合热敏性物料和膏状物料的干燥。这些新的研究成果用于中药制剂生产将大大改善中药加工的技术水平，提高生产效率。

9.2.4 发展趋势

在科研、生产的过程中进行植物有效成分的提取，应针对不同植物的特性和成分，通过全面分析和综合对比，选定最佳的提取技术和工艺，不能单一的只以一种技术论好坏。随着科技的全面进步，所谓的传统提取方法和上述的几种新方法的提取技术必将得到进一步的发展，形成互补、交叉、综合或融合，也可应用电场、磁场、射线等对某些提取过程进行改进和强化。总之，未来的植物有效成分提取技术必将向着安全高效、易于操作、成本低廉、环境友好的方向发展，使植物有效成分提取分离技术更加完善。

第 2 篇　实训部分

第 1 单元　化学实验基础知识

本单元提要

1. 化学实验规则、化学实验室安全规则、化学实验中意外事故的紧急处理方法、化学实验室“三废”的处理方法、安全用电知识及消防知识。

2. 常用灭火器的使用方法。

1.1　化学实验规则

为了保证正常的实验环境和秩序，防止意外事故的发生，使实验安全顺利地进行，必须严格遵守实验规则。

1. 实验前认真预习，弄清实验目的、要求和原理；仪器结构、使用方法和注意事项；药品或试剂的等级、化学性质、物理性质(熔点、沸点、折射率、密度等数据以及毒性与安全等)；实验装置；实验步骤。要做到心中有数，避免边做实验边翻书的“照方抓药”式实验。写好预习报告，若发现学生没有预习，可责令其重新预习好后再做实验。

2. 实验前，首先检查药品、仪器是否齐全。

3. 实验时，严格遵守操作规程，保证实验安全、顺利地进行。如有事故发生，应沉着冷静、及时处理，并如实报告指导老师。

4. 遵守纪律，不迟到不早退，保持实验室安静，不得嬉戏喧哗。

5. 实验时，严格按照规范操作，仔细观察现象，认真思考，及时如实地把实验现象和数据记录在实验报告本上，不得随意乱记。根据原始记录，认真分析问题、处理数据，根据不同实验的要求写出不同格式的实验报告，并及时交给指导老师。

6. 实验中的火柴头、废纸片、碎玻璃等应投入废物箱中，以保持实验室的整洁。清洗仪器或实验过程中的废酸、废碱等，应小心倒入废液缸内。切勿向水槽中乱抛杂物，以免淤塞和腐蚀水槽及水管。

7. 节约水、电、煤气、药品等，爱护实验室的仪器设备。损坏仪器应及时报告、登记、补领及赔偿。使用精密仪器时，应严格遵守操作规程，不得任意拆装和搬动。

如发现仪器有故障，应立即停止使用，并及时报告指导老师以排除故障。用毕，应登记，请指导老师检查、签名。

8. 爱护试剂，取用药品试剂后，要及时盖好瓶盖，并放回原处。不得将瓶盖、滴管盖错、乱放，以免污染试剂。所有配好的试剂都要贴上标签，注明名称、浓度及配制日期。

9. 实验完毕后，应及时清洗仪器，仪器、药品放回原处，并摆放整齐，桌面清洁。请指导老师检查仪器、桌面，交回实验报告本，然后离开实验室。学生轮流值日，负责打扫、整理实验室，检查水、煤气开关是否关紧，电源是否切断。关闭窗户。经教师检查合格后，值日生方可离开实验室。

1.2 化学实验室安全规则

在化学实验中，经常使用易破碎的玻璃仪器，易燃、易爆、具有腐蚀性或毒性(甚至有剧毒)的化学药品、电器设备及煤气等。若不严格按照一定的规则使用，容易造成触电、火灾、爆炸以及其他伤害性事故。因此，必须严格遵守实验室安全规则。

1. 必须了解实验环境，充分熟悉实验室中水、电、天然气(煤气)的开关、消防器材、急救药箱等的位置和使用方法，一旦遇到意外事故，即可采取相应措施。

2. 严禁任意混合各种化学药品，以免发生意外事故。

3. 倾注试剂，开启易挥发的试剂瓶(如乙醚、丙酮、浓盐酸、硝酸、氨水等试剂瓶)及加热液体时，不要俯视容器口，以防液体溅出或气体冲出伤人。加热试管中的液体时，切不可将管口对着自己或他人。不可用鼻孔直接对着瓶口或试管口嗅闻气体的气味，而应用手把少量气体轻轻扇向鼻孔进行嗅闻。

4. 使用浓酸、浓碱、溴、铬酸洗液等具有强腐蚀性的试剂时，切勿溅在皮肤和衣服上。如溅到身上应立即用水冲洗，溅到实验台上或地上时，要先用抹布或拖把擦净，再用水冲洗干净。更要注意保护眼睛，必要时应戴上防护眼镜。

5. 使用 HNO_3、HCl、$HClO_4$、H_2SO_4 等浓酸的操作及能产生刺激性气体和有毒气体(如 HCN、H_2S、SO_2、Cl_2、Br_2、NO_2、CO、NH_3 等)的实验，均应在通风橱内进行。

6. 使用乙醚、乙醇、丙酮、苯等易燃性有机试剂时，要远离火源，用后盖紧瓶塞，置阴凉处保存。加热易燃试剂时，必须使用水浴、油浴、砂浴或电热套等，绝不能使用明火！若加热温度有可能达到被加热物质的沸点、回流或蒸馏液体时，必须加入沸石或碎瓷片，以防液体爆沸而冲出伤人或引起火灾。要防止易燃有机物的蒸气外逸，切勿将易燃有机溶剂倒入废液缸中，更不能在开口容器(如烧杯等)内盛放有机溶剂。钠、钾和白磷等在空气中易燃的物质，应隔绝空气存放。钠、钾要保存在煤油中，白磷要保存在水中，取用时应使用镊子。

7. 使用一切有毒药品(如氰化物、砷化物、汞盐、铅盐、钡盐、六价铬盐等)时应格外小心！严防进入口中或接触伤口，剩余的药品或废液切不可倒入下水道或废液桶中，要倒入回收瓶中，并及时加以处理。处理有毒药品时，应戴护目镜和橡皮手套。

8. 某些容易爆炸的试剂如浓高氯酸、有机过氧化物、芳香族化合物、多硝基化合物、硝酸酯、干燥的重氮盐等要防止受热和敲击。实验中，必须严格遵守操作规程，以防爆炸。

9. 用电应遵守安全用电规程。

10. 高压钢瓶、电器设备、精密仪器等，在使用前必须熟悉使用方法和注意事项，严格按要求使用。

11. 使用天然气时，应特别注意正确使用，严防泄漏！燃气阀门应经常检查，保持完好。天然气(煤气)灯和橡皮管在使用前也要仔细检查。发现漏气，应立即熄灭室内所有火源，打开门窗。使用天然气(煤气)灯加热时，火源应远离其他物品，操作人员不得离开，以防熄火漏气。用毕应关闭燃气管道上的小阀门，离开实验室时还应再检查一遍，以确保安全。

12. 实验室严禁饮食、吸烟或存放餐具，不可用实验器皿盛放食物，也不可用茶杯、食具盛放药品，一切化学药品禁止入口。实验室中药品或器材不得随便带出实验室。实验完毕要洗手。离开实验室时，要关好水、电、天然气(煤气)、门窗等。

1.3 化学实验中意外事故的紧急处理

在实验过程中，如不慎发生了意外事故，应及时采取救护措施，受伤严重者应立即送往医院医治。

1. 玻璃割伤　若伤口内有玻璃碎片，应先取出，再用消毒棉棒擦净伤口，涂上红药水、紫药水或贴上创可贴，必要时撒上消炎粉或敷上消炎膏，并用绷带包扎。如伤口较大，应立即就医。

2. 酸(或碱)腐伤　酸或碱溅到皮肤上时，应立即用大量水冲洗，再用饱和碳酸氢钠溶液(或2%醋酸溶液)冲洗，然后再用水冲洗，最后涂敷氧化锌软膏(或硼酸软膏)。

3. 酸(或碱)溅入眼内　应立即用大量水冲洗，再用2% $Na_2B_4O_7$ 溶液(或3%硼酸溶液)冲洗眼睛，然后用蒸馏水冲洗。

4. 溴腐伤　先用乙醇或10% $Na_2S_2O_3$ 溶液洗涤伤口，再用水冲洗干净，然后涂敷甘油。

5. 白磷灼伤　先用1% $AgNO_3$ 溶液、1% $CuSO_4$ 溶液或浓 $KMnO_4$ 溶液洗涤伤口，然后，用浸过 $CuSO_4$ 溶液的绷带包扎。

6. 烫伤　切勿用水冲洗，更不要把烫起的水泡挑破。可在烫伤处用 $KMnO_4$ 溶液擦洗或涂上黄色的苦味酸溶液、烫伤膏或万花油。严重者应立即送往医院治疗。

7. 吸入刺激性气体或有毒气体　吸入了 Br_2、Cl_2、HCl 等气体时，可吸入少量酒精和乙醚的混合蒸气以解毒。若吸入了 H_2S、CO 而感到不适时，应立即到室外呼吸新鲜空气。

8. 误食毒物　应立即服用肥皂液、蓖麻油，或服用一杯含5～10 mL 5% $CuSO_4$ 溶液的温水，并用手指伸入咽喉部，以促使呕吐，然后立即送往医院治疗。

9. 触电　立即切断电源。必要时进行人工呼吸。

10. 火灾　根据起火原因立即采取相应的灭火措施。

1.4　化学实验室废弃物的环保处理

在化学实验中会产生各种有毒的废气、废液和废渣(也称"三废")，其中，有些是剧毒物质和致癌物质，如果直接排放，会污染环境，造成公害，而且"三废"中的贵重和有用成分没能回收，在经济上也是损失。所以，尽管实验过程中产生的"三废"少而且复杂，仍须经过必要的处理才能排放。此外，在学习期间应进行"三废"处理以及减免污染的教育，树立环境保护观念，所以，对"三废"的处理是非常重要的事情。实验室"三废"的处理应做到以下几点。

1. 废气的处理

当做有少量有毒气体产生的实验时，可以在通风橱中进行。通过排风设备把有毒废气排到室外，利用室外的大量空气来稀释有毒废气。

如果做有较大量有毒气体产生的实验时，应该安装气体吸收装置来吸收这些气体，然后进行处理。例如，HF、SO_2、HCl、NO_2、Cl_2 等酸性气体可以用 NaOH 水溶液吸收后排放；碱性气体如 NH_3 等用酸溶液吸收后排放；CO 可点燃转化为 CO_2 气体后排放。

对于个别毒性很大或排放量大的废气，可参考工业废气处理方法，用吸附、吸收、氧化、分解等方法进行处理。

2. 废液的处理

化学实验室的废液在排入下水道之前，应经过中和及净化处理。

(1)废酸和废碱溶液

经过中和处理，使 pH 保持在6～8范围内，并用大量水稀释后方可排放。

(2)含镉废液

加入硝石灰等碱性试剂，使所含的金属离子形成氢氧化物沉淀而除去。

(3)含六价铬化合物的废液

在铬酸废液中，加入 $FeSO_4$ 或 Na_2SO_3，使其变成三价铬后，再加入 NaOH(或 Na_2CO_3)等碱性试剂，调节溶液 pH 在6～8范围内，使三价铬形成 $Cr(OH)_3$ 沉淀除去。

(4)含氰化物的废液

加入 NaOH 使废液呈碱性(pH>10)后，再加入 NaClO，使氰化物分解成 CO_2 和 N_2 而除去；也可在含氰化物的废液中加入 $FeSO_4$ 溶液，使其变成 $Fe(CN)_2$ 沉淀除去。

(5)汞及汞的化合物废液

若不小心将汞散落在实验室内，必须立即用吸管、毛笔或硝酸汞酸性溶液浸过的薄铜片将所有的汞滴拣起，收集在适当的瓶中，用水覆盖起来。散落过汞的地面应撒上硫黄粉，覆盖一段时间，使生成硫化汞后，再设法扫净，也可喷上20%的$FeCl_3$溶液，让其自行干燥后再清扫干净。处理少量含汞废液时，可在含汞废液中加入Na_2S，使其生成难溶的HgS沉淀，再加入$FeSO_4$作为共沉淀剂，清液可以排放，残渣可用焙烧法回收汞，或再制成汞盐。

(6)含铅盐及重金属的废液

可在废液中加入Na_2S或NaOH，使铅盐及重金属离子生成难溶性的硫化物或氢氧化物而除去。

(7)含砷及其化合物的废液

在废液中加入$FeSO_4$，然后用NaOH调节溶液pH至9，砷化合物和$Fe(OH)_3$与难溶性的Na_3AsO_3或Na_3AsO_4产生沉淀，经过滤除去。另外，还可在废液中加入H_2S或Na_2S，使其生成As_2S_3沉淀而除去。

(8)酚

高浓度的酚可用己酸丁酯萃取，重蒸馏回收。低浓度的含酚废液可加入NaClO或漂白粉使酚氧化为CO_2和H_2O。

3. 废渣的处理

有毒的废渣应深埋在指定的地点，如有毒的废渣溶解于地下水，会混入饮水中，所以不能未经处理就深埋。有回收价值的废渣应该回收利用。

第2单元 化学实验基本测量技术

本单元提要

1. 认识各类天平结构和简单维修。
2. 学会实验室常用称量仪器的使用。
3. 了解量筒、量杯的规格及其适用范围。
4. 了解滴定管的类型、规格及用途。
5. 了解固体和气体体积的测量方法。
6. 熟练掌握滴定管、容量瓶及吸管的校准和使用方法。

2.1 质量的称量技术

实验室常用天平有托盘天平、半自动电光天平、DT-100型单盘天平、电子天平等，各种天平精密度不同，现分别介绍其结构和使用。

2.1.1 托盘天平

托盘天平由托盘(分左右两个)、指针、标尺、调节零点的平衡螺母、游码、分度盘等组成如图2-1所示。托盘天平只能用于粗略的称量，能称准到0.1 g。

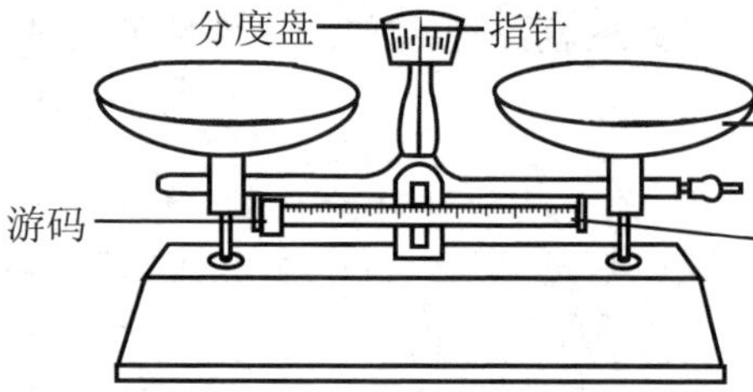

图2-1 托盘天平

1. 称量前先把游码放在标尺的零刻度处，检查天平是否平衡。如果平衡，指针摆动时先后指示分度盘上的左、右两边的格数接近相等，指针静止时则应指在分度盘的中间。如果天平未达到平衡，调节左、右的平衡螺母，使天平平衡。

2. 称量时把称量物放在左盘，砝码放在右盘。砝码要用镊子夹取。先加质量大的砝码，再加质量小的砝码，最后移动游码，直到天平平衡为止。记录所加砝码和游码的质量。

3. 称量完毕后，应把砝码放回砝码盒中，把游码移回零处。

化学实验称量的药品常是一些粉末状或易潮解的、有腐蚀性的药品，为了不使天平受到污染和损坏，使用时还应特别注意以下两点。

(1)不可把药品直接放在托盘上称量。称量干燥的固体药品前，应在两个托盘上各放一张相同质量的称量纸，然后把药品放在纸上称量。

(2)易潮解的药品必须放在玻璃器皿(如小烧杯、表面皿)里称量。

2.1.2 电子天平

随着生产和科学技术的发展，人们对称量的速度和称量的精度有了更高的要求，电子天平就是天平中新发展的一种。其称量快速、简便，把物体放到秤盘上后，几乎立即就能用数字显示出所称物质的质量。此外，它还具有超载报警、数据处理、联机等功能。用于准确称量物品的质量。

1. 种类和规格

电子天平有普通电子天平、上皿电子天平及电子精密天平和电子分析天平之分。电子精密天平一般为 5～6 级，适用于普通的较精密的测量。而电子分析天平为 3～4 级，主要应用于分析测试中。电子天平的规格品种齐全，最大载荷从几十克至几千克，最小分度值可至 0.001 mg。一般分析测试中所用电子天平的最大称量值为 100 g 或 200 g，最小分度值 0.1 mg。它的外观如图 2-2 所示。

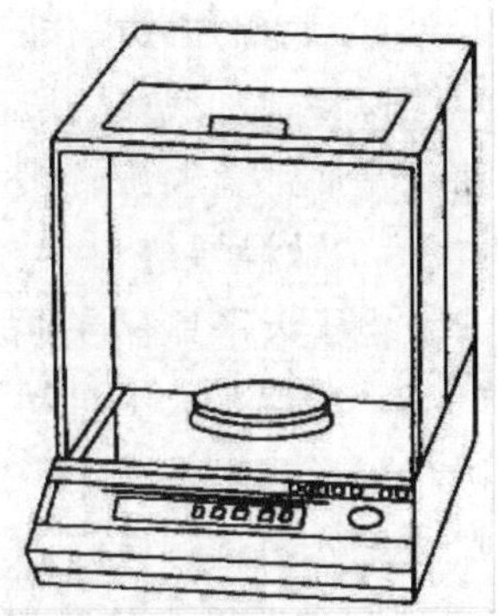

图 2-2 电子天平

2. 称量原理

尽管各种电子天平的控制方式和电路结构多种多样，但其称量的依据都是电磁力平衡原理。如果把通电导线放在磁场中，导线将产生电磁力，力的方向可以用左手定则来判定。当磁场强度不变时，力的大小与流过线圈的电流强度成正比。由于重物的重力方向向下，电磁力方向向上，与之相平衡，则通过导线的电流与被称物体的质量成正比。

秤盘通过支架连杆作用于线圈上，重力方向向下。线圈内有电流通过，产生一个向上作用的电磁力，与秤盘重力方向相反，大小相等。位移传感器处于预定的中心位置，秤盘上物体通过放大器改变线圈的电流直至线圈回到中心位置为止，通过数字显示出物体的质量。

3. 操作步骤(以 DF 系列电子天平为例)

(1)天平的开机操作

首先调节好天平的水平，然后接通电源，再按 ON/OFF 键，待显示器显示出 ±88888888%，扫描显示 CH1、CH2、CH3、CH4、CH5、CH6、CH7、CH8、CH9，稳定显示为0.0000 g后，天平的开机操作结束。

(2)天平的校准操作

天平校准应该在开机状态下进行。首先清除天平秤盘的被称物体，再接通电源，待显示器显示稳定的“0.0000 g”后，按 CAL(校准)键。天平显示器显示“C”后(若天平显示“CE”，则需再按 T 键，待天平显示器显示 0.0000 g 后，再重新开始校准)，再把内装标准砝码推拉杆朝天平的背部方向推足，等待天平显示器显示“C”并发出控制信号“嘟”声，表示天平校准完毕。将内装砝码推拉杆恢复到校准前位置。按去皮键 T，当天平显示 0.000 0 g 时即可进行正常称量，并隔一定时间(1～2 h)进行校准一次，以保证称量的正确性。

(3)去皮操作

当要把天平秤盘上的被称物体的质量显示清零，只要按 T 键即可，天平显示器即显示 0.0000 g。

(4)天平读数

将被称物轻轻放在秤盘中央，显示器上的数字不断变化，待数字稳定并出现单位“g”后，则表示天平显示值已稳定，可以读数。

(5)底部加载操作

除顶部加载(从顶部往秤盘上放置被称物体)操作外，还有一种底部加载操作，即将天平底部盖帽旋转 180°后，可见天平底部称量吊钩，能进行天平底部称量操作。

(6)故障寻迹

电子天平具有自动故障寻迹功能。天平开机后，在天平的显示器上依次显示 CH1～CH9，这就是天平自动故障的寻迹过程。若天平的某一部分出现故障，则以相应的故障代码形式出现在天平的显示器上。一旦在天平的显示器上出现故障代码，应通知工厂或维修站进行检修。

4. 电子天平的特点

(1)使用寿命长，性能稳定，灵敏度高且操作方便。

(2)电子天平采用电磁力平衡原理，称量时全量程不用砝码。放上被称物质后，在几秒内即达到平衡，显示读数，因此，称量速度快，精度高。

(3)具有自动校准、超载指示、故障报警、自动去皮等功能。

(4)电子天平具有质量电信号输出，可以与打印机、计算机连用，扩展其功能。这是机械化天平无可比拟的优点。

5. 使用注意事项

(1)天平使用电源必须是 220V 交流电，用户必须保证天平电源具有良好的接地线。

(2)天平应放于无振动、无气流、无热辐射及不含有腐蚀性气体的环境中。

(3)天平开机后需预热 30～60 min。

(4)天平操作台使用水泥台或其他防振的工作台。

2.1.3 称量方法

1. 直接称量法

天平零点调好后，休止天平，把被称物用一干净的纸条套住(也可用戴汗布手套、用镊子或钳子等适宜方法)放在天平秤盘中央，调整砝码使天平平衡，所得读数即为被称物的质量。这种方法适合于称量洁净干燥的器皿、棒状或块状的金属及其他整块的不易潮解或升华的固体样品。

2. 固定质量称量法

此法用于称取指定质量的试样。适合于称取本身不宜吸水，并在空气中性质稳定的试样，如金属、矿石、合金等。其方法是先称出容器(如表面皿、铝勺、硫酸纸)的质量。然后加入固定质量的砝码，再用牛角勺将试样慢慢加入盛放试样的器皿(或硫酸纸)中。开始加样时，天平应处于休止(双盘天平)或半开(单盘天平)的状态。当所加试样与指定的质量相差不到 10 mg 时，全开天平，极其小心地将盛有试样的牛角勺伸向左秤盘的容器上方2～3 cm处，勺的另一端顶在掌心上，用拇指、中指及掌心拿稳牛角勺，并用食指轻弹勺柄，将试样慢慢抖入容器中(如图 2-3 所示)，直至天平平衡为止。此操作应十分细心，如不慎加多了试样，只能关闭天平，用牛角勺取出多余的试样，再重复上述操作直到符合要求为止。

图 2-3　固定质量称样法

3. 差减称量法

这种方法适于连续称取多份易吸水，或易氧化，或易与 CO_2 反应的物质。与上法不同，称取样品的质量只要控制在一定要求范围内即可。

操作步骤如下：将适量的试样装入洁净干燥的称量瓶中，用洁净的小纸条套在称量瓶上(如图 2-4 所示)，将称量瓶放在天平秤盘中心，设称得其质量为 m_1 g。取出称量瓶，用左手将其举在承接试样的容器(烧杯或锥形瓶)上方，右手用小纸片夹住瓶盖柄，打开瓶盖将称量瓶慢慢向下倾斜，并用瓶盖轻轻敲击瓶口，使试样慢慢落入容器内，这时应格外小心，不要把试样撒在容器外(如图 2-5 所示)。当估计倒出的试样已接近所要求的质量时，慢慢将称量瓶竖起，用瓶盖轻轻敲瓶口，使黏附在瓶口上部的试样落入瓶内，然后盖好瓶盖，将称量瓶再放回天平盘上称量。如此反复数次直到倒出的试样质量达到要求为止。设此时称得的质量为 m_2 g，则称出试样的质量为(m_1-m_2)g。按上述方法连续操作，可称取多份试样。

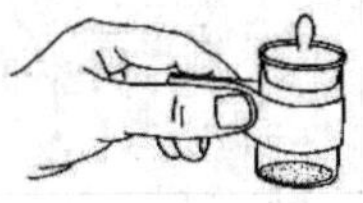

图 2-4　称量瓶拿法

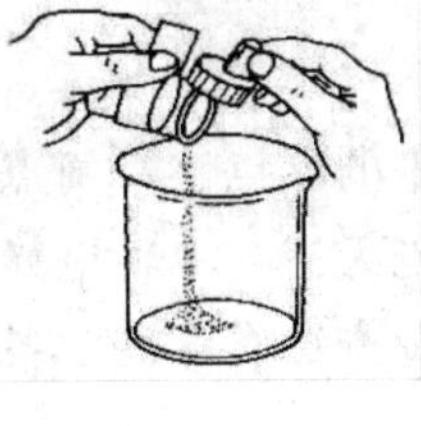

图 2-5　试样敲击方式

2.1.4　分析天平的性能

天平的灵敏度、稳定性、不等臂性和示值变动性是衡量天平质量的四个重要指标。

1. 灵敏度

灵敏度是分析天平的主要质量指标之一。天平的灵敏度是指天平的一个盘上增 1 mg 的质量所引起的指针偏移程度。灵敏度的单位是分度/mg。指针偏移程度越大，则灵敏度越高。

灵敏度也可以用分度值(感量)表示。分度值是灵敏度的倒数。即:

分度值(感量)=1/灵敏度

分度值的单位是 mg/分度。

例如，TG-328B 半自动电光天平感量为 0.1 mg/分度，则其灵敏度为:

$$\text{灵敏度}=\frac{1}{0.1\ \text{mg/分度}}=10\ \text{分度/mg}$$

即加 1 mg 砝码可以使指针偏移 10 分度。这就是通常所指的万分之一天平。一般使用中的电光天平的灵敏度，要求增加 10 mg 质量时，指针偏移的分度数在(100±2)分度之内。天平的灵敏度太低，则称量的准确度达不到要求；天平的灵敏度太高，则稳定性太差，也影响称量的准确度。

2. 稳定性

天平的稳定性是指在空载或载重的情况下，当横梁受到扰动时，它能自动回到初始平衡位置的能力。它主要取决于横梁重心的高低，重心在支点以下越远，天平越稳定。天平的灵敏度与稳定性的乘积为一常数，提高天平的灵敏度必须在保证稳定性的基础上进行。

3. 不等臂性

不等臂性是指天平横梁的左右两臂不相等的状况。天平横梁的左右两臂要求完全相等，但是由于装配的误差，以及温度的影响，还会使天平两臂的长度有一定的误差而影响称量结果的准确性。在实际的工作中，经常使用同一台天平进行称量，所以，这种误差有时可以相互抵消。

4. 示值变动性

天平的示值变动性是指在不改变天平状态的情况下，多次开关天平，每一次天平达到平衡时，指针所指位置的重复性能。显然，重复性越好，称量结果的可靠程度也越高。

思考题

(1)什么是天平的零点、平衡点、灵敏度和分度值?

(2)半自动电光天平与单臂电光天平的结构及使用方法有何不同?

(3)常用的称量方法有哪些?各适用于什么情况?

实训 1　直接称量法训练

1. 训练目标

(1)掌握分析天平的使用方法。

(2)掌握直接称量法的操作。

2. 实验用品

半自动或全自动电光天平，表面皿(直径 6cm)，托盘天平，铜片等。

3. 操作步骤

(1)调节好托盘天平的零点，用金属镊子将清洁干燥的表面皿放到托盘天平的左盘上，在右盘选放适量的砝码使之达到平衡，称取表面皿的质量。再用金属镊子将铜片放在表面皿上，称取表面皿与铜片的总质量，准确至0.1 g。

(2)测定并调节好电光天平的零点，用镊子将表面皿夹放到电光天平盘上，精确称量表面皿的质量，然后再用镊子将铜片放在表面皿上，精确称量表面皿和铜片的总质量，两次质量之差即为铜片的质量(精确至0.1 mg)。

4. 原始记录和数据处理

天平编号： 测定日期：

铜片编号________________________；

表面皿粗称质量________________________；

表面皿和铜片粗称总质量________________________；

表面皿精确质量________________________；

表面皿与铜片精确总质量________________________；

铜片精确质量＝表面皿与铜片精确质量－表面皿精确质量＝__________________。

思考题

(1)为什么每次称量前都必须测定天平的零点？

(2)为什么称量铜片样品用直接称量法称量？

(3)在托盘天平上粗称有什么意义？应注意什么？

实训2 差减法称量练习

1. 训练目标

(1)掌握分析天平的使用方法。

(2)学会用差减法称取试样。

2. 实验用品

半自动或全自动电光天平，托盘天平，称量瓶，小烧杯，碳酸钠(固体)。

3. 操作步骤

(1)用细纱手套戴在手上或用纸带取一洁净干燥的称量瓶，放在已处理干净的托盘天平的秤盘上，称其质量，精确至0.1 g，然后用药勺加入约1 g Na_2CO_3 粉末，放在托盘天平上粗称质量。

(2)将盛有样品 Na_2CO_3 的称量瓶移置分析天平上精确称其质量，准确至0.1 mg。

(3)按减量法操作程序将样品 Na_2CO_3 分为3份，分别倒入3个洁净干燥的小烧杯中，测定倒出样品的质量，并及时记录数据。

4. 原始记录和数据处理

样品号	称量瓶与样品质量/g	倾出样品后质量/g	样品质量/g

思考题

(1)在什么情况下选用差减法称量?

(2)用差减法称取试样时，为什么可以不测定天平的零点?

(3)用托盘天平粗称试样的质量时，为什么必须将称盘处理干净?

实训 3　固定质量称量法练习

1. 训练目标

(1)掌握分析天平的使用方法。

(2)学会用固定质量称量法称取试样。

2. 实验用品

半自动或全自动电光天平，托盘天平，表面皿(直径为 6 cm)，氯化钠(固体)等。

3. 操作步骤

(1)在托盘天平上粗称表面皿的质量，精确至 0.1 g。

(2)在分析天平上精确称出表面皿的质量，精确至 0.1 mg。

(3)在分析天平右盘增加 500 mg 环码，按固定质量称量法操作程序，用药勺将 NaCl 样品慢慢加入表面皿中，直至天平的平衡点与称量表面皿时的平衡点一致为止。此时，称取 NaCl 的质量为 0.5000 g。

(4)将称好的试样无损地直接转入接受容器中。

思考题

(1)在什么情况下选用固定质量称量法?

(2)用固定质量称量法称取试样时应注意哪些问题?

2.2　液体体积的测量技术

实验室量取液体体积常用的玻璃量器(简称量器)有滴定管、移液管、容量瓶、量筒和量杯等。

量器按准确度分成 A、B 两种等级。A 级的准确度比 B 级一般高 1 倍。量器的级别标志可用“一等”“二等”、“I”“E”或“〈1〉”“〈2〉”等表示，无上述字样符号的量器，则表示无级别，如量筒、量杯等。应根据实验要求合理选用量器。

1. 量筒、量杯

量筒、量杯属于精确度较差的量器，常用于量取体积要求不很精确的试剂。其规格有5 mL、10 mL、25 mL、50 mL、100 mL、500 mL、1 000 mL、2 000 mL 等，可根据不同的需要选用不同容量的量筒。应使所量取溶液的体积与量筒的容量相接近。如量取 8.0 mL 的液体时，应使用 10 mL 的量筒，产生的测量误差为±0.1 mL。如使用 100 mL 的量筒，则会产生±1 mL 的测量误差。

2. 滴定管及其使用

(1)滴定管的分类

滴定管是滴定时用来准确测量流出溶液体积的量器(量出式仪器)。常量分析最常用的是容积为 50 mL 的滴定管，其最小刻度是 0.1 mL，因此，读数可以估计到 0.01 mL。另外，还有容积为 10 mL、5 mL、2 mL 和 1 mL 的半微量滴定管或微量滴定管，最小刻度分别是 0.05 mL 和 0.02 mL，特别适用于电位滴定。

根据盛放溶液性质的不同，滴定管可分为两种：一种是具塞酸式滴定管(如图 2-6(a)所示)；另一种是无塞碱式滴定管(如图 2-6(b)所示)。碱式滴定管的一端连接乳胶管或橡皮管，管内装有玻璃珠，乳胶管下面接一尖嘴玻璃管，当用手指捏玻璃珠周围的乳胶管时，便会形成一条狭缝，溶液即可流出(如图 2-6(c)所示)，并可控制流速。

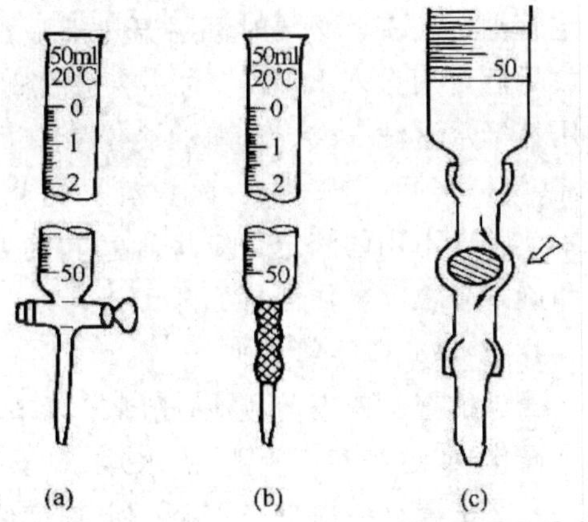

图 2-6　普通滴定管

酸式滴定管用于盛放酸性和氧化性溶液，但不能盛放碱性溶液，因其磨口玻璃塞会被碱性溶液腐蚀，放置久了，活塞将打不开。碱式滴定管用于盛放碱性溶液，但不能盛放能与乳胶管起反应的氧化性溶液，如高锰酸钾、碘和硝酸银等。

滴定管除无色的外，还有棕色的，用以盛放见光易分解或有色的溶液，如 $AgNO_3$、$KMnO_4$ 溶液。

(2)酸式滴定管使用前的准备

①涂油。一支新的或较长时间不使用的和使用了较长时间的酸式滴定管会因玻璃旋塞闭合不好或转动不灵活而导致漏液和操作困难，需将旋塞涂油(如凡士林油等)。其方法是将滴定管放在平台上，取下旋塞，用滤纸擦干旋塞和旋塞套。在旋塞两头用手指均匀地涂一薄层凡士林。注意不要将油涂在旋塞孔上、下两侧，以免旋转时堵塞旋塞孔。将旋塞径直插入旋塞套中，向同一方向转动旋塞，直至旋塞和旋塞套内的凡士林全部透明为止。用一小橡皮圈套在旋塞尾部的凹槽内，以防旋塞从旋塞套掉落

损坏。

②试漏。即检查旋塞处是否漏水。将旋塞关闭，用自来水充满至一定刻度，擦干滴定管外壁，将其直立夹在滴定管架上静置约 2 min，观察液面是否下降，滴定管下管口是否有液珠，旋塞两端缝隙间是否渗水(用干的滤纸在旋塞套两端贴紧旋塞擦拭，若滤纸潮湿，说明渗水)。若不漏水，将旋塞旋转 180°。静置 2 min，按前述方法观察是否漏水。若不漏水且旋塞旋转灵活，则涂凡士林成功，否则应重新涂油、试漏。若出口管尖端被凡士林堵塞，可将其插入热水中温热片刻，然后打开旋塞，使管内的水突然流下(最好借助洗耳球挤压)，将软化的凡士林冲出，并重新涂油、试漏。

③洗涤。滴定管的外侧可用洗洁精或肥皂水刷洗，管内无明显油污的滴定管可直接用自来水冲洗，或用洗涤剂泡洗，但不可刷洗，以免划伤内壁，影响体积的准确测量。若有油污不易清洗，可根据玷污的程度，采用不同的洗液(如铬酸洗液、草酸加硫酸溶液等)洗涤。洗涤时，将酸式滴定管内的水尽量除去，关闭旋塞，倒入 10～15 mL 洗液，两手横持滴定管，边转动边将管口倾斜，并将滴定管口对着洗液瓶口，以防洗液洒出，直至洗液布满全管内壁，立起后打开旋塞，将洗液放入洗液回收瓶中。若滴定管油污较多，必要时可用温热洗液加满滴定管浸泡一段时间。将洗液从滴定管彻底放尽后，用自来水冲洗(注意最初的涮洗液应倒入废酸缸中，以免腐蚀下水管道)，再用蒸馏水淋洗 3 次，洗净的滴定管其内壁应完全被水润湿而不挂水珠，否则需重新洗涤。洗净的滴定管倒夹(防止落入灰尘)在滴定管架上备用。

长期不用的滴定管应将旋塞和旋塞套擦拭干净，并夹上薄纸后再保存，以防旋塞和旋塞套之间黏住而打不开。

(3)碱式滴定管的准备

①检查。使用前应检查乳胶管和玻璃珠是否完好。若胶管已老化，玻璃珠过大(不易操作)或过小和不圆滑(漏水)，应予以更换。

②试漏。装入自来水至一定刻度线，擦干滴定管外壁，处理掉管尖处的水滴。将滴定管直立夹在滴定管架上静置 2 min，观察液面是否下降，滴定管下管口是否有水珠。若漏水，则应调换胶管中的玻璃珠，选择一个大小合适且比较圆滑的配上再试。

③洗涤。碱式滴定管的洗涤方法与酸式滴定管相同。在需要用铬酸洗液洗涤时，需将玻璃珠向上捏，使其紧贴在碱式滴定管的下端，防止洗液腐蚀乳胶管。在用自来水或蒸馏水清洗碱式滴定管时，应特别注意玻璃珠下方死角处的清洗。为此，在捏乳胶管时应不断改变方位，使玻璃珠的四周都洗到。

(4)装溶液、赶气泡

装入溶液前，应将试剂瓶中的溶液摇匀，并将溶液直接倒入滴定管中，不得借助其他容器(如烧杯、漏斗等)转移。关闭滴定管旋塞，用左手前三指持滴定管上部无刻度处(不要整个手握住滴定管)，并可稍微倾斜；右手拿住细口试剂瓶向滴定管中倒入溶液，让溶液慢慢沿滴定管内壁流下。先用摇匀的溶液(每次约 10 mL)将滴定管润洗 3 次。应注意润洗时，两手横持滴定管，边转动边将管口倾斜，一定要使操作溶液洗遍滴定管全部内壁，并使溶液接触管壁 1～2 min，以便洗掉原来的残留液，然后立起打开旋塞，将废液放入废液缸中。对于碱式滴定管，仍应注意玻璃珠下方的洗涤。最后，将溶液倒入滴定管，直至“0”刻度以上，打开旋塞(或用手指捏玻璃珠周围的乳胶管)，使溶液充满滴定管的出口管，并检查出口管中是否有气泡。若有气泡，必须排除。酸式滴定管排除气泡的方法是：右手拿滴定管上部无刻度处，并使滴定管稍微倾斜，左手迅速打开旋塞使溶液冲出(放入烧杯)。若气泡未能排出，可用手握住滴定管，用力上下抖动滴定管。如仍不能排出气泡，可能是出口管未洗净，必须重洗。在使用碱式滴定管时，在装满溶液后，用左手拇指和食指拿住玻璃珠所在的部位并使乳胶管向上弯曲，出口管倾斜向上，然后轻轻捏玻璃珠部位的乳胶管，使溶液从管口喷出(下面用烧杯承接溶液)，再一边捏乳胶管一边把乳胶管放直，注意应在乳胶管放直后，再松开拇指和食指，否则出口管仍会有气泡(如图 2-7 所示)。

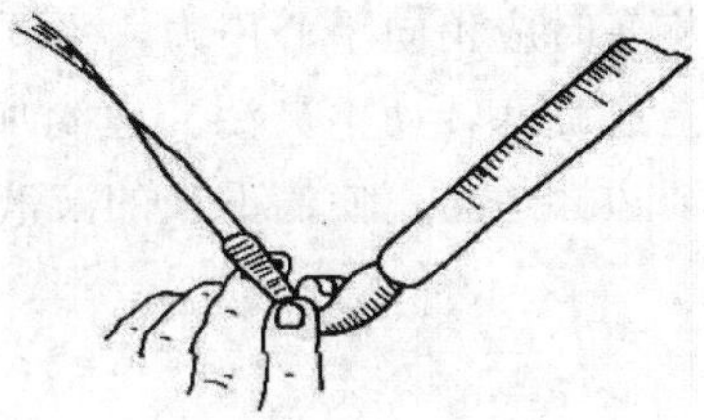

图 2-7　碱式滴定管排气泡的方法

(5)滴定管的读数

①装入或倒出溶液后，必须等 1～2 min，待附着在内壁上的溶液流下来，再进行读数。如果放出溶液的速度较慢，如滴定到最后阶段，每次只加半滴溶液，等待 0.5～1 min方可读数。每次读数前要检查管内壁是否挂液珠，出口管内是否有气泡，管尖是否有液滴。

②读数时用手拿住滴定管上部无刻度处，使滴定管保持自由下垂。对于无色或浅色溶液，读数时，视线与弯月面下缘最低点相切，读取弯月面下缘的最低点读数(如图 2-8 所示)；溶液颜色太深时，视线与液面两侧的最高点相切，读取液面两侧的最高点读数(如图 2-9 所示)。若为白底蓝线衬背滴定管，应当取蓝线上下两尖端相对点的位置读数。无论采用哪种读数方法，都应注意初读数与终读数采用同一标准。

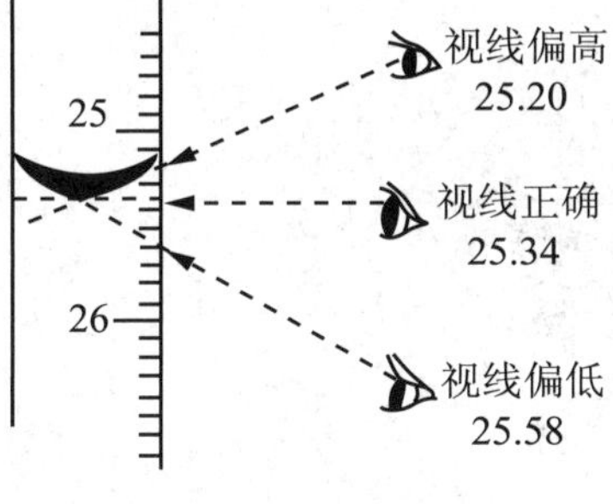

图 2-8　滴定管读数视线

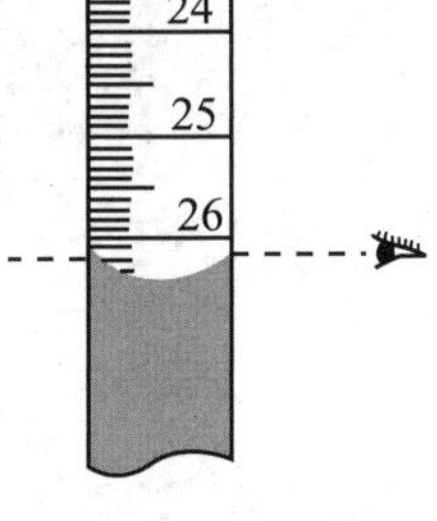

图 2-9　深色溶液的读数

③读取初读数前，应将滴定管尖悬挂着的液滴除去。滴定至终点时应立即关闭旋塞，并注意不要使滴定管中溶液稍微流出，否则终读数便包括流出的半滴溶液。因此，在读取终读数前，应注意检查出口管尖是否悬有溶液。

(6)滴定操作

进行滴定时，应将滴定管垂直地夹在滴定管架上。滴定姿势一般采取站姿滴定，要求操作者身体要站正。有时为了操作方便也可坐着滴定。

滴定操作可在锥形瓶或烧杯内进行。使用酸式滴定管并在锥形瓶中进行滴定时，用右手拿住锥形瓶上部，使瓶底离滴定台 2～3 cm，滴定管下端伸入瓶口内约1 cm。用左手控制活塞，拇指在前，中指和食指在后，轻轻捏住旋塞柄，无名指和小指向手心弯曲，手心内凹，不要让手心顶着旋塞，以防旋塞被顶出，造成漏液，如图 2-10 所示。转动旋塞时应稍向手心用力，不要向外用力，以免造成漏液。但也不要往里用力太大，以免造成旋塞转动不灵活。边滴加溶液，边用右手摇动锥形瓶，使溶液沿一个方向旋转，要边摇边滴，使滴下去的溶液尽快混匀(如图 2-11 所示)。

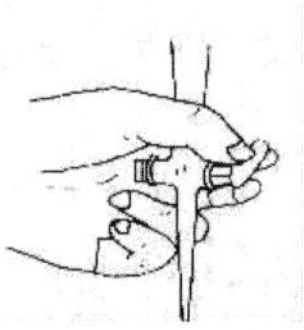

图 2-10　酸式滴定管的操作

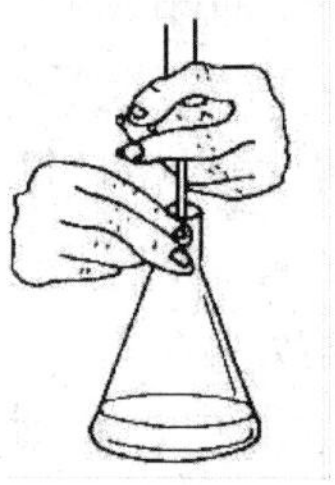

图 2-11　在锥形瓶中的滴定操作

在烧杯中进行滴定时，把烧杯放在滴定台上，滴定管的高度应以其下端伸入烧杯内约1 cm为宜。滴定管的下端应在烧杯中心的左后方处，如放在中央，会影响搅拌；如离杯壁过近，滴下的溶液不宜搅拌均匀。左手控制滴定管滴加溶液，右手持玻璃棒搅拌溶液，如图 2-12 所示。玻璃棒应做圆周搅动，不要碰到烧杯壁和底部。使用碱式滴定管时，左手无名指及小手指夹住出口管，拇指与食指在玻璃珠所在部位往一旁(左右均可)捏乳胶管，使溶液从玻璃珠旁空隙处流出。注意：不要用力捏玻璃珠，也不能使玻璃珠上下移动；不要捏到玻璃珠下部的乳胶管，以免在管口处带入空气。右手和用酸式滴定管滴定时的操作相同。

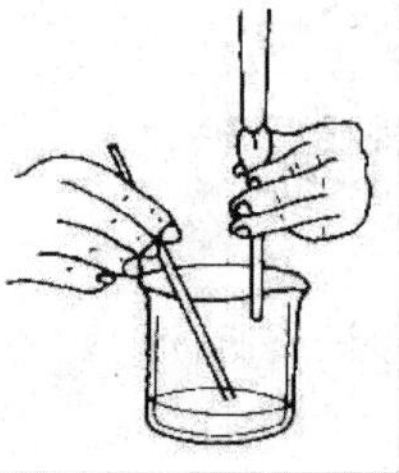

图 2-12　在烧杯中的滴定操作

无论使用哪种滴定管，都不要用右手操作，右手用来摇动锥形瓶或进行其他操作。进行滴定操作时，应注意以下问题。

①每次滴定前都应将液面调至零刻度或接近零刻度处，这样可使每次滴定前后的读数基本上都在滴定管的同一部位，从而消除由于滴定管刻度不准确而引起的误差；还可以保证滴定过程中操作溶液足够量，避免由于操作溶液量不够，需重新装一次操作溶液再滴定而引起的读数误差。

②滴定时，左手不能离开旋塞，任溶液自流。

③摇锥形瓶时应微动腕关节，使锥形瓶做圆周运动，瓶中的溶液则向同一方向旋转，左、右旋转均可，但不可前后晃动，以免溶液溅出。

④滴定时，应认真观察锥形瓶中溶液颜色的变化。不要因看滴定管上的刻度变化而不顾滴定反应的进行。

⑤要正确控制滴定速度。开始滴定时，速度可稍快些，但溶液不能成流水状地从滴定管放出。应呈“见滴成线”状，这时，速度为 3～4 滴/s。接近终点时，应一滴一滴地加入。快到终点时，应半滴半滴地加入，直到溶液出现颜色变化为止。

⑥半滴溶液的控制与加入。用酸式滴定管时，可慢慢转动旋塞，旋塞稍打开一点，让溶液慢慢流出悬挂在出口管尖上，形成半滴，立即关闭旋塞。用碱式滴定管时，拇指和食指捏住玻璃珠所在的部位，稍用力向右挤压乳胶管，使溶液慢慢流出，形成半滴，立即松开拇指与食指，溶液即悬挂在出口管尖上。然后，将滴定管尖嘴尽量伸入瓶中较低处，用瓶壁将半滴溶液靠下，再从洗瓶中吹出蒸馏水将瓶壁上的溶液冲下去。注意只能用很少量蒸馏水冲洗 1～2 次，否则使溶液过分稀释，导致终点颜色变化不敏锐。在烧杯中进行滴定时，可用玻璃棒下端轻轻沾下滴定管尖的半滴溶液，再浸入烧杯中搅匀。但应注意，玻璃棒只能接触溶液，不能接触管尖。用碱式滴定管滴定时，一定要先松开拇指和食指，再将半滴溶液靠下，否则尖嘴玻璃管内会产生气泡。

(7)滴定结束后滴定管的处理

滴定结束后，滴定管内剩余的溶液应弃去，不可倒回原瓶，以防玷污溶液。随即依次用自来水和蒸馏水将滴定管洗净，然后装满蒸馏水夹在滴定管架上，上口用一器皿罩上，下口套一段洁净的乳胶管或橡皮管，或倒夹在滴定管架上备用。长期不用，应倒尽水。酸式滴定管的旋塞和塞套之间应垫上一张小纸片，再套上橡皮圈，然后收在仪器柜中。

3. 吸管

(1)吸管的分类

吸管也是量出式仪器，一般用于准确量取一定体积的液体。吸管的种类较多。无分度吸管通称移液管(如图 2-13(a)所示)，它的中腰膨大，上下两端细长，上端刻有环形标线，膨大部分标有容积和标定时的温度。将溶液吸入管内，使液面与标线相切，再放出，则放出的溶液体积就等于管上标示的容积。常用移液管的容积有 1 mL、2 mL、5 mL、10 mL、25 mL、50 mL 等多种。由于读数部分管径小，所以，其准确性较高。

分度吸管又叫吸量管(如图 2-13(b)所示)，可以准确量取所需要的刻度范围内某一体积的溶液，但其准确度差一些。将溶液吸入，读取与液面相切的刻度(一般在零)，然后将溶液放出至适当刻度，两刻度之差即为放出溶液的体积。在同一实验中应使用同一支吸量管的同一部位量取，以减少吸量管带来的测量误差。

(2)吸管的洗涤

吸管在使用前应清洗至内壁及下端均不挂水珠。可先用自来水冲洗，如挂水珠，可用铬酸洗液洗。尽量把吸管中残留的水清除干净，再将吸管插入洗液中，用洗耳球将洗液慢慢吸至管容积 1/3 处，用食指按住管口，把管横过来，并转动吸管，使洗液布满全管内壁，稍浸泡一会儿后将洗液倒入洗液回收瓶中。再用自来水冲洗，然后用少量蒸馏水洗涤 3 次。如果吸管内壁严重玷污，则应把其放入盛有洗液的大量筒或高型玻璃缸中，浸泡 15 min 到数小时，视其玷污程度而定。

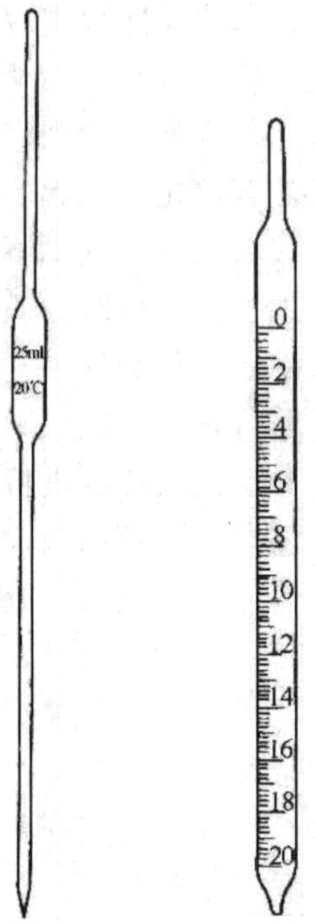

(a)　　(b)

图 2-13　移液管和吸量管

(a)移液管；(b)吸量管

(3)移取溶液

移取溶液前，应用滤纸把管尖端内外的水吸尽，然后用待移取溶液润洗 3 次，以免转移的溶液被稀释。其方法如下：用左手拿洗耳球，将食指或拇指放在洗耳球的上方，其余手指自然握住洗耳球，用右手的拇指和中指拿住吸管标线以上的部分，无名指和小手指辅助拿住吸管，将吸管管尖插入溶液，将洗耳球中的空气排出后，将其尖端紧插入吸管口内，慢慢松开捏紧的洗耳球，溶液借吸力慢慢上升(如图 2-14 所示)，待溶液吸至吸管的 1/4 处(这时，切勿使溶液流回原瓶中，以免稀释溶液)时，立即用右手食指按住管口，离开溶液，将吸管横过来，用两手的拇指和食指分别拿住吸管的两端，转动吸管并使溶液布满全管内壁，当溶液流至距上口 2～3 cm 时，将吸管直立，使溶液由流液口(尖嘴)放出，弃去。用同样的方法将吸管润洗 3 次后，即可移取溶液。将吸管插入待吸溶液液面下 1～2 cm 深度。如插得太浅，则液面下降后会造成吸空；如插得太深，则吸管外壁沾带溶液过多。吸液过程中，应注意液面与管尖的位置，管尖应随液面下降而下降。当液面吸至标线以上 1～2 cm 时，迅速移开洗耳球，同时立即用右手食指堵住管口。左手放下洗耳球，拿起滤纸擦干吸管下端黏附的少量溶液，并另取一干燥洁净的小烧杯，将吸管管尖紧靠小烧杯的内壁，小烧杯保持倾斜，使吸管垂直，视线与刻度线保持水平，然后微微松动右手食指，使液面缓慢下降，直到溶液弯月面的最低点与标线相切时为止，立即按紧食指。左手放下小烧杯，拿起接收溶液的容器，将其倾斜约 45°，将吸管垂直，管尖紧贴接收容器的内壁，松开食指，使溶液自然顺壁流下(如图 2-15 所示)。待溶液下降到管尖后，应等 15 s 左右，然后移开吸管放在吸管架上。不可乱放，以免玷污。注意吸管放出溶液后，其管尖仍残留一滴溶液，对此，除特别注明“吹”字的吸管外，此残留液切不可吹入接收容器中，因为在工厂生产检定时，并未把这部分体积计算进去。

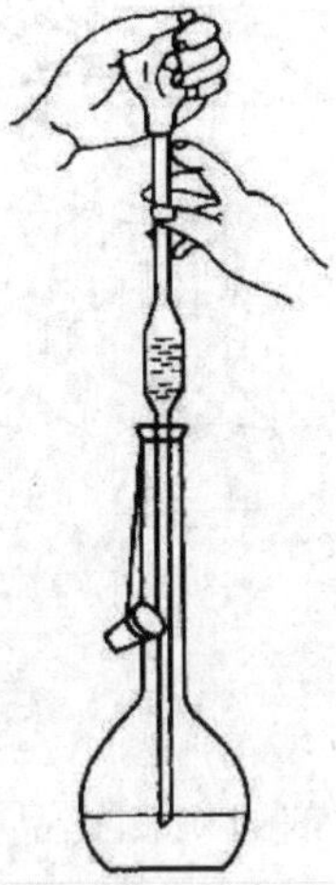

图 2-14　用吸管吸取溶液的操作

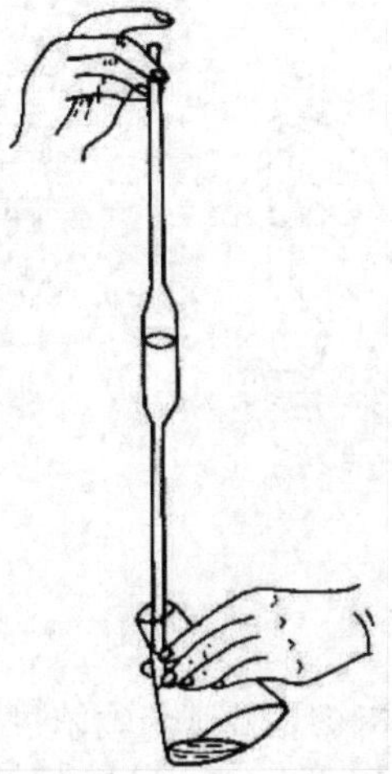

图 2-15　从吸管放出溶液的操作

(4)实验结束

实验完毕后要清洗吸管，放置在吸管架上。

4. 容量瓶

容量瓶是细颈梨形平底玻璃瓶(如图 2-21 所示)，由无色或棕色玻璃制成。带有磨口玻璃塞或塑料塞，颈上有一标线。容量瓶均为量入式。容量瓶的容量定义为：在 20℃时，充满至刻度线所容纳水的体积，单位为 mL。容量瓶有 10 mL、25 mL、50 mL、100 mL、250 mL、500 mL 和 1 000 mL 等规格。

容量瓶主要用于配制准确浓度的溶液或定量地稀释溶液。它常与移液管配套使用，可把配成溶液的某种物质分成若干等份。

使用容量瓶时应注意如下几点。

(1)检查容量瓶的瓶塞是否漏水。其方法是：加自来水至标线附近，盖好瓶塞，用左手食指按住瓶塞，其余手指拿住瓶颈标线以上的部分，用右手指尖托住瓶底边缘(如图 2-16(a)所示)。将瓶倒立 2 min，看其是否漏水，可用滤纸片检查。将瓶直立，瓶塞转动 180°，再倒立 2 min 检查，若不漏水，则可使用。容量瓶的瓶塞不应取下随意乱放，以免玷污、放错或打碎。可用橡皮筋或细绳将瓶塞系在瓶颈上。如为平顶的塑料塞子，也可将塞子倒置在桌面上放置。

(2)容量瓶的洗涤。容量瓶使用前应用铬酸洗液清洗内壁。先尽量倒去瓶内残留的水，再倒入适量洗液(250 mL 容量瓶倒入 20～30 mL 洗液)，倾斜转动容量瓶，使洗液布满内壁，浸泡 10 min 左右，将洗液倒出，然后用自来水充分洗涤，最后用蒸馏水淋洗 3 次。水的用量根据容量瓶的大小而定，如 250 mL 容量瓶，第一次用 30 mL 左右，第 2 和 3 次用20 mL左右。洗净后备用。

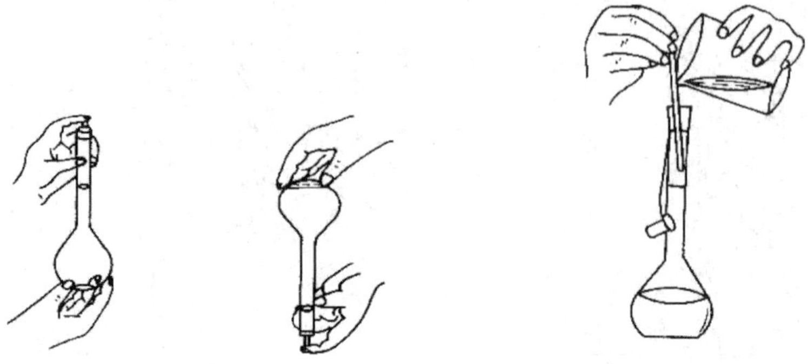

图 2-16　容量瓶的使用

(a)试漏和摇匀；(b)溶液转入容量瓶

(3)用固体物质配制准确浓度的溶液。准确称取基准试剂或被测样品，置于小烧杯中，用少量蒸馏水(或其他溶剂)将固体溶解。如需加热溶解，则加热后应冷却至室温。然后将溶液定量转移到容量瓶中。在定量转移溶液时，右手持玻璃棒，将玻璃棒伸入容量瓶口中，玻璃棒的下端应靠在瓶颈内壁上。左手拿烧杯，使烧杯嘴紧贴玻璃棒，让溶液沿玻璃棒和内壁流入容量瓶中(如图 2-16(b)所示)。烧杯中溶液倾完后，将烧杯慢慢扶正，同时使杯嘴沿玻璃棒上提 1～2 cm，然后再移开玻璃棒，并把玻璃棒放回烧杯中，但不要靠杯嘴。烧杯嘴沿玻璃棒上提，可避免杯嘴与玻璃棒之间的一滴溶液流到烧杯外面。然后，再用少量蒸馏水(或其他溶剂)淋洗烧杯 3 次，每次用洗瓶吹出的蒸馏水冲洗烧杯内壁和玻璃棒，再将溶液转移到容量瓶中。当用洗瓶加蒸馏水至 2/3 容量时，将容量瓶沿水平方向轻轻转动几周，使溶液初步混匀。再继续加水至标线以下约 1 cm 处，等待 1～2 min，使附在瓶颈内壁的水流下后，再用小滴管滴加蒸馏水至弯月面的最低点与标线相切，视线应在同一水平线上。无论溶液有无颜色，加水位置都应使弯月面的最低点与标线相切。随即盖紧瓶塞，左手食指按住瓶塞，其余手指拿住瓶颈标线以上的部分，右手指尖托住瓶底边缘将容量瓶倒转，使气泡上升到顶部，水平振荡混匀溶液(如图 2-16(a)所示)。这样重复操作 15～20 次，使瓶内溶液充分混匀。

右手托瓶时，应尽量减少与瓶身的接触面积，以避免体温对溶液温度的影响。100 mL 以下的容量瓶可不用右手托瓶，只用一只手抓住瓶颈，同时用手心顶住瓶塞倒转摇动即可。

(4)如用容量瓶将已知准确浓度的浓溶液稀释成一定浓度的稀溶液，则用移液管移取一定体积的浓溶液于容量瓶中，加蒸馏水至标线，按前述方法混匀溶液。

(5)容量瓶不宜长期保存试剂溶液，不可将容量瓶当作试剂瓶使用。如配好的溶液需长期保存，应将其转移至磨口试剂瓶中。磨口瓶洗涤干净后还必须用容量瓶中的溶液淋洗 3 次。

(6)容量瓶用毕应立即用自来水冲洗干净。如长期不用，磨口处应洗净擦干，垫上小纸片，放入仪器柜中保存。

(7)容量瓶不能在烘箱中烘烤，也不能用明火直接加热。如需使用干燥的容量瓶时，可将容量瓶洗净后，用乙醇等有机溶剂荡洗后晾干或用电吹风的冷风吹干。

5. 量器的校准

目前我国生产的量器，其准确度可以满足一般实验室工作的要求，无需校准，但在要求较高的分析工作中则必须对所用量器进行校准。

量器校准的方法有两种。一种标准是称量被校准的量器中“容纳”或“放出”纯水的质量，再根据当时水温下水的密度由下列公式计算出该量器在 20℃时的实际容量，称为称量法，也称绝对校准法。滴定管常用这种方法校准。

$$V_{20}=\frac{m_{w}}{\rho_{w}}$$

式中：V_{20}——容器在 20℃时的容积；

m_{w}——容器中“容纳”或“放出”的纯水在 t℃于大气中以黄铜砝码称得的质量；

ρ_{w}——t℃时纯水的密度即表观密度(如表 2-1 所示)。

表 2-1　20℃时体积为 1 L 的水在 t/℃时的质量

温度/℃	质量/g	温度/℃	质量/g	温度/℃	质量/g
5	998.52	17	997.65	29	995.18
6	998.51	18	997.51	30	994.91
7	998.50	19	997.35	31	994.68
8	998.48	20	997.18	32	994.34
9	998.44	21	997.00	33	994.05
10	998.39	22	996.80	34	993.75
11	998.32	23	996.60	35	993.45
12	998.23	24	996.38	36	993.12
13	998.14	25	996.17	37	992.80
14	998.04	26	995.93	38	992.46
15	997.97	27	995.69	39	992.12
16	997.80	28	995.44	40	991.77

另一种校准方法是用一已校准过的容器间接校准另一容器，是相对比较两容器所盛液体容积的比例关系，所以又称为相对校准法。容量瓶和移液管的相对校准常用这种方法。

思考题

(1)滴定管有哪些类型？有何用途？应如何选择及使用？

(2)吸管有哪些类型？有何用途？应如何选择及使用？

(3)容量瓶有何用途？应如何使用？

(4)滴定管、吸管、容量瓶在使用前为什么要校准？校准的方法有哪些？如何校准？

(5)微量进样器有何用途？使用时应注意什么？

实训4 滴定管、容量瓶、吸管的使用和校准

1. 训练目标

(1)掌握滴定管、容量瓶、吸管的使用方法。

(2)掌握量器的校正方法。

(3)巩固分析天平的称量操作。

2. 实验用品

分析天平、托盘天平、温度计、洗耳球、酸式滴定管、碱式滴定管、移液管、吸量管、容量瓶、烧杯、锥形瓶、具塞锥形瓶、滴管、玻璃棒、量筒等。

重铬酸钾、浓硫酸。

3. 操作步骤

(1)配制铬酸洗液。

称取研细的工业用重铬酸钾 5.0 g，置于 250 mL 烧杯中，加入 10 mL 纯水，加热使其溶解。冷却后，慢慢加入 82 mL 浓硫酸，边加边搅拌，并注意观察铬酸洗液的颜色，配好并冷却后转移到 250 mL 试剂瓶中，盖好瓶盖，贴上标签，备用。

(2)洗涤烧杯、锥形瓶、具塞锥形瓶、玻璃棒、滴管、量筒。

(3)滴定管的准备及使用。

①酸式滴定管

涂油→试漏→洗涤→装溶液→赶气泡→调零→滴定(在锥形瓶中进行)→读数→结束。

②碱式滴定管

检查→试漏→洗涤→装溶液→赶气泡→调零→滴定(在烧杯中进行)→读数→结束。

(4)容量瓶的准备及使用。

试漏→洗涤→转移溶液(以水代替)→稀释→平摇→稀释→调液面→摇匀。

(5)移液管、吸量管的准备及使用。

①25 mL 移液管

洗涤→吸液→调液面→放溶液(放至锥形瓶中)。

②10 mL 吸量管

洗涤→吸液→调液面→放溶液(按不同刻度把溶液放入锥形瓶中)。

(6)滴定管的校准(绝对校准法)。

①将已洗净的 50 mL 酸式滴定管或碱式滴定管装入纯水至标线以上 5 mm 左右，垂直夹在滴定台上。

②将已洗净、干燥、冷却至室温的 50 mL 具塞锥形瓶，在分析天平上准确称其质量(称准至 0.001 g)并做记录。

③调节滴定管液面至“0.00” mL。从滴定管向具塞锥形瓶中放水(依次放出 10 mL、20 mL、30 mL、40 mL、50 mL)，当液面降至被校准分度线以上约 0.5 mL 时等待 15 s，然后在 10 s 内将液面调节至 10 mL 分度线(不一定恰好等于 10.00 mL，但相差也不应大于0.1 mL)，随即用锥形瓶内壁靠下挂在滴定管尖嘴下的液滴，记录读数。立即盖上瓶塞进行准确称量，并依次记录在表格中。每支滴定管重复校准 1 次。

室温：________℃；水温：________℃；ρ_w=________g/L；空锥形瓶质量：________g。

滴定管读数/mL	标称容量/mL	瓶+水质量/g	水的质量/g	实际容量/mL	校正值/mL	总校正值/mL

④将温度计插入水中 5～10 min(测量水温读数时不可将温度计的下端提出水面)。从表 2-1中查出该温度下纯水的表观密度 ρ_w，并利用公式 $V_{20}=m_w/\rho_w$ 计算所测容量间隔在 20℃的实际容量，并求出校准值。

⑤以滴定管被校分度线的标称容量为横坐标，相应的校正值(两次测定的平均值)为纵坐标，绘出校正曲线。

(7)移液管与容量瓶的相对校准。

①将 250 mL 容量瓶洗净、晾干(可用几毫升乙醇淌洗内壁后倒挂在漏斗架上数小时)。

②用洁净的 25 mL 移液管准确吸取纯水 10 次至容量瓶中，仔细观察溶液弯月面最低点是否与标线上缘相切。

③若溶液弯月面最低点不与标线的上边缘相切，则应在瓶颈上重新做一标记(可使用透明胶带)，此容量瓶与移液管配套使用时，应以新的标记为准。

思考题

(1)酸式滴定管与碱式滴定管赶气泡的操作方法有什么不同？读数时应注意些什么？

(2)向滴定管中装入溶液时，为什么必须从试剂瓶中直接加入到滴定管中？

(3)从移液管中放出溶液时，为什么当管内液面下降到管尖后要再等待 15 s 才能取出移液管？

(4)校准滴定管进行称量时，为什么要用“具塞”锥形瓶？

(5)从滴定管中放纯水于具塞锥形瓶中时应注意哪些问题？

(6)在校准滴定管时，为什么具塞锥形瓶的外壁必须干燥？锥形瓶的内壁是否一定要干燥？

(7)为什么移液管与容量瓶之间可用相对校准法校准？

实训5　滴定分析基本操作

1. 训练目标

(1)学会用甲基橙和酚酞指示剂判断滴定终点。

(2)进一步掌握滴定管的滴定操作技术和读数方法。

2. 实验原理

将一种物质的溶液，从滴定管滴加到锥形瓶或烧杯的另一种物质溶液中的过程称为滴定。滴定到两物质按照化学计量关系恰好定量反应完全时称为化学计量点。为了正确确定化学计量点，常在被测溶液中加入一种指示剂，它在化学计量点附近发生颜色变化，其颜色变化的转折点称为“滴定终点”，简称“终点”。

一定浓度的氢氧化钠和盐酸溶液相互滴定到达终点时所消耗的体积比应是一定的，可用此来检验滴定操作技术及判断终点的能力。

甲基橙指示剂的变色范围是3.1(红)～4.4(黄)，pH在4.0附近为橙色。用盐酸溶液滴定氢氧化钠溶液时，终点颜色由黄到橙，而用氢氧化钠溶液滴定盐酸溶液，终点颜色则由橙变黄。判断橙色，对于初学者有一定的难度，所以在做滴定终点练习之前应先练习判断终点。

练习方法：在锥形瓶中加入约25 mL水及1滴甲基橙指示剂，从碱式滴定管中放出1～2滴氢氧化钠溶液，观察其黄色，再从酸式滴定管中滴加盐酸溶液，观察其橙色，如此反复滴加氢氧化钠和盐酸溶液，直至能做到加半滴氢氧化钠溶液由橙变黄，而加半滴盐酸溶液由黄变橙，即能控制加入半滴溶液为止。

3. 实验用品

托盘天平、酸式滴定管、碱式滴定管、移液管、烧杯、量筒、试剂瓶、锥形瓶、玻璃棒、洗耳球等。

浓盐酸、固体氢氧化钠、0.1%的甲基橙指示剂、1%的酚酞指示剂。

4. 操作步骤

(1)酸碱溶液的装入

将洗净的碱式滴定管用0.1 mol/L NaOH溶液润洗3次，每次用5～10 mL溶液，然后将0.1 mol/L NaOH溶液直接倒入碱式滴定管中，排除气泡，将液面调至零刻度处。

将洗净的酸式滴定管用0.1 mol/L HCl溶液润洗3次，每次用5～10 mL溶液，然后将0.1 mol/L HCl溶液直接倒入酸式滴定管中，排除气泡，将液面调至零刻度处。

(2)以甲基橙为指示剂，用酸滴定碱以每秒3～4滴的速度，从碱式滴定管中放出20～25 mL 0.1 mol/L NaOH溶液于250 mL锥形瓶中，加入1滴0.1%的甲基橙指示剂，用0.1 mol/L HCl溶液滴定。开始滴定时，滴落点周围无明显的颜色变化，滴定速度可快些(3～4滴/s)。当滴落点出现暂时性的颜色变化(淡橙色)时，应一滴一滴地加入盐酸溶液，随着颜色消失渐慢，应更加缓慢地滴入溶液，接近终点时，颜色扩散到整个溶液，摇动1～2次才消失，此时应加入一滴，摇几下，最后加入半滴溶液，并用纯水冲洗锥形瓶内壁。当溶液由黄色突然变为橙色时，记录 HCl 溶液的用量。然后由碱式滴定管滴入 0.1 mol/L NaOH 溶液 1～2 mL，溶液由橙色又变为黄色。再用 0.1 mol/L HCl 溶液滴定至溶液由黄色恰好变为橙色，即为滴定终点，记录 HCl 溶液的用量。如此反复练习滴定操作和观察滴定终点，直至得出数据中 HCl 溶液的用量相差不超过 0.02 mL，而且能准确判断滴定终点为止。

(3)以酚酞为指示剂用碱滴定酸

用洗净的移液管(先用待吸溶液润洗 3 次)吸取 25 mL 0.1 mol/L HCl 溶液于 250 mL 锥形瓶中，加入 1～2 滴 1%的酚酞指示剂，用 0.1 mol/L NaOH 溶液滴定至溶液由无色变为浅粉红色 30 s 不褪即为滴定终点。读取所用 NaOH 溶液的体积，准确至 0.01 mL。如此平行滴定四份，要求所用 NaOH 溶液的体积相差不超过 0.02 mL，而且能准确判断滴定终点。

5. 实验记录与计算

(1)用盐酸溶液滴定氢氧化钠溶液

测定次数		1	2	3	4	5
氢氧化钠溶液的体积	终读数/mL					
	初读数/mL					
	V(NaOH)/mL					
盐酸溶液的体积	终读数/mL					
	初读数/mL					
	V(HCl)/mL					
V(HCl)/V(NaOH)						
V(HCl)/V(NaOH)平均值						

(2)用氢氧化钠溶液滴定盐酸溶液

测定次数		1	2	3	4	5
盐酸溶液的体积	盐酸溶液体积/mL					
氢氧化钠溶液的体积	终读数/mL					
	初读数/mL					
	V(NaOH)/mL					
V(NaOH)平均值						

思考题

在滴定中，滴定管和移液管为什么必须用操作溶液润洗几次？滴定中使用的锥形瓶或烧杯是否需要干燥？要不要用操作溶液润洗？

第3单元　溶液的配制技术

本单元提要

1. 近似浓度溶液的配制。

2. 标准溶液的配制，包括重铬酸钾、盐酸、氢氧化钠标准溶液的配制。

3.1　近似浓度溶液的配制

实训6　近似浓度溶液的配制

1. 训练目标

(1)掌握物质的量浓度溶液的配制和计算。

(2)掌握配制一定质量分数的溶液的方法。

2. 实验用品

仪器：量筒、烧杯、容量瓶、玻璃棒、托盘天平、药匙、滴瓶、胶头滴管、洗瓶。

药品：浓盐酸、固体 NaCl。

3. 操作步骤

(1)配制质量分数为5%的氯化钠溶液500 mL。

①计算配制50 g质量分数为5%氯化钠溶液所需氯化钠和水的质量。其中，氯化钠________g；水________g。

②用托盘天平称量所需氯化钠的质量，倒入烧杯里。

③把水的密度近似的看作1 g/cm^3。用量筒量取所需水的质量。把量好的水倒入盛有氯化钠的烧杯里，用玻璃棒搅拌，使氯化钠溶解。混合均匀。这样，得到的溶液即为50 g质量分数为5%的氯化钠溶液。

④将上述溶液转移到试剂瓶中，贴上标签。

(2)用固体 NaCl 配制0.1 mol/L 的 NaCl 溶液500 mL。

①计算配制100 mL 1 mol/L 的 NaCl 溶液需固体 NaCl ________g。

②在托盘天平上称量所需固体 NaCl 的质量，放入洁净的小烧杯中。

③往烧杯中加入约100 mL 蒸馏水，用玻璃棒搅动，使其溶解。将烧杯中的溶液，转移到试剂瓶中(若溶解过程产生热量，要待溶液冷却至室温后再进行转移操作)，加水稀释到500 mL，混合均匀，贴上标签。

(3)用密度为 1.19 g/cm^3 质量分数为 37%的浓盐酸，配制 0.1 mol/L 的盐酸溶液 500 mL。

①计算配制 100 mL 0.5 mol/L HCl 所需该浓盐酸的体积为________ mL。

②用量筒量取所需浓盐酸的体积倒入盛有 50 mL 蒸馏水的烧杯中，并用玻璃棒不断地搅拌，使其均匀，并冷却至室温。

③转移至 500 mL 试剂瓶中，加蒸馏水稀释至 500 mL(具体操作与上基本相同)。

(4)0.1 mol/L NaOH 溶液的配制。

用表面皿在托盘天平上迅速称取固体氢氧化钠 2.5 g，置于 250 mL 烧杯中，用煮沸并冷却后的蒸馏水迅速洗涤 2～3 次，弃去洗涤液，以除去固体 NaOH 表面少量的 Na_2CO_3。将洗涤后的固体 NaOH 用适量水溶解后，转入试剂瓶中，加水稀释至 500 mL，盖紧橡皮塞，充分摇匀，贴好标签。

(5)自行设计用已配好的以上溶液之一配制较稀浓度的溶液若干毫升。

3.2 标准溶液的配制

在分析化学中要用到标准溶液。已知准确浓度的溶液叫标准溶液。

标准溶液的配制方法有两种。

1. 直接配制法

准确地称取一定量的基准物质，用蒸馏水溶解后，定量地转移到容量瓶中，加蒸馏水稀释到刻度，根据物质的质量和容量瓶的体积即可算出溶液的准确浓度。这种用试剂直接配制成准确浓度标准溶液的方法称为直接配制法。重铬酸钾标准溶液、亚铁盐标准溶液、EDTA 标准溶液等均可用这种方法进行配制。

2. 间接配制法——标定法

凡不符合基准物质条件的试剂，不能用直接配制法配制标准溶液。例如，NaOH 试剂的纯度不高且易吸收空气中的 CO_2 和水分；$KMnO_4$ 不纯易分解等。可先以这些物质配制成一种近似于所需浓度的溶液，然后选用一种基准物质或另一种已知准确浓度的标准溶液来测定其准确浓度。这种测定标准溶液浓度的过程称为标定，如盐酸溶液、NaOH 溶液的配制。

标定时，一般应平行测定 2～3 份，其滴定结果的相对偏差不得超过 0.2%，标定好的标准溶液应妥善保存。标定时的实验条件应与此标准溶液测定某组分时的条件尽量一致，以抵消由条件影响所造成的误差。

应该注意的是，间接配制和直接配制所使用的仪器有差别。例如，间接配制时可使用量筒、托盘天平等仪器，而直接配制时必须使用移液管、分析天平、容量瓶等仪器。

实训 7　重铬酸钾标准溶液的配制

1. 训练目标

(1)掌握直接法配制标准溶液的原理和方法。

(2)进一步掌握分析天平的使用方法和固定质量称量法。

2. 实验原理

重铬酸钾是基准物质，可以用直接法配制标准溶液。

3. 实验用品

仪器：分析天平、称量瓶、250 mL 容量瓶、玻璃棒。

试剂：重铬酸钾。

4. 操作步骤

配制接近 0.0100 mol/L 的重铬酸钾标准溶液 250 mL。

(1)准确称取 0.7355 g 基准物质重铬酸钾放入小烧杯中，加入约 30 mL 蒸馏水使之溶解。

(2)将溶液定量转移至 250 mL 的容量瓶中。转移时，左手拿玻璃棒，右手拿烧杯，烧杯嘴紧靠玻璃棒，使溶液沿玻璃棒缓慢流下，残留在烧杯内壁上的溶液用洗瓶中的少量蒸馏水进行洗涤，再转移到容量瓶中，重复 2～3 次，再用少量蒸馏水冲洗容量瓶刻度以上的瓶内壁，当用蒸馏水稀释至容积的 2/3 处时，轻轻振荡容量瓶，使其中的溶液初步混匀，当稀释至刻度以下约 2 cm 处时，改用胶头滴管加蒸馏水至刻度(弯月面最低处与刻度恰好相切)，把瓶塞塞好，反复上下颠倒使溶液充分混匀。容量瓶不宜长期存放溶液，如需存放，可转移至预先烘干或用配好的溶液充分润洗 3 次的试剂瓶中保存。

思考题

将烧杯中的溶液转移到容量瓶后，洗涤烧杯的蒸馏水是否一定要转移到容量瓶中?为什么?

实训 8　盐酸标准溶液的配制与标定

1. 训练目标

(1)了解用硼砂标定盐酸标准溶液的原理和测定方法。

(2)掌握滴定分析操作技术。

(3)进一步掌握分析天平的使用方法和差减法称量法。

2. 实验原理

盐酸标准溶液的浓度常用基准物质硼砂进行标定。硼砂与盐酸反应的化学方程式：

$$Na_2B_4O_7 \cdot 10H_2O + 2HCl = 2NaCl + 4H_3BO_3 + 5H_2O$$

化学计量点时，由于生成的硼酸是弱酸，溶液的 pH 约为 5，可用甲基红作指示剂，用盐酸标准溶液滴定至溶液由黄色变为橙色，即为终点。根据所称硼砂的质量和滴定消耗盐酸标准溶液的体积，即可求出盐酸标准溶液的准确浓度。

3. 实验用品

仪器：分析天平、称量瓶、50 mL 酸式滴定管、250 mL 锥形瓶。

试剂：0.1 mol/L 盐酸标准溶液、硼砂(A. R)、甲基红指示剂。

4. 操作步骤

配制约 0.1 mol/L 的盐酸标准溶液 500 mL。

(1)配制接近 0.1 mol/L 的盐酸溶液 500 mL(方法同本单元 3.1 节)。

(2)标定用差减法准确称取 0.3～0.4 g(称准至小数点后第四位)硼砂 3 份，分别置于 3 只锥形瓶中，加 20 mL 蒸馏水使之溶解(可稍加热以加快溶解，但溶解后需冷却至室温)，再滴加甲基红指示剂 2～3 滴，用 0.1 mol/L HCl 标准溶液滴定至溶液恰好由黄色变为橙色，即为终点。准确记录读数。平行测定 3 次。

5. 实验记录与数据处理

测定次数		1	2	3
倾倒前，硼砂＋称量瓶质量/g				
倾倒后，硼砂＋称量瓶质量/g				
硼砂质量/g				
HCl 溶液的体积/mL	初读数			
	终读数			
	净用量			
c(HCl)/(mol/L)				
c(HCl)平均值/(mol/L)				
相对平均偏差/%				

盐酸溶液浓度的计算公式为：

$$c(\mathrm{HCl})=\frac{2\times m(\mathrm{Na_2B_4O_7\cdot 10H_2O})}{V(\mathrm{HCl})\times M(\mathrm{Na_2B_4O_7\cdot 10H_2O})}\times 1\ 000$$

式中：$c(\mathrm{HCl})$——盐酸溶液的物质的量浓度，mol/L；

$m(\mathrm{Na_2B_4O_7\cdot 10H_2O})$——所称基准物质硼砂的质量，g；

$M(\mathrm{Na_2B_4O_7\cdot 10H_2O})$——基准物质硼砂的摩尔质量，g/mol；

$V(\mathrm{HCl})$——消耗盐酸溶液的体积，mL。

思考题

(1)溶解硼砂时，所加水的体积是否需要准确？为什么？

(2)用差减法称取硼砂时，3 份硼砂的质量不等，会不会影响盐酸浓度的准确标定？为什么？

实训 9　氢氧化钠标准溶液的配制与标定

1. 训练目标

(1)学会用邻苯二甲酸氢钾标定氢氧化钠标准溶液浓度的原理和测定方法。

(2)进一步掌握差减称量法和滴定分析基本操作技术。

2. 实验原理

标定氢氧化钠标准溶液的浓度常用基准物质邻苯二甲酸氢钾。邻苯二甲酸氢钾与氢氧化钠反应的化学方程式：

$$KHC_8H_4O_4 + NaOH = KNaC_8H_4O_4 + H_2O$$

达到化学计量点时，溶液呈弱碱性，可用酚酞作指示剂。用氢氧化钠标准溶液滴定使溶液由无色变为淡粉红色，且 30s 内不褪色，即为终点。根据所消耗的氢氧化钠标准溶液的体积和称取的邻苯二甲酸氢钾的质量即可计算出氢氧化钠标准溶液的准确浓度。

3. 实验用品

仪器：分析天平、称量瓶、碱式滴定管、锥形瓶、移液管。

试剂：0.1 mol/L NaOH 溶液、邻苯二甲酸氢钾(A. R)、酚酞指示剂等。

4. 操作步骤

配制约 0.1 mol/L 的氢氧化钠标准溶液 500 mL。

(1)配制接近 0.1 mol/L 的氢氧化钠溶液 500 mL(方法同本单元 3.2 节)。

(2)用差减法称取 0.3～0.4 g 分析纯邻苯二甲酸氢钾 3 份(称准至小数点后第四位)，分别置于锥形瓶中，用约 25 mL 无二氧化碳的蒸馏水溶解。再滴入 2 滴酚酞指示剂，用欲标定的氢氧化钠溶液滴定使溶液呈浅红色，且 30 s 内不褪色，即为滴定终点。记录读数。

5. 实验记录与数据处理

测定次数		1	2	3
倾倒前，邻苯二甲酸氢钾＋称量瓶质量/g				
倾倒后，邻苯二甲酸氢钾＋称量瓶质量/g				
邻苯二甲酸氢钾质量/g				
NaOH 溶液的体积/mL	终读数			
	初读数			
	净用量			
c(NaOH)/(mol/L)				
c(NaOH)平均值/(mol/L)				
相对平均偏差/%				

氢氧化钠溶液浓度的计算公式为：

$$c(NaOH)=\frac{m(KHC_8H_4O_4)}{M(KHC_8H_4O_4)\times V(NaOH)}\times 1\,000$$

式中：$c(NaOH)$——被标定 NaOH 溶液的物质的量浓度，mol/L；

$m(KHC_8H_4O_4)$——称取的基准物质 $KHC_8H_4O_4$ 的质量，g；

$M(KHC_8H_4O_4)$——基准物质 $KHC_8H_4O_4$ 的摩尔质量，g/mol；

$V(NaOH)$——消耗的 NaOH 溶液的体积，mL。

思考题

(1)用邻苯二甲酸氢钾标定氢氧化钠溶液时，为什么用酚酞作指示剂？能否用甲基红或甲基橙作指示剂？

(2)除用邻苯二甲酸氢钾为基准物质标定 NaOH 溶液外，还可用什么方法标定？

第4单元　滴定分析技术

本单元提要

1. 甲醛测定法。
2. 氧化还原滴定法。
3. 沉淀滴定法。
4. 配位滴定法。

4.1　酸碱滴定

实训10　铵盐中氮含量的测定

1. 训练目标

(1)了解甲醛法测定铵盐中含氮量的原理及应用。

(2)进一步掌握称量及滴定技术。

2. 实验原理

铵盐与甲醛反应，可生成等物质的量的酸，其反应为：

$$4NH_4^+ + 6HCHO = (CH_2)_6N_4 + 6H_2O$$

生成的酸用标准 NaOH 溶液滴定。由于生成的六亚甲基四胺是一个很弱的碱，pH 约为 8.8。因此，可用酚酞作指示剂，滴定至溶液由无色变为粉红色，即为滴定终点。

3. 实验用品

仪器：分析天平、碱式滴定管、容量瓶、量筒、移液管、锥形瓶、烧杯、称量瓶、玻璃棒。

试剂：0.1 mol/L NaOH 标准溶液、硫酸铵试样、酚酞指示剂、40％中性甲醛(以酚酞为指示剂，用 0.1 mol/L NaOH 标准溶液中和至呈粉红色后使用)。

4. 操作步骤

用差减称量法准确取约 0.2 g 硫酸铵试样(称准至小数点后第四位)3 份，分别放入 3 只锥形瓶中，加入 30 mL 蒸馏水使其溶解。再加入 10 mL 中性甲醛溶液，充分摇动后静置1 min，使反应完全。再加入 1～2 滴酚酞指示剂，用 NaOH 标准溶液滴定使溶液变色为粉红色，即为终点。用同样方法滴定第二份、第三份硫酸铵溶液。准确记录读数。

5. 实验记录与数据处理

滴定次数		1	2	3
倾倒前，硫酸铵＋称量瓶质量/g				
倾倒后，硫酸铵＋称量瓶质量/g				
硫酸铵质量/g				
NaOH 溶液的体积/mL	终读数			
	初读数			
	净用量			
c(NaOH)/(mol/L)				
N 的质量分数/%				
N 的平均质量分数/%				
相对平均偏差/%				

按下式计算试样中氮的质量分数：

$$N=\frac{c(\mathrm{NaOH})V(\mathrm{NaOH})\times M(\mathrm{N})/1\,000}{\text{硫酸铵试样的质量}}\times 100\%$$

式中：c(NaOH)——NaOH 标准溶液的物质的量浓度，mol/L；

V(NaOH)——所用 NaOH 标准溶液的体积，mL；

M(N)——氮的摩尔质量，g/mol；

N——固体硫酸铵试样中氮的质量分数，%。

思考题

(1)为什么不能直接用标准 NaOH 溶液测定铵盐中氮含量？

(2)本实验中能否用甲基红或甲基橙作为指示剂？

4.2 氧化还原滴定法

实训 11 重铬酸钾法测定亚铁离子

1. 训练目标

(1)掌握 $K_2Cr_2O_7$ 法测定亚铁盐中 Fe^{2+} 含量的原理及方法。

(2)进一步掌握滴定分析技术。

2. 实验原理

重铬酸钾与硫酸亚铁在酸性条件下，发生氧化还原反应：

$$Cr_2O_7^{2-}+6Fe^{2+}+14H^+ = 2Cr^{3+}+6Fe^{3+}+7H_2O$$

用 $K_2Cr_2O_7$ 标准溶液滴定 $FeSO_4$ 溶液时，用二苯胺磺酸钠作指示剂，滴定至溶液呈稳定紫色，即为终点。由于反应生成的黄色 Fe^{3+} 影响滴定终点的判断，因此常加入 H_3PO_4，使之与 Fe^{3+} 结合成稳定的无色 $Fe(HPO_4)_2^-$，以消除 Fe^{3+} 的干扰，同时降低了 Fe^{3+} 的浓度，使 $Cr_2O_7^{2-}$ 与 Fe^{2+} 的反应更完全。

3. 实验用品

仪器：分析天平、称量瓶、25 mL 酸式滴定管、10 mL 量筒、100 mL 容量瓶、20 mL 移液管、250 mL 锥形瓶、100 mL 烧杯、托盘天平。

试剂：硫酸亚铁试样(S)、0.020 00 mol/L $K_2Cr_2O_7$ 标准溶液、3 mol/L H_2SO_4、85% H_3PO_4、0.2%二苯胺磺酸钠指示剂。

4. 实验步骤

(1)亚铁盐溶液的制备

在分析天平上，用差减称量法准确称取硫酸亚铁试样约 2.8 g(称准至小数点后第四位)放入小烧杯中，加 3 mol/L H_2SO_4 3 mL(防止硫酸亚铁试样水解)及少量蒸馏水，稍加热使之溶解。待冷却后定量转入 100 mL 容量瓶中，定容，摇匀，备用。

(2)亚铁盐中 Fe^{2+} 含量的测定

准确移取 $FeSO_4$ 溶液 20.00 mL 于 250 mL 锥形瓶中，加入 3 mol/L H_2SO_4 5 mL，85% H_3PO_4 5 mL，5～6 滴 0.2%二苯胺磺酸钠指示剂，用 $K_2Cr_2O_7$ 标准溶液滴定至溶液呈稳定的紫色，即为终点。记录读数。平行滴定 3 次。

5. 实验记录与数据处理

滴定次数		1	2	3
$FeSO_4$ 标准溶液/mL		20.00	20.00	20.00
$K_2Cr_2O_7$ 溶液的体积/mL	终读数			
	初读数			
	净用量			
$K_2Cr_2O_7$ 标准溶液的浓度/(mol/L)				
Fe^{2+}/%				
Fe^{2+} 平均质量分数/%				
相对平均偏差/%				

计算公式：

$$Fe^{2+}\text{的百分含量}=\frac{c(K_2Cr_2O_7)V(K_2Cr_2O_7)\times 6\times M(Fe)/1\,000}{m(FeSO_4)\times V(FeSO_4)/100}\times 100\%$$

式中：$c(K_2Cr_2O_7)$——$K_2Cr_2O_7$ 标准溶液的物质的量浓度，mol/L；

$V(K_2Cr_2O_7)$——$K_2Cr_2O_7$ 标准溶液的体积，mL；

$m(FeSO_4)$——$FeSO_4$ 试样的质量，g；

$M(Fe)$——铁的摩尔质量，g/mol；

$V(FeSO_4)$——$FeSO_4$ 试样溶液的体积，mL。

思考题

(1)用 $K_2Cr_2O_7$ 法测定亚铁的含量时，为什么要加入硫酸-磷酸混合溶液？

(2)已加入硫酸-磷酸 Fe^{2+} 待测溶液在空气中放置 1 h 后再滴定，对测定结果有何影响？

实训 12 污水中化学耗氧量(COD)的测定

1. 训练目标

掌握用高锰酸钾法测定水中化学需氧量(COD)的原理和方法。

2. 实验原理

水的需氧量大小是水质污染程度的重要指标之一，反映了水体受还原性物质污染的程度。它分为化学需氧量(COD)和生物需氧量(BOD)两种。COD 是指 1L 水中含有的还原性物质(主要是有机物，也包括 NO_2^-、S^{2-}、Fe^{2+})，在一定的条件下被氧化剂氧化时所消耗的氧化剂的量以 O_2(mg/L)表示。

水被有机物污染是很普遍的，因此，COD 也作为有机物相对含量的指标之一。

水样 COD 的测定会因加入氧化剂的种类和浓度、反应溶液的温度、酸度和时间以及催化剂的存在与否而得到不同的结果。因此，COD 是一个条件性的指标，必须严格按操作步骤进行测定。COD 的测定有几种方法，对于污染较严重的水样或工业废水，一般用重铬酸钾法或库仑法，对于一般水样可以用高锰酸钾法。由于高锰酸钾法是在规定的条件下进行的反应，所以，水中有机物只能部分被氧化，并不是理论上的全部需氧量，也不能反映水体中总有机物的含量。因此，常用高锰酸盐指数这一术语作为水质的一项指标，以有别于重铬酸钾法测定的化学需氧量。高锰酸钾法分为酸法性和碱性法两种，本实验以酸性法测定水样的化学需氧量——高锰酸盐指数，以每升多少毫克 O_2 表示。

水样加入硫酸酸化后，加入一定量的 $KMnO_4$ 溶液，并在沸水浴中加热反应一定时间。然后加入过量的 $Na_2C_2O_4$，通过计算求得高锰酸盐指数值。反应式如下：

$$4MnO_4^- + 5C + 12H^+ \!=\!= 4Mn^{2+} + 5CO_2\uparrow + 6H_2O \qquad (a)$$

$$2MnO_4^- + 5C_2O_4^{2-} + 16H^+ \!=\!= 2Mn^{2+} + 10CO_2\uparrow + 8H_2O \qquad (b)$$

结果计算式如下：

$$高锰酸盐指数(O_2,\mathrm{mg/L}) = \frac{[5c(KMnO_4)(V_1+V_2)(KMnO_4) - 2(cV)(Na_2C_2O_4)]\times 8\times 1\,000}{V_{水样}}$$

式中，V_1、V_2 分别为 $KMnO_4$ 的开始加入体积和回滴过量的 $Na_2C_2O_4$ 时用去的体积；$c(KMnO_4)$、$c(Na_2C_2O_4)$分别表示 $KMnO_4$ 及 $Na_2C_2O_4$ 的浓度(mol/L)。

3. 实验用品

仪器：25.00 mL、10.00 mL、移液管各 1 只，250 mL 锥形瓶，50 mL 酸式滴定管，水浴锅。

试剂：(1∶3) H_2SO_4 溶液；$c(KMnO_4) = 0.002\,0$ mol/L $KMnO_4$ 溶液；$c(Na_2C_2O_4) = 0.010\,00$ mol/L $Na_2C_2O_4$ 溶液。

4. 操作步骤

(1)移取 100 mL 水样于锥形瓶中，加 5 mL(1∶3)H_2SO_4 溶液，摇匀。加入 10.00 mL $KMnO_4$ 溶液(即 V_1)，摇匀，立即放入沸水浴中加热 30 min(从水浴重新沸腾起计时，沸水浴面要高于反应溶液的液面)。趁热加入 10.00 mL $Na_2C_2O_4$ 标准溶液(即 V),摇匀,立即用 $KMnO_4$ 溶液滴定至溶液呈微红色,记下消耗 $KMnO_4$ 溶液的体积(即 V_2)。平行滴定 3 次。

(2)$KMnO_4$ 溶液的标定:将上述步骤(1)中已滴定完毕的溶液加热至 65~85℃。准确加入 10.00 mL $Na_2C_2O_4$ 标准溶液,再用 $KMnO_4$ 溶液滴定至溶液呈微红色,记下 $KMnO_4$ 溶液消耗的体积;根据反应式(b)计算 $KMnO_4$ 溶液的准确浓度。平行滴定 3 次。

思考题

(1)本实验的测定方法属于何种滴定方式?为何要采取这种方式?

(2)水样中 Cl^- 含量高时为什么对测定有干扰?应如何消除?

(3)测定水中的 COD 有何意义?有哪些测定方法?

4.3 沉淀滴定法

实训 13 氯离子含量的测定

1. 训练目标

(1)学会银量法测定水中 Cl^- 含量的原理和方法。

(2)掌握莫尔法的实际应用。

2. 实验原理

水中 Cl^- 的测定是在中性溶液中用铬酸钾作指示剂,用硝酸银标准溶液直接滴定水样中的 Cl^-。

$$Cl^- + Ag^+ = AgCl\downarrow \text{(白色)}$$

$$2Ag^+ + CrO_4^{2-} = Ag_2CrO_4\downarrow \text{(砖红色)}$$

由于 AgCl 的溶解度比 Ag_2CrO_4 的小,滴定时先生成 AgCl 的白色沉淀,在 AgCl 定量沉淀后,稍过量的 $AgNO_3$ 标准溶液即与 CrO_4^{2-} 作用,生成砖红色的 Ag_2CrO_4 沉淀,指示滴定终点。由于 Ag_2CrO_4 沉淀能溶于酸性溶液中,所以,此法要求在中性或碱性溶液(pH 为 6.5~10.5)中进行滴定,酸度过高,不产生 Ag_2CrO_4 沉淀,酸度过低,则生成 Ag_2O 沉淀。

本法适用于测定氯化物含量为 5~100 mg/L 的水样。

3. 实验用品

仪器:分析天平、酸式滴定管、碱式滴定管、250 mL 锥形瓶、25 mL 移液管、100 mL 容量瓶、250 mL 容量瓶、小烧杯。

试剂:NaCl(s、A.R.)、$AgNO_3$(s、A.R.)、5% K_2CrO_4 溶液、0.1 mol/L H_2SO_4、1%酚酞指示剂。

4. 操作步骤

(1)0.1 mol/L $AgNO_3$ 标准溶液的配制与标定

①准确称取 1.6000～1.8000 g $AgNO_3$ 置于小烧杯中，加适量水溶解后，转移至 100 mL容量瓶中，定容。转移到棕色瓶中待用。

②准确称取加热经(500～600℃)干燥后冷却的 NaCl 固体 0.1500～0.200 g 3 份，分别置于 3 只锥形瓶中，各加 25 mL 蒸馏水使之溶解，加入 1 mL 5% K_2CrO_4 溶液，在充分摇动下，用 $AgNO_3$ 标准溶液滴定至出现砖红色，即为终点。记录 $AgNO_3$ 标准溶液的用量(V_1)，计算 $AgNO_3$ 标准溶液的浓度。3 次平行测定的相对偏差应小于 0.25%。

(2)水样中 Cl^- 含量的测定

准确量取 100 mL 水样于锥形瓶中，加 2～3 滴 1%酚酞指示剂，若显红色，即用 0.1 mol/L H_2SO_4 溶液中和至无色；若不显红色，则用氢氧化钠溶液中和至微红色，然后以硫酸溶液滴回至无色。再加入 1 mL K_2CrO_4 指示剂。用硝酸银标准溶液滴定至恰好出现稳定的砖红色(边滴边摇)，即为终点。记录硝酸银标准溶液的用量 V_2(mL)。平行滴定 3 次。

5. 实验记录与数据处理

(1)$AgNO_3$ 标准溶液的标定

标定次数		1	2	3
m(NaCl)/ g				
$AgNO_3$ 标准溶液的体积/mL	初读数			
	终读数			
	净用量			
$c(AgNO_3)$/(mol/L)				
平均值/(mol/L)				
相对平均偏差/%				

(2)水中 Cl^- 的含量

标定次数		1	2	3
V(水样)/ g				
$c(AgNO_3)$/(mol/L)				
$AgNO_3$ 标准溶液的体积/mL	初读数			
	终读数			
	净用量			
Cl^- 的含量/(mg/L)				
Cl^- 平均含量/(mg/L)				
相对平均偏差/%				

按下式计算 $AgNO_3$ 标准溶液的浓度：

$$c(AgNO_3)=\frac{m(NaCl)}{M(NaCl)\times V_1}\times 1\ 000$$

式中：m——(NaCl)氯化钠的质量，g；

M(NaCl)——氯化钠的摩尔质量，g/mol；

V_1——所消耗硝酸银标准溶液体积，mL；

$c(AgNO_3)$——$AgNO_3$ 标准溶液的浓度，mol/L。

按下式计算 Cl^- 的含量(mg/L)：

$$Cl^-\text{的含量}=\frac{c(AgNO_3)V_2(AgNO_3)\times M(Cl)}{V(\text{水样})}\times 1\ 000$$

式中：$V_2(AgNO_3)$——滴定水样消耗的硝酸银标准溶液的体积，mL；

$c(AgNO_3)$——硝酸银标准溶液的浓度，mol/L；

V——所取水样的体积，mL。

思考题

(1)沉淀滴定法测定水中 Cl^- 含量时，溶液的 pH 应控制在什么范围？为什么？

(2)$K_2Cr_2O_7$ 指示剂浓度的大小对测定结果有何影响？

4.4 配位滴定法

实训 14 EDTA 标准溶液的配制与标定

1. 训练目标

(1)了解 EDTA 标准溶液的配制和标定原理。

(2)掌握常用的标定 EDTA 的方法。

2. 实验原理

EDTA 常因吸附约 0.3%的水分和其中含有少量杂质而不能直接用做标准溶液。通常先把 EDTA 配成所需要的大概浓度，然后用基准物质标定。

用于标定 EDTA 的基准物质有含量不低于 99.95%的某些金属，如 Cu、Zn、Ni、Pb 等，以及它们的金属氧化物或某些盐类，如 $ZnSO_4\cdot 7H_2O$、$MgSO_4\cdot 7H_2O$、$CaCO_3$ 等。

在选用纯金属作为标准物质时，应注意金属表面氧化膜的存在会带来标定时的误差，届时应将氧化膜用细砂纸擦去，或用稀酸把氧化膜溶掉，先用蒸馏水，再用乙醚或丙酮冲洗，置于 105℃的烘箱中烘干，冷却后再称重。

3. 实验用品

(1)乙二胺四乙酸二钠盐($Na_2H_2Y\cdot 2H_2O$，相对分子质量 372.2)。

(2)NH_3-NH_4Cl 缓冲溶液。称取 20 g NH_4Cl，溶于水后，加 100 mL 原装氨水，用蒸馏水稀释至 1 L，pH 约等于 10。

(3)铬黑T。称0.50 g铬黑T溶于含有25 mL三乙醇胺，75 mL无水乙醇溶液中，低温保存，有效期约100天。

(4)锌片。纯度为99.99%。

(5)$CaCO_3$ 基准物质。于110℃烘箱中干燥2 h，稍冷后置于干器中冷却至室温，备用。

(6)Mg^{2+}-EDTA溶液。先配制0.05 mol·L^{-1}的$MgCl_2$和0.05 mol·L^{-1} EDTA溶液各500 mL，然后在pH=10的氨性条件下，以铬黑T作指示剂，用上述EDTA滴定Mg^{2+}，按所得比例把$MgCl_2$和EDTA混合，确保Mg∶EDTA=1∶1。

(7)六亚甲基四胺。200 g·L^{-1}。

(8)二甲酚橙水溶液。2 g·L^{-1}，低温保存，有效期半年。

(9)HCl溶液(1+1)。市售HCl与水等体积混合。

(10)氨水(1+2)。1体积市售氨水与2体积水混合。

(11)甲基红。1 g·L^{-1}，60%乙醇溶液。

仪器：分析天平，表面皿，烧杯，250 mL容量瓶，25.00 mL移液管，250 mL锥形瓶，50 mL酸式滴定管。

除基准物质外，以上化学试剂均为分析纯，实验用水为蒸馏水。

4. 操作步骤

(1)标准溶液和EDTA溶液的配制

①Ca^{2+}标准溶液的配制。计算配制250 mL 0.01 mol·L^{-1} Ca^{2+}标准溶液所需的$CaCO_3$的质量。用差减法准确称取计算所得质量的基准$CaCO_3$并放入150 mL烧杯中，称量值与计算值偏离最好不超过10%。先以少量水润湿，盖上表面皿，从烧杯嘴处往烧杯中滴加约5 mL(1+1)HCl溶液，使$CaCO_3$全部溶解。加水50 mL，微沸几分钟以除去CO_3^{2-}。冷却后用水冲洗烧杯内壁和表面皿，定量转移$CaCO_3$溶液于250 mL容量瓶中，用水稀释至刻度，摇匀，计算标准Ca^{2+}的浓度。

②配制250 mL 0.01 mol·L^{-1}锌标准溶液。准确称取基准锌，称量值与计算值偏离不超过5%，把基准锌置于150 mL烧杯中，加入6 mL (1+1)HCl溶液，立即盖上表皿，待锌完全溶解，以少量水冲洗表面皿和烧杯内壁，定量转移Zn^{2+}溶液于250 mL容量瓶中，用水稀释至刻度，摇匀，计算锌标准溶液的浓度。

③EDTA溶液的配制。计算配制500 mL 0.01 mol·L^{-1} EDTA二钠盐所需EDTA的质量。用天平(哪种天平)称取上述质量的EDTA放入200 mL烧杯中，加水，温热溶解，冷却后移入聚乙烯塑料瓶中。

(2)标定操作

①以铬黑T为指示剂标定EDTA。

以Zn^{2+}为基准物质。用移液管吸取25.00 mL Zn^{2+}标准溶液放入锥形瓶中，加1滴甲基红，用(1+2)氨水中和Zn^{2+}标准溶液中的HCl，溶液由红色变为黄色的即可。加20 mL水和20 mL NH_3-NH_4Cl缓冲溶液，再加3滴铬黑T指示剂，用0.02 mol·L^{-1}

的 EDTA 滴定，当溶液由红色经蓝色变为紫色即为终点。平行滴定 3 次，取平均值计算 EDTA 的准确浓度。

以 $CaCO_3$ 为基准物质标定 EDTA。用移液管吸取 25.00 mL Ca^{2+} 标准溶液于锥形瓶中，加 1 滴甲基红，用氨水中和 Ca^{2+} 标准溶液中的 HCl，当溶液由红变黄即可。加 20 mL 水、5 mL Mg^{2+}-EDTA(是否需要准确加入)，然后加入 10 mL NH_3-NH_4Cl 缓冲溶液，再加 3 滴铬黑 T 指示剂，立即用 EDTA 滴定，当溶液由酒红色转变为蓝紫色即为终点。平行滴定 3 次。用平均值计算 EDTA 的准确浓度。

②以二甲酚橙为指示剂标定 EDTA。用移液管吸取 25.00 mL Zn^{2+} 标准溶液于锥形瓶中，加 2 滴二甲酚橙指示剂，滴加 200 $g \cdot L^{-1}$ 六亚甲基四胺至溶液呈现稳定的紫红色。再加 5 mL 六亚甲基四胺。用 EDTA 滴定，当溶液由紫红色恰转变为黄色时即为终点。平行滴定 3 次，取平均值，计算 EDTA 的准确浓度。

思考题

(1)为什么要使用两种指示剂分别标定 EDTA?

(2)在中和标准物质中的 HCl 时，能否用酚酞取代甲基红？为什么？

(3)阐述 Mg^{2+}-EDTA 能够提高终点敏锐度的原理。

(4)滴定为什么要在缓冲溶液中进行？如果没有缓冲溶液存在，将会导致什么现象发生？

实训 15　水中钙、镁离子含量及总硬度的测定

1. 训练目标

(1)了解铬黑 T、钙指示剂的使用条件和终点颜色变化。

(2)掌握用 EDTA 法测定水中的 Ca^{2+}、Mg^{2+} 含量的原理、方法和计算。

(3)熟练掌握滴定分析操作技术。

2. 实验原理

EDTA 与水中 Ca^{2+}、Mg^{2+} 反应生成较稳定的配合物。控制溶液的 pH，可以分别测定 Ca^{2+}、Mg^{2+} 总量和 Ca^{2+} 含量。由测定的 Ca^{2+}、Mg^{2+} 的含量计算水的总硬度。取一定体积的待测水样，在 pH=10 的缓冲溶液中，以铬黑 T 为指示剂，用 EDTA 标准溶液滴定至溶液由酒红色变为纯蓝色即达到滴定终点，根据 EDTA 标准溶液的用量，即可以计算出水样中 Ca^{2+}、Mg^{2+} 总量；另取一定体积的待测水样，用 NaOH 调节 pH=12，使 Mg^{2+} 沉淀为 $Mg(OH)_2$，加入钙指示剂，滴加 EDTA 时，EDTA 首先与游离的 Ca^{2+} 配位，然后夺取已和指示剂配位的 Ca^{2+}，从而使指示剂游离出来，溶液由酒红色变成蓝色即达到滴定终点。根据 EDTA 标准溶液的用量，即可以计算出水样中 Ca^{2+} 的含量，并由两次测定 EDTA 用量之差可求出 Mg^{2+} 的含量。

注：各国对水的硬度的表示方法各有不同，我国采用较普遍的硬度单位是以度数计，1°表示 1 L 水中含 10 mg CaO。为方便起见，我国也常以 mg/L 来表示。也有些国家采用 $CaCO_3$ 含量来表示硬度，单位为 mg/L。

3. 实验用品

仪器：50 mL 酸式滴定管、250 mL 锥形瓶、50 mL 移液管 1 支、10 mL 量筒、100 mL 烧杯。

试剂：0.010 00 mol/L EDTA 标准溶液、$NH_3 \cdot H_2O$-NH_4Cl 缓冲溶液（pH=10）、6 mol/L NaOH 溶液、铬黑 T(EBT)指示剂、钙指示剂、待测水样、pH 试纸。

4. 操作步骤

(1)Ca^{2+}、Mg^{2+} 总量的测定（总硬度的测定）

准确移取硬度水试样 50.00 mL 并放入 250 mL 锥形瓶中，加入 5 mL $NH_3 \cdot H_2O$-NH_4Cl 缓冲溶液，约 30 mg（约黄豆粒大）固体铬黑 T 指示剂，用 EDTA 标准溶液滴定至溶液由酒红色变成蓝色即达终点。记录所用 EDTA 标准溶液的体积（V_1），平行滴定 3 次。

(2)Ca^{2+} 含量的测定

准确移取待测水样 50.00 mL 放入 250 mL 锥形瓶中，加入 1 mL 6 mol/L NaOH 溶液（调节溶液 pH=12），摇匀，再加约 30 mg 钙指示剂，用 EDTA 标准溶液滴定至溶液由酒红色变为蓝色即达终点。记录 EDTA 标准溶液的用量体积（V_2），平行滴定 3 次。

5. 实验记录与数据处理

(1)Ca^{2+}、Mg^{2+} 总量的测定

测定次数		1	2	3
$V(H_2O)$/ mL		50.00	50.00	50.00
EDTA 标准溶液的体积（V_1）/mL	终读数			
	初读数			
	净用量			
c(EDTA)/(mol/L)				
总硬度/°				
平均值/°				

(2)Ca^{2+} 含量的测定

测定次数		1	2	3
$V(H_2O)$/ mL		50.00	50.00	50.00
EDTA 标准溶液的体积（V_2）/mL	终读数			
	初读数			
	净用量			
c(EDTA)/(mol/L)				

续表

测定次数	1	2	3
Ca^{2+}含量/(mg/L)			
Ca^{2+}平均含量/(mg/L)			
Mg^{2+}平均含量/(mg/L)			

按下列关系式计算分析结果：

$$\text{水的总硬度}=\frac{c(\text{EDTA})V_1(\text{EDTA})\times M(\text{CaO})}{50.00}\times 1\,000(\text{mg/L})$$

$$Ca^{2+}\text{含量}=\frac{c(\text{EDTA})V_2(\text{EDTA})\times M(\text{Ca})}{50.00}\times 1\,000(\text{mg/L})$$

$$Mg^{2+}\text{含量}=\frac{c(\text{EDTA})[V_1(\text{EDTA})-V_2(\text{EDTA})]\times M(\text{Mg})}{50.00}\times 1\,000(\text{mg/L})$$

式中：$c(\text{EDTA})$——EDTA 标准溶液的浓度，mol/L；

$V_1(\text{EDTA})$——测定 Ca^{2+}、Mg^{2+}总量所消耗 EDTA 的体积，mL；

$V_2(\text{EDTA})$——测定 Ca^{2+}含量所消耗 EDTA 的体积，mL；

$M(\text{Ca})$——Ca 的摩尔质量，g/mol；

$M(\text{Mg})$——Mg 的摩尔质量，g/mol。

思考题

(1)如果只有铬黑 T 指示剂，能否用 EDTA 标准溶液测定 Ca^{2+}的含量？如何测定？

(2)为什么测 Ca^{2+}、Mg^{2+}总量时要控制溶液 pH=10？测定 Mg^{2+}含量时要控制溶液 pH=12？

第 5 单元　分析仪器使用技术

本单元提要

1. 酸度的测定技术。
2. 分光光度计的使用及标准曲线的绘制。

仪器分析法是根据待测物质的物理或化学性质及其组成和浓度之间的关系，利用特殊的仪器进行分析工作的。仪器分析操作简单，快速准确，适合于微量或痕量组分的分析。现介绍电位分析法中的 pH 计和分光光度法中的分光光度计的使用技术。

5.1　酸度的测定技术

pH 是一个广泛应用的重要的化学指标。pH 的测定具有非常重要的意义。测定 pH 的方法一般有两类，其一是根据酸碱指示剂随溶液的 pH 不同而呈现不同颜色这一特点来进行的比色分析法；其二是根据某些电极的电极电位随溶液的 pH 变化而变化这一特点来进行的电位测定法。现介绍第二种方法——电位测定法。

5.1.1　测定原理

电极电位的测定实际上是电池电动势的测定。在中学化学的学习中，已经知道凡能利用化学反应取得电能的装置称为原电池。原电池是由两个电极组成的，当用导线把电池的两极接通后，即有电流通过，说明电池的两电极之间存在电位差。开路时电极间的电位差称为电池电动势。电池电动势是可以测定的。如果知道两个正负电极的电位(即电极电位或称电极电势)，则电池电动势也是可以计算的。虽然目前无法得到单个电极电位的绝对数值，但可以人为地以一个指定的电极的电位为零，各种电极都以此相比较，可以得到电极电位的相对数值，以此计算电池电动势并不受影响。

实验证明，电极电位的大小受很多因素的影响。在一定的温度下，对某种电极来说，其电极电位仅决定于参与电极反应的物质浓度。因此，用电位法测定 pH 时，首先要找到一种电极，其电极电位仅决定于溶液中 H^+ 浓度，并且，两者间服从一定的关系，这种电极称为指示电极，通过测定指示电极的电极电位，则可求得溶液的 pH，这就是电位法测定 pH 的基础。

要测定指示电极的电极电位，需要将它与另一个已知电极电位的电极相比较，后一种电极称为参比电极。参比电极的电极电位在测定过程中应保持恒定。在测定 pH 时，把指示电极与参比电极组成电池测定电池电动势。因为参比电极的电极电位保持不变，所以，溶液 pH 的变化引起的指示电极的电极电位的变化直接转换为电池电动势的变化。即电池电动势的大小直接反映溶液中 H^+ 浓度的大小。当溶液的 pH 固定时，电池电动势就为一定值。根据电池电动势即可求得溶液的 pH。

5.1.2 测定仪器——雷磁 PHS-3C 型酸度计

应用电位法来测定溶液 pH 的仪器是酸度计。

实验室常用的酸度计有国产雷磁 PHS-3C 型酸度计、PHSJ-4F 型酸度计、瑞士梅特勒-托利多 Five 系列酸度计、美国奥豪斯 ST 系列酸度计等。现以雷磁 PHS-3C 型酸度计为例做以下介绍。

雷磁 PHS-3C 型酸度计是一种通过测量浸在水溶液中一对电极之间的电势差来换算成该溶液 pH 的仪器，该酸度计测量范围为 pH0～14，测量精度是 0.1。一般酸度计由测量电极（玻璃电极）、参比电极（银一氯化银）和检流计组成，而雷磁 PHS-3C 型酸度计是使用 E-201-C 型 pH 复合电极（即将测量电极和参比电极组合成一支电极，如图 5-1 所示），进行测量。用复合电极比用分离电极测量更方便。

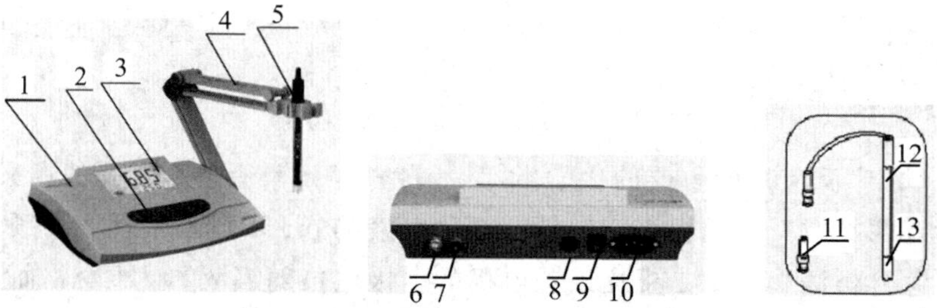

图 5-1 雷磁 PHS-3C 型 pH 计

1—机箱；2—键盘；3—显示屏；4—多功能电极架；5、12—E-201-C 型 pH 复合电极；6—测量电极插座；7—参比电极接口；8—保险丝；9—电源开关；10—电源插座；11—Q9 短路插；13—电极保护瓶

5.1.3 雷磁 PHS-3C 型酸度计的操作步骤

1. 准备

(1)拉出仪器右侧的电极架，将多功能电极架插入多功能电极架插座中，固定。

(2)将 E-201-C 型 pH 复合电极安装在电极架上。

(3)在酸度计背面找到测量电极插座，拔去 Q9 短路插，将 E-201-C 型 pH 复合电极插口插入测量电极插座上。

(4)接上电源，打开电源开关（酸度计背面），预热 30 min。

2. 校正、定位

(1)选择挡位：将“选择”开关置于“pH”挡。

(2)设置温度：用温度计测出被测溶液的温度，按“温度”升降键进行调整，调整至被测溶液温度后，按“确定”键，即完成当前温度设置（若想放弃设置，可按“pH/mV”键返回测量状态）。

(3)pH 电极准备：将 pH 复合电极下端的电极保护瓶拔下，并拉下电极上端的橡皮套使其露出上端小孔；用蒸馏水清洗电极，并用滤纸吸干水。

(4)pH电极标定：准备2种标准缓冲溶液(如4.00 pH、9.18 pH等)；将电极插入标准缓冲溶液1中(如pH＝4.00的标准缓冲溶液)；设置好温度；待读数稳定后，按“定位”键，显示屏显示“Std　YES”字样，按“确定”键；进入标定状态后，仪器会自动识别当前标液并显示当前温度下的标准pH(如pH＝4.00)，按“确定”键完成标定，返回测量状态(若想放弃标定，可按“pH/mV”键退出标定状态，返回当前测量状态)。再次清洗电极并插入标准缓冲溶液2中(如pH＝9.18的标准缓冲溶液)；设置好温度；待读数稳定后，按“斜率”键，按“确定”键；进入标定状态后，仪器会自动识别当前标液并显示当前温度下的标准pH(如pH＝9.18)，按“确定”键完成标定，返回测量状态。使用仪器测未知溶液的pH之前，先要进行标定，一般每天标定一次。

3. pH的测量

(1)用蒸馏水清洗电极头部，再用被测溶液清洗一次。

(2)如果被测溶液与定位溶液的温度不同，用温度计测出被测溶液温度，按“温度”键，设置好温度；如果两者温度相同，直接进行下一步。

(3)将电极浸入被测溶液中，用玻璃棒搅拌溶液，使溶液均匀，在显示屏上读出溶液pH。

4. 关闭仪器

(1)断开电源。

(2)接上短路插头，以免仪器输入开路而损坏仪器。

(3)测量结束，及时将电极保护瓶套上，电极套内放有少量参比补充液，切忌浸泡在蒸馏水中。若长期不使用，将电极放回合体内，室温保存。

实训16　溶液pH的测定

1. 训练目标

(1)了解酸度计的原理。

(2)学会用酸度计测定溶液的pH。

2. 实验用品

仪器：雷磁PHS-25型pH计、滤纸、小烧杯、洗瓶。

试剂：标准缓冲溶液(pH＝4.01，6.86，9.18)，待测溶液(如土壤悬浊液、草木灰、果汁等)。

3. 操作步骤

(1)配制标准缓冲溶液：称取在110℃烘干的分析纯邻苯二甲酸氢钾10.21 g，溶于蒸馏水中，再定容至1 000 mL。

pH＝6.86的标准缓冲溶液：称取在110℃烘干的分析纯磷酸二氢钾3.39 g和磷酸氢二钠3.53 g，用蒸馏水溶解后定容至1 000 mL。

pH＝9.18的标准缓冲溶液：称取分析纯硼砂3.81 g，用蒸馏水溶解后定容至1 000 mL。

如实验原理部分所述准备酸度计，校正时根据所测溶液的性质选择合适的标准缓冲溶液。

(2)测量待测溶液的pH：一个样品测定完毕后，如果还要测定其他样品，可以连续进行，但要注意每一次测定完，都要用洗瓶将电极表面淋洗干净后才能测定下一个样品。如果其间间隔时间不长，可不必关闭电源。

实验结束，则要把开关及其他调节器回复到原来的位置。把复合电极浸于蒸馏水中。

思考题

(1)酸度计中为什么有指示电极和参比电极？

(2)在使用酸度计的过程中应该注意什么问题？

5.2 分光光度计的使用技术及标准曲线的绘制技术

5.2.1 分光光度计的使用技术

分光光度计种类较多，发展很快，常用的有722型、722 S型、722 N型(为可见光分光光度计，其波长范围为330～1 000 nm)、751型、752型(为可见光和紫外光分光光度计，其波长范围为200～1 000 nm)等型号。下面介绍722型分光光度计的使用方法。

1. 分光光度计的测定原理

以12 V/25 W“激励钨丝灯泡”为光源，经透镜聚光后射入单色光器内，经棱镜色散反射到准直镜，穿狭缝得到波长范围更窄的光波作为入射光，进入比色杯，透出的光波被受光器光电管接受，产生光电流，再经放大，在微安表上反映出电流的大小，可直接读出吸光度。

2. 分光光度计的基本组成

分光光度计的种类和型号繁多，但它们基本上都是由下列五部分组成：

光源 → 单色器 → 样品室 → 检测器 → 显示仪表或记录仪

由光源发出的光，经色散系统获得一定波长单色光照射到样品溶液，被选择性吸收后，经过接收器将光强度变化转换为电流强度变化，并经信号指示系统调制放大后，显示或打印出吸光度A，完成测定。

(1)光源

要求能发出在使用波长范围内具有足够强度的连续辐射光，并在一定时间内保持稳定。

紫外可见分光光度计上备有钨灯(或卤钨灯)及氢灯(或氘灯)两类电源。可见光区(460～760 nm)使用钨灯(或卤钨灯)；紫外光区(200～400 nm)则使用氢灯(或氘灯)。

靠电能将钨丝加热到白炽时，发出的光强度在各波段的分布随灯丝的温度而变化。灯丝的温度取决于电源电压，电源电压的微小波动会引起钨灯光强度的很大变化，因此，必须使用稳压电源才能使光源光强度保持不变。

氢灯、氘灯为气体放电灯，为保证发光强度也要用稳压电源供电。

(2)单色器

其作用是把光源发出的复合光分解为按波长顺序排列的单色光，并能通过出射狭缝分离出所需波长的单色光，它是分光光度计的心脏部分。单色器主要由狭缝、色散元件和透镜组成，其关键部件是色散元件，即能使复合光变成各单色光的器件，常用的色散元件有棱镜和光栅。

(3)样品室

样品室内装有吸收池和吸收池架。吸收池也称比色皿，用于盛放试液和决定透光液层厚度的器件。大多数仪器都配有厚度为 0.5 cm、1 cm、2 cm、3 cm 等的一套长方形的比色皿，同样厚度的比色皿之间透光率相差应小于 0.5%。吸收池由玻璃或石英制成，玻璃吸收池用于可见光区，石英吸收池既可用于可见光区，也可用于紫外光区。

(4)检测器

测量吸光度时，并非直接测量透过吸收池的光强度，而是将光强度转换成电流进行测量，这种光电转换器件称为检测器。因此，要求检测器对测定波长范围内的光有快速、灵敏的响应，最重要的是产生的光电流应与照射于检测器上的光强度成正比，在紫外可见光光度计中多用光电管和光电倍增管。

(5)显示仪表或记录仪

旧型的分光光度计多采用检流计、微安表作显示装置，直接读出吸光度或透光率。新型的分光光度计则多采用数字电压表等显示，用 X—Y 记录仪直接绘出吸收(或透射)曲线，并配有计算机数据处理器。

3. 722 型分光光度计的结构

722 型分光光度计是一种单光束、衍射光栅仪器，工作波长范围是 330～1 000 nm，其整机结构如图 5-2 所示。722 S 型分光光度计仪器外形如图 5-3 所示。

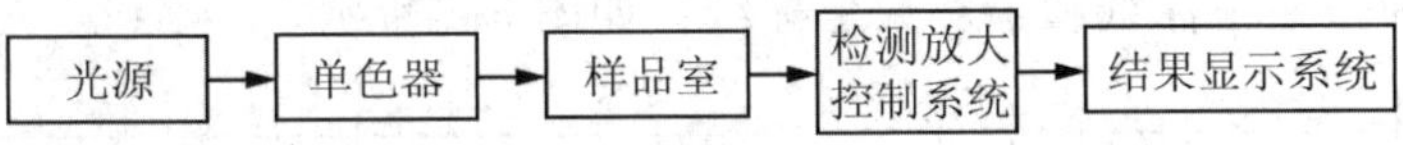

图 5-2　722 型分光光度计整机结构原理图

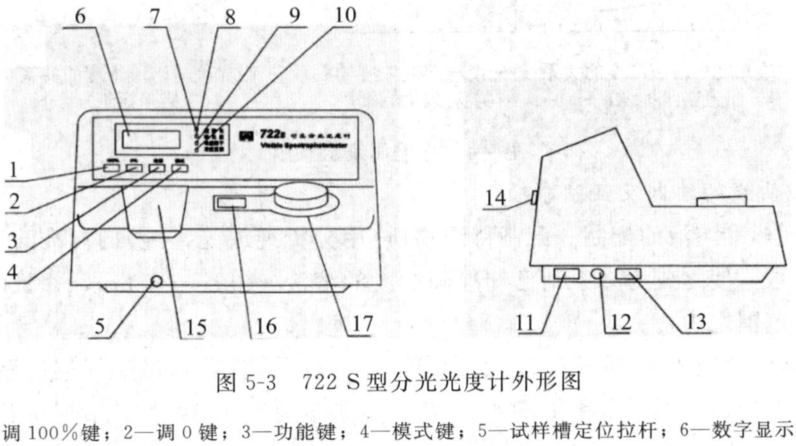

图 5-3　722 S 型分光光度计外形图

1—调 100%键；2—调 0 键；3—功能键；4—模式键；5—试样槽定位拉杆；6—数字显示屏；7—“透射比”指示灯；8—“吸光度”指示灯；9—“浓度因子”指示灯；10—“浓度直读”指示灯；11—电源插座；12—熔丝座；13—总开关；14—串行电缆接口插座；15—样品室；16—波长指示窗；17—波长调节旋钮

4. 722 型分光光度计的操作方法

(1)预热：仪器开机后，灯及电子部分需热平衡，故开机预热 30min 后才能进行测定工作。

(2)设定波长：使用波长调节旋钮，调整仪器当前测试波长，具体波长由旋钮左侧的显示窗显示，读出波长时目光应垂直观察。

(3)调整 100%(T)：将空白样品置入样品室光路中，盖下试样盖(同时打开光门)，按下“调 100%键”，即可自动调整 100%(T)。

(4)调零：打开试样盖(关闭光门)或用遮光体在样品室中遮断光路，然后按“调 0 键”，即可自动调整零位。

(5)选择模式：按“功能键”，选择模式(多次按“功能键”，“透射比”“吸光度”“浓度因子”“浓度直读”指示灯会依次亮起)，选择“吸光度”。

(6)将样品置入样品室：以空白样品作为参比，拉动试样槽拉杆，改变试样槽位置，使比色皿依次进入光路。

(7)读数：观察显示屏所显示的数据，进行记录。

(8)测量完毕，关电源；取出比色皿，洗净晾干。

5.2.2 标准曲线的绘制技术

用比色分析法和分光光度法进行定量测定时，其结果的确定方法有标准曲线法、标准单列法、等色法、差示法、催化比色法、比色滴定法等，但最常用的是标准曲线法。

1. 标准曲线的种类

标准曲线有两类三种，即 A－C 标准曲线和 T－C 标准曲线，其中 T－C 标准曲线有两种，分别为方格坐标纸和半对数坐标纸，如图 5-4 所示。

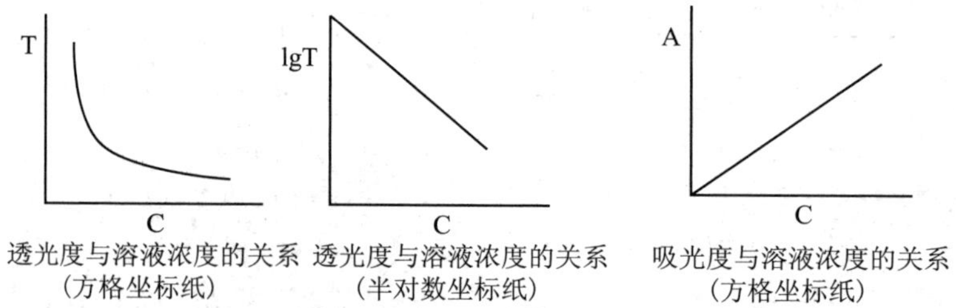

图 5-4 标准曲线示意图

2. 标准曲线的绘制及注意事项

(1)系列标准溶液的配制。配制待测物质(用分析纯或光谱纯)的标准溶液，并稀释成不同的倍数，使之成为一系列已知准确浓度的溶液(一般 5～7 份)，并且浓度应在光度计的测定范围之内。

(2)标准溶液吸光度(或透光度)的测定。在与样品同样的条件下(包括显色剂用量、测定温度、仪器、人员等)和待测物最大吸收波长下，依次测定系列标准溶液的吸光度。

(3)标准曲线的绘制。以吸光度为纵坐标、溶液浓度为横坐标，在方格坐标纸上描出各点；或以透光度为纵坐标、以溶液浓度为横坐标，在半对数坐标纸上描出各点。如果各点正好都在一条直线上，就非常理想。如果不在同一条直线上，则在绘制标准曲线时，应尽可能使各点距标准曲线最近，特别偏离的点应舍弃。

(4)测定待测样品时，必须与标准溶液按同条件的处理和在相同的测定环境下进行，以免发生仪器、试剂或人为的误差。

(5)标准曲线只能供在同样条件下处理的被测溶液使用，因为测定值与标准曲线之间会因仪器性能、试剂的批号、用量及温度、时间等不同而有所变化，因而过一段时间后或试剂更新后，再使用原来的标准曲线就可能产生误差。

(6)标准曲线的检查校正：配制一份已知浓度的标准溶液(浓度在标准曲线读数范围内)，按原标准曲线的条件处理该已知浓度的标准溶液，测其吸光度(或透光度)，然后比较由标准曲线查出的浓度与已知浓度的差值，若差值在实验要求的允许范围内，标准曲线仍可使用，若超出则需重新绘制。

(7)标准曲线绘制完毕后，应在坐标纸上注明测定内容的名称、分光光度计的型号和波长、绘制日期等。

实训 17　邻二氮菲吸光度法测定铁

1. 训练目标

(1)学习测定微量铁的通用方法。

(2)学习绘制吸收曲线，选择测量波长。

(3)熟悉用标准曲线法定量的实验技术。

(4)学习正确使用分光光度计。

2. 实验原理

邻二氮菲是测定微量铁的高灵敏性、高选择性试剂。邻二氮菲光度法是化工产品中微量铁测定的通用方法。在酸度为 pH＝2～9 的溶液中，邻二氮菲和 Fe^{2+} 生成稳定的橘红色配合物，$\lambda_{max}=508nm$，$\varepsilon_{max}=1.1\times10^4$ L/(mol · cm)，在还原剂存在下，颜色可保持几个月不变。邻二氮菲与 Fe^{3+} 也生成 3∶1 配合物，呈淡蓝色。因此，在显色之前，需要用盐酸羟胺(或抗坏血酸)将全部的 Fe^{3+} 还原为 Fe^{2+}。

$$2Fe^{3+}+2NH_2OH = 2Fe^{2+}+N_2\uparrow+2H_2O+2H^+$$

3. 实验用品

仪器：分光光度计，25 mL 容量瓶，5 mL 移液管，10 mL 移液管。

试剂：ρ＝40.0 μg/mL 铁标准溶液。用洁净干燥的 100 mL 烧杯，准确称取 3.454 g 硫酸铁铵[$NH_4Fe(SO_4)_2\cdot12H_2O$]，加 30 mL HCl 及 30 mL 水，溶解后定量转移至 1 L 容量瓶中，加 300 mL HCl，加水至刻线，摇匀，作为储备液。用前移取 100.0 mL HCl 储备液至 1 L 容量瓶中，用水稀释至刻线；$\rho(NH_2OH\cdot HCl)$＝100 g/L 的盐酸羟胺溶液；ρ＝2.0 g/L的邻二氮菲溶液；c(NaAc)＝1.0 mol/L 的乙酸钠溶液。

4. 操作步骤

(1)测绘吸收曲线

移取 2.00 mL 铁标准溶液，注入容量瓶，加 0.5 mL 盐酸羟胺溶液，摇匀，放置 2.0 min，加 1.0 mL 邻二氮菲溶液和 2.0 mL 乙酸钠溶液，加水至标线，摇匀。以水为参比，在不同波长(从 440～560 nm，每隔 10 nm 测量一次吸光度，其中，在 500～520 nm 每间隔 5 nm 测量一次)下测量相应的吸光度，将测量结果记入下表。

波长/nm	440	450	460	470	480	490	500	505	510	520	530	540	550	560
A														

在坐标纸上以波长为横坐标，吸光度为纵坐标绘出吸收曲线。根据吸收曲线确定进行测定的适宜波长。

此步实验也可不单独配制一份试液，而选用下步实验中的第四份溶液进行测定。

(2)标准曲线的制作

洗净 5 只容量瓶，依次加入 0.50 mL、1.00 mL、1.50 mL、2.00 mL、2.50 mL 铁标准溶液，各加入 0.5 mL 盐酸羟胺溶液，混匀。放置 2.0 min 后，各加入 1.0 mL 邻二氮菲溶液和 2.00 mL 乙酸钠溶液，加水至标线，混匀。以水为参比，在选定的波长下测定各溶液和吸光度，将测得的数据记入下表。

序号	1	2	3	4	5
$V(Fe^{3+})$/mL	0.50	1.00	1.50	2.00	2.50
$\rho(Fe^{3+})\mu g/mL$					
A					

在坐标纸上以铁的质量浓度 $\rho(Fe^{3+})$ 为横坐标，吸光度为纵坐标绘制标准曲线。

(3)试样中铁含量的测定

移取 10.00 mL 试样溶液，按制作标准曲线相同的步骤显色、定容后，在相同的波长下测定吸光度，由标准曲线查出铁的质量浓度，然后再换算成原试样中微量铁的质量浓度。

思考题

(1)实验中盐酸羟胺和乙酸钠的作用是什么？

(2)根据自己的实验结果，计算最大吸波长下的摩尔吸光系数。

(3)朗伯-比耳定律的物理意义是什么？什么叫吸收曲线？什么叫标准曲线？

实训 18　磺基水杨酸显色法测铁

1. 训练目标

(1)掌握用磺基水杨酸显色法测定铁的原理和方法。

(2)理解工作曲线的制作及意义。

(3)熟悉分光光度计的构造，掌握其使用方法及注意事项。

2. 实验原理

磺基水杨酸是分光光度法测定铁的有机显色剂之一。磺基水杨酸(简式为 H_3R)与 Fe^{3+} 可以形成稳定的配合物，因溶液 pH 不同，形成配合物的组成也不同。在 pH＝9～11.5的 $NH_3 \cdot H_2O$-NH_4Cl 溶液中，Fe^{3+} 与磺基水杨酸反应生成稳定的三磺基水杨酸铁黄色配合物。该配合物很稳定，试剂用量及溶液酸度略有改变都无影响。Ca^{2+}、Mg^{2+}、Al^{3+} 等与磺基水杨酸能生成无色配合物，在显色剂过量时，不干扰测定。F^-、NO_3^-、PO_4^{3-} 等离子对测定无影响。Cu^{2+}、Co^{2+}、Ni^{2+}、Cr^{3+} 等离子大量存在时干扰测定。由于 Fe^{2+} 在碱性溶液中易被氧化，所以，本法所测定的铁实际上是溶液中铁的总含量。

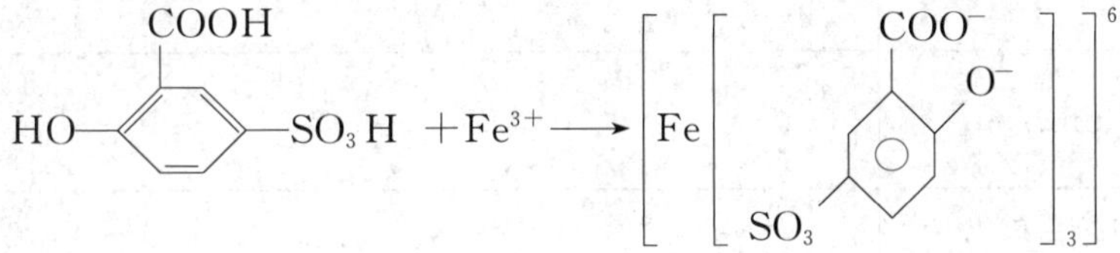

磺基水杨酸铁配合物在碱性溶液中的最大吸收波长为 420 nm，故在此波长下测量吸光度。

3. 实验用品

仪器：分光光度计，25 mL 比色管，5 mL 吸量管，10 mL 移液管，1 L 容量瓶，100 mL 容量瓶，滴管。

试剂：

铁标准储备液(100 μg/mL)：准确称取 0.8634 g 铁盐 $NH_4Fe(SO_4)_2 \cdot 12H_2O$，置于烧杯中，加入 20 mL 1＋1 的 HCL 和少量水，溶解后，转入 1L 容量瓶中，加水稀释至刻度，充分摇匀。

铁标准使用液(10 μg/mL)：用移液管移取上述铁标准储备液 10.00 mL，置于 100 mL 容量瓶中，加入 2 mL 1＋1 的 HCl，加水稀释至刻度，充分摇匀。

10％的 NH_4Cl 溶液。

10％的磺基水杨酸溶液。

1＋1 氨水溶液。

4. 操作步骤

(1)工作曲线的绘制

在 6 只 25 mL 比色管中，其中一只不加入铁标准使用液，剩下 5 只用吸量管分别加入 1.00 mL、2.00 mL、3.00 mL、4.00 mL、5.00 mL 浓度为 10 μg/mL 的铁标准使用液，然后各加 4 mL 10％ NH_4Cl 溶液和 2 mL 10％磺基水杨酸溶液，滴加 1＋1 氨水直到溶液变黄色后，再多加 1 mL，加水稀释至刻度，摇匀。用分光光度计于 420 nm 波长下，以试剂空白作参比溶液，调节透光度为 100％，测出各标准溶液的吸光度。以吸光度为纵坐标，铁含量为横坐标，绘制工作曲线。

(2)试样中铁含量的测定

用吸量管吸取待测试液 2.00 mL 于 25 mL 比色管中(两份)，在与标准溶液相同条件(如下表所示)，按上述方法显色，测量其吸光度。从工作曲线中查得相应的铁含量，计算原试液中铁的含量。

溶　　液	标准溶液						样液	
	1	2	3	4	5	6	1	2
加入铁标准使用液及样液体积/mL	0.00	1.00	2.00	3.00	4.00	5.00	2.00	2.00
10% NH_4Cl/mL	4							
10%磺基水杨酸/mL	2							
氨水(1+1)滴至黄色后再加的量/mL	1							

5. 实验记录与数据处理

溶液	标准溶液						样液	
	1	2	3	4	5	6	1	2
加入铁标准使用液体积/mL	0.00	1.00	2.00	3.00	4.00	5.00	2.00	2.00
铁标准使用液中铁的质量 /μg	0.0	10.0	20.0	30.0	40.0	50.0		
显色液体积 /mL	25.0	25.0	25.0	25.0	25.0	25.0	25.0	25.0
ρ(Fe)/ μg/mL(显色液)	0.0	0.4	0.8	1.2	1.6	2.0		
吸光度 *A*								
原液中铁的含量/μg/mL	10							

根据记录结果以吸光度为纵坐标，铁含量为横坐标，绘制工作曲线，从工作曲线上查出显色试液中铁的含量(μg/mL)，根据下式计算出原试液中铁的含量(μg/mL)。

$$\text{原液中铁的含量}(\mu g/mL)=\frac{25.00\times\rho(Fe)}{2.00}$$

式中：$\rho(Fe)$——显色液中铁的浓度，μg/mL。

思考题

(1)本实验中哪些试剂应准确加入？哪些不必严格准确加入？为什么？

(2)使用蒸馏水和试剂空白作参比溶液有何区别？工作曲线是否都通过原点？

(3)在吸光度的测量中，为了减小误差，应控制吸光度在什么范围内？

第 6 单元　化学实验基本分离技术

本单元提要

1. 学习蒸馏原理。
2. 了解萃取、洗涤的基本原理。
3. 熟练掌握萃取操作的方法。
4. 学习柱色谱、纸色谱、薄层色谱分离的原理。
5. 学会纸色谱的操作方法。
6. 会计算比移值，能对分离组分进行定性分析。
7. 学习柱色谱、纸色谱、薄层色谱分离的原理。
8. 掌握柱色谱、纸色谱、薄层色谱分离的操作方法。
9. 会计算比移值，能对分离组分进行定性分析。

6.1　蒸馏技术

蒸馏是分离提纯有机化合物的常用手段之一。其方法包括常压蒸馏、水蒸气蒸馏、分馏、减压蒸馏。可根据有机化合物的性质合理选用。

常压蒸馏简称为蒸馏。是分离混合物和提纯有机液体化合物的重要方法之一。

6.1.1　常压蒸馏的原理

蒸馏是在常压下加热液体至沸腾使之汽化，再经蒸气冷凝成液体，将冷凝液收集下来的操作过程。

当液体混合物受热时，蒸馏瓶内的混合液不断汽化，当液体的饱和蒸气压与施加给液体表面的外压相等时，液体沸腾，此时的温度称为该液体的沸点。液体混合物之所以能用蒸馏的方法加以分离，是因为组成混合液的各组分具有不同的挥发度。当被蒸馏的液体混合物的沸点差别较大时，在溶液上方，蒸气的组成与液相的组成不同。蒸气中低沸点组分的相对含量较大，而其在液相中的含量则较小，当蒸气冷凝时，就可得到低沸点组分含量高的馏出液，沸点较高者随后蒸出，不挥发的物质留在蒸馏器中。一般情况下，当两种液体的沸点差大于 30℃时，就可以利用普通蒸馏法进行分离。

当混合溶液中各组分的沸点相差较小时，若要分离混合物中的各组分，必须采用其他蒸馏方法。

常压蒸馏主要用于沸点在40～150℃化合物的分离。温度高于150℃时，多数化合物会分解或由于温度高而操作不方便。

一种纯净的液态化合物在一定的大气压下具有固定的沸点，沸程一般在0.5～1℃，不纯的物质的沸程较长，因此，蒸馏也可以判断有机化合物的纯度。但是，有些有机化合物常常和其他组分形成二元或三元共沸混合物，这种混合物有固定的沸点，其沸点低于或高于混合物中任何一个组分的沸点。共沸混合物所形成的气相与液相有相同的组成，因而不能用蒸馏的方法进行分离。

6.1.2 常压蒸馏装置及其操作

1. 蒸馏装置

常压蒸馏装置主要是由蒸馏瓶(长颈或短颈圆底烧瓶)、蒸馏头、温度计套管、温度计、直形冷凝管、接引管、接受瓶等组装而成，如图6-1所示。

汽化部分是由圆底烧瓶、蒸馏瓶和温度计组成。蒸馏瓶的选择以蒸馏液占蒸馏瓶容积的1/3～2/3为宜。

一般不选用球形冷凝管，因为球形冷凝管的凹进部分会积存流出液。当液体温度高于140℃时选用空气冷凝管。冷凝水从冷凝管的下端流进，从上端流出，且上端的出水口应当向上，使冷凝管内充满水。

接受部分是由接受管和接受瓶组成。注意接受管、接受瓶应与大气相通。

图6-1(a)为普通玻璃蒸馏装置，价格低廉，但装配麻烦，需用打孔的橡皮塞与玻璃管连接仪器。图6-1(b)为用标准磨口玻璃仪器装配的蒸馏装置，装配灵活简单。标准磨口玻璃仪器(简称标准口玻璃仪器)是具有标准内磨口和外磨口的玻璃仪器。标准磨口是根据国际通用技术标准制造的，国内已经普遍生产和使用。使用时根据实验的需要选择合适的容量和口径。相同编号的磨口仪器，它们的口径是统一的，连接是紧密的，使用时可以互换，用少量的仪器可以组装多种不同的实验装置，通常应用在有机化学实验中。

2. 蒸馏装置的安装

蒸馏装置在安装中要注意：应本着自下而上，由左向右的顺序，从侧面观察，整套仪器的轴线，应在同一个平面内，所有铁夹和铁架整齐地放在仪器背后。安装前，检查所使用的磨口仪器是否洁净。若沾有固体物质，会使磨口对接不紧密或损坏磨口。温度计的量度应与液体沸点相近，必要时，应对温度计进行校正。一般温度计的偏差较小，可忽略不计。

(1)安装圆底蒸馏烧瓶。以热源的高度为准固定圆底烧瓶下的铁圈位置，然后将圆底烧瓶用铁夹固定架台上，并使圆底烧瓶在铁圈上方。铁夹不宜夹得太紧或太松，稍用力能转动烧瓶即可(其他仪器也如此)。铁夹不应直接和玻璃仪器接触，应套上橡皮管。铁圈上应垫有石棉网，如图6-1(a)所示。在调整装配其他部分时，不可再改变烧瓶的位置。

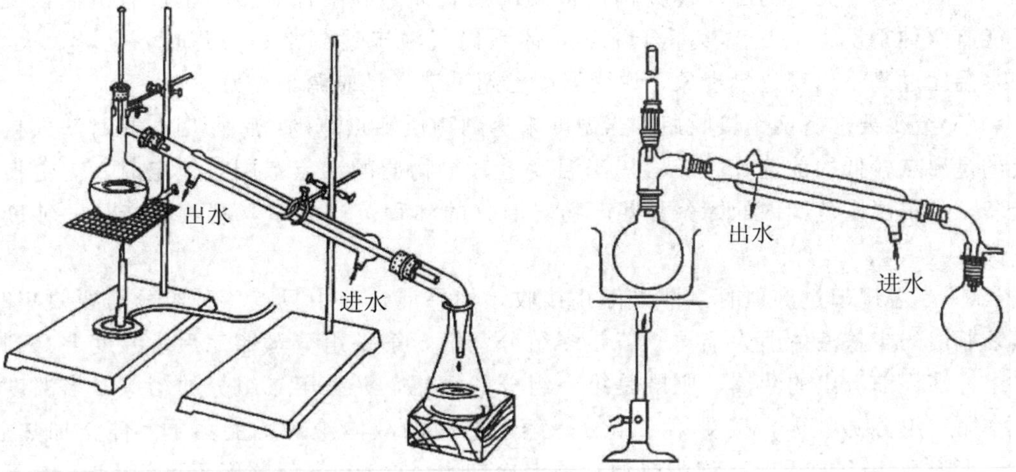

图 6-1　常压蒸馏装置

(a)普通玻璃蒸馏装置；(b)标准磨口玻璃仪器蒸馏装置

(2)安装蒸馏头。将温度计插入温度计套管中，并使温度计的水银球上缘与蒸馏支管的下缘在同一水平线上。若水银球位置偏高，测量的温度则偏高。反之，则偏低。

(3)冷凝管的安装。用另一铁架台上的铁夹固定冷凝管，调整冷凝管的位置和角度，使蒸馏头支管与冷凝管，以同一轴心线相连接，铁夹应固定在冷凝管的中部。冷凝管应按下入上出的顺序连接冷却水，不应倒装。

(4)检查。检查烧瓶与冷凝管是否在同一轴线上，并注意各连接部位是不是装配紧密、稳固、不漏气。

(5)安装接液管和接收瓶。接液管支管不得封闭，否则会引起爆炸。在蒸馏易挥发、易燃、有毒的液体时，应在接液管的支管上接一根长橡皮管，并将其通入水中或室外。对于沸点较低的馏出物，可把接受瓶放置在冷水浴或冰水浴中。

3. 蒸馏操作

(1)根据蒸馏物的沸点选择热源，沸点低于 80℃，可选用水浴，高于 80℃应使用油浴或电热套。

(2)取下温度计套管，用长颈漏斗将待蒸馏液注入蒸馏烧瓶中，蒸馏液体积不得超过蒸馏烧瓶体积的 2/3，加入 2～3 粒沸石，装好温度计。检查装置的气密性。

(3)缓慢通入冷却水。

(4)加热，初始时应先用小火，然后逐渐加大火力，待蒸馏液沸腾后，注意观察液体的汽化情况。当蒸气上升到温度计的水银球部时，温度计汞柱开始急剧上升，水银球部出现液滴，再调整加热速度。蒸馏速度应适当，太慢则耗时过多，太快将影响分离效果，通常以流出液流出速度为每秒钟 1～2 滴为宜。并记下第一滴馏出液滴入接受器时的温度。要注意，在蒸馏过程中温度计水银球上应附有冷凝的液滴，即保持气液两相达到平衡。此时的温度即为馏出液的沸点。如果温度计水银球上没有液滴，说明可能有两种情况：一是温度低于沸点，体系内气液未达到平衡，此时，应调大火力；二是温度过高，出现过热现象，说明温度已超过沸点，应调小火力。

(5)至少要准备两个接收瓶，当温度未达到物质沸点范围(沸程)时，此时滴入接受瓶的是沸点较低的前馏分(馏头)，当温度上升至物质的沸点范围且恒定时，需更换接受瓶，收集温度范围内的馏分，即产物。馏分的沸程范围越窄，则收集产品的纯度就越高。

(6)当温度超过沸程时，即可停止接收。如果混合液中只有一种组分需要收集时，蒸馏瓶内的少量液体即为馏尾。若是多组分蒸馏，第一组分蒸馏完后，温度上升到第二组分沸程前流出的液体，则既是第一组分的馏尾，又是第二组分的馏头，当温度稳定在第二组分沸程内，接受第二组分。蒸馏瓶内的液体绝对不能蒸干。停止加热后，待温度降至40℃左右时，移去热源，关闭冷却水(注意：先后顺序不可颠倒)，取下接受瓶。

4. 仪器的拆卸顺序与安装相反

(1)取下接受管，松开固定冷凝管的铁夹，将冷凝管与蒸馏头接口旋松，取下冷凝管，并拆下冷凝管上、下水管。

(2)取下温度计套管，将温度计拔出、放好，将蒸馏头与烧瓶连接旋松，取下蒸馏头，最后旋松铁夹取下烧瓶。

(3)及时清洗和干燥仪器。

6.1.3 蒸馏操作注意事项

1. 蒸馏前应根据待蒸馏的液体体积选择合适的蒸馏瓶。蒸馏瓶也不可过大，因蒸馏瓶越大，产品损失就越多，一般液体体积占蒸馏瓶容积的1/3～2/3即可。

2. 加热前，要加入沸石，若已经加热，发现未加入沸石，要待液体稍冷(低于沸腾温度)后再加入沸石，切忌在沸腾时或接近沸腾的溶液中加入沸石，这样会引起爆沸。如加热中断，再加热时，应重新加入新的沸石，因原来的沸石的小孔已被液体充满，不能再起汽化中心的作用。

3. 当蒸馏挥发性和易燃性的液体时，不能用明火加热，以免引起火灾。在接液管的支管上接一根长橡皮管，将橡皮管的尾部引入水中或室外。

4. 蒸馏乙醚等易生成过氧化物的液体时，蒸馏前应检验过氧化物是否存在，若含有过氧化物，应将其除去后再蒸馏。

5. 在蒸馏过程中需要加入液体时，必须停止加热，但不能停止通冷凝水。

6. 当冷凝管处于热的状态而要通入冷却水时，应注意缓慢通入，以免冷凝管因骤冷而破裂。

7. 蒸馏体系绝对不能密封，当接收的产品易受潮，需要在接液管安装干燥管或其他吸收管时，更应引起注意。

8. 无论进行任何操作，蒸馏瓶内的液体都不应蒸干，以防止蒸馏瓶过热或有过氧化物存在而发生爆炸。

实训 19　酒精的蒸馏

1. 训练目标

(1)了解蒸馏的原理。

(2)学会蒸馏仪器的安装。

(3)掌握酒精蒸馏的基本操作。

2. 实验用品

蒸馏烧瓶、冷凝管、接液管、锥形瓶、温度计、烧杯、铁架台、表面皿、石棉网、酒精灯、橡皮管、橡皮塞、弹簧夹、长颈漏斗、酒精和水的混合液、沸石。

3. 实验原理

在常压下，水的沸点为 100℃，酒精为 78.4℃。将水和酒精的混合物蒸馏，沸点低的酒精先蒸出，这样就可以达到分离和提纯的目的。

4. 操作步骤

(1)蒸馏装置及安装

按下图进行安装，安装时，先从热源自下而上，自左而右。即铁架台→酒精灯→石棉网→蒸馏烧瓶→温度计→直形冷凝管(需用另一个铁架台固定)→接引管→锥形瓶→垫木。在安装过程中要按仪器的走势，不能强扭。整套装置要保证装有橡皮塞的地方有较好的气密性，不能漏气。蒸馏装置如图 6-2 所示。

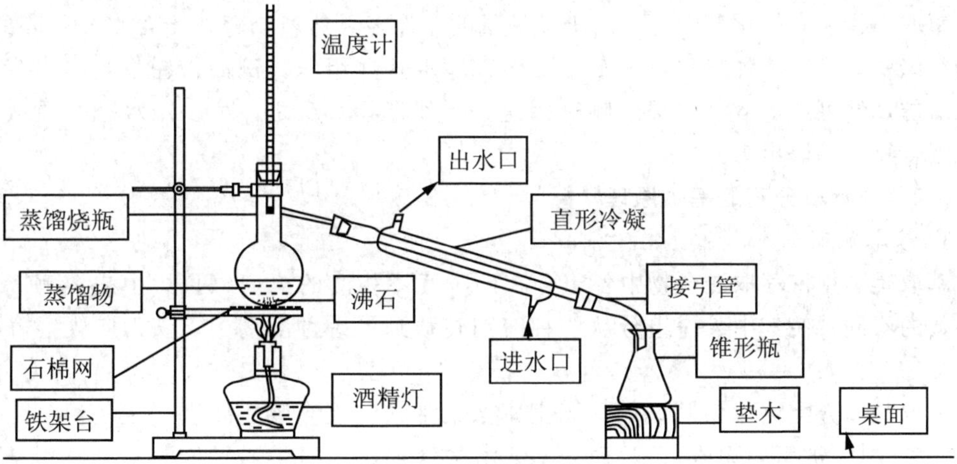

图 6-2　蒸馏装置图

(2)蒸馏操作

①将 30 mL 酒精和水的混合物通过长颈漏斗倒入 50 mL 的蒸馏瓶中，加入 3～4 粒沸石，塞好带温度计的塞子。使温度计的水银球中部正对烧瓶的分支口。

②通入冷凝水，从冷凝管下口缓缓通入冷水，从冷凝管上口排入水槽。

③加热蒸馏。加热时温度逐渐上升，当温度在77℃以下时，用烧瓶接液，当温度计指示77℃时，换用一个已称重的干燥锥形瓶接液，并控制火力，以每秒蒸出1～2滴为宜。当温度超过78℃时，即停止蒸馏。

④拆卸仪器。蒸馏完毕，先停火，再停水，冷却后拆除装置，洗涤仪器。拆卸仪器的顺序与安装的顺序相反。

5. 实验记录

记录当温度达77℃流出第一滴到温度超过78℃时流出最后一滴所用的时间。

6. 结果与分析

蒸馏完毕，称量蒸馏液的总质量，计算产率。

思考题

(1)蒸馏时，为什么要加助沸剂？

(2)为什么通冷凝水要自下而上？

(3)为什么温度计的水银球中部要正对烧瓶的分支口？

6.2 萃取分离技术

萃取和洗涤是分离、提纯有机化合物常用的方法之一。萃取是溶质从一种溶剂向另一种溶剂的转移过程，是从液体或固体混合物中提取所需要的物质，而洗涤是从混合物中分离除去不需要的杂质。所以，洗涤也是一种萃取，两者原理是相同的，按萃取两相的不同，可分为液-液萃取、液-固萃取等。

萃取操作在有机化学中，可用于多种目的。许多天然产物存在于含水分很高的动、植物组织中，可用一种与水不相混溶的溶剂萃取这些组织。例如，在茶叶的水溶液中加入氯仿，便可从水溶液中提取咖啡因这一天然产物；反之，可以用水把杂质从一种有机混合物中萃取出来。

6.2.1 萃取分离的基本原理

1. 基本原理

萃取是利用待萃取混合物中各组分在两种互不相溶的溶剂(两相)中的溶解度和分配系数的不同，使其中某一组分从一种溶剂转移到另一种溶剂中，从而实现混合物的分离。

萃取是以分配定律为基础的。当把萃取剂加入到混合物中，在一定的温度、压力下，一种物质(被萃取物质)在两种互不相溶的溶剂(a、b)中的平衡关系可以用分配比表示，即

$$K=\rho_a/\rho_b=\text{常数} \tag{6-1}$$

式中：ρ_a——被萃取物质在萃取剂中的质量浓度；

ρ_b——被萃取物质在原溶液中的质量浓度。

对于液-液萃取，K称为分配系数。分配系数越大，萃取分离效果越好。

2. 萃取剂的选择

溶剂对萃取分离效果的影响很大，在选择时应注意以下情况。

被分离物质在萃取剂与原溶液两相间的平衡关系是选择萃取剂首先考虑的问题。萃取液对被提取物质的溶解度要大，即 K 值要大，萃取剂用量少。例如，在水中萃取有机物时，萃取剂与水应不相混溶，而被提取的物质在萃取剂中要比在水中的溶解度大。从水溶液中萃取有机物时，难溶于水的有机溶剂可选用石油醚作萃取剂，较易溶于水的有机溶剂可选用苯、乙醚作萃取剂。易溶于水的有机溶剂用乙酸乙酯作萃取剂。常用的萃取剂还有四氯化碳、氯仿、二氯甲烷、三氯甲烷等。要从有机物中除去少量酸性或碱性无机杂质时，可选用5%的氢氧化钠、5%～10%碳酸钠或碳酸氢钠、稀盐酸或稀硫酸等作萃取剂。

此外，要求萃取剂应与水的密度有明显差异，以利于两相分层；萃取剂应有一定的化学稳定性和较小的毒性。

6.2.2 液体物质的萃取

1. 分液漏斗的选择

液-液萃取常用的仪器是分液漏斗。分液漏斗的容积一般要比液体的体积大一倍以上。分液漏斗有圆形、梨形、长筒形等。圆形分液漏斗有利于萃取两相间密度差小的液体分层，分液漏斗的形状越长，两个液层静置分层所需的时间越长。

2. 萃取操作方法

(1)使用前应先检查分液漏斗活塞及塞子是否漏液。检查的方法是：在分液漏斗中加入一定量的水，将上口塞子盖好，上下摇动，检查上下口是否漏水。旋动活塞，检查活塞是否旋动灵活。若活塞口有漏液，可将塞芯取出擦干，重新涂一薄层凡士林(与滴定管涂油方法相同)，涂好后将活塞插入活塞孔，转动活塞使其均匀透明，可用橡皮圈套在活塞的凹槽处。按以上方法再次检查是否漏液。重复以上操作，直到符合要求为止。

(2)将分液漏斗放在铁圈中。用三段短橡皮管，沿其长度剪开，将其套在铁圈上。关好活塞，将被萃取溶液通过普通漏斗倒入分液漏斗中，加入萃取剂，其加入量约为被萃取液的1/3，溶液的总体积不超过分液漏斗的2/3，塞上塞子。

(3)萃取振荡的方法：将分液漏斗的下口略朝上，右手的拇指和中指捏住上口瓶颈部，食指压紧上口玻璃塞，左手牢牢握住活塞，因为两种互不相溶的溶剂在混合时产生的压力会将塞子从分液漏斗顶出。以左手的拇指和食指控制活塞，如图6-3所示。

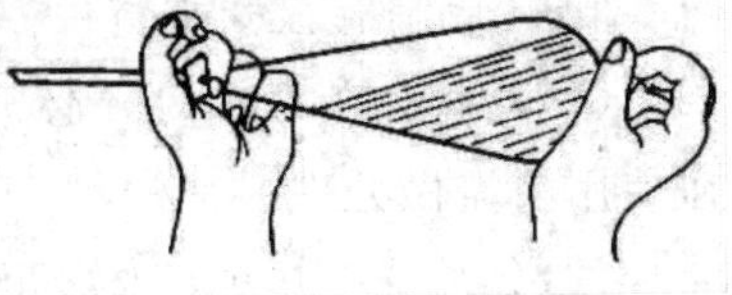
图6-3　分液漏斗的操作方式

将漏斗放平，前后摇动或做圆周运动，使两相完全接触。在振荡的过程中，注意下口应稍向上倾斜，不断打开活塞排气(注意不要对着人)。在萃取振荡的过程中，分注液漏斗下口也不要对着人，以免内压太大，造成漏斗的塞子被顶开，使液体喷出伤人。特别是在使用石油醚、乙醚等低沸点的溶剂或用稀碳酸钠、碳酸氢钠等碱性萃取剂从有机相分离酸性杂质时，更应及时排气。经过几次放气后，随振荡时间的增加，可适当延长平衡气压的时间间隔。待压力减小后，再重复上述操作数次后，将漏斗置于铁架台上的铁圈上，静置。待两相界面分层清晰时，可进行分液操作。分液漏斗支架装置如图 6-4 所示。

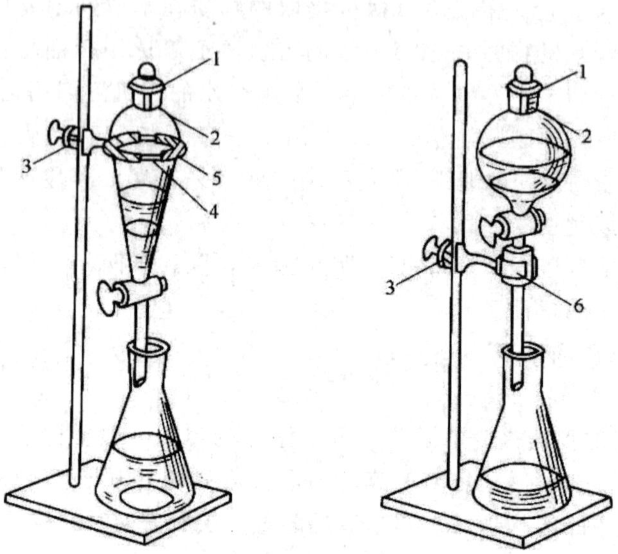

图 6-4　分液漏斗支架装置

1—小孔；2—塞子；3—铁夹；4—铁圈；5—橡皮；6—单爪夹

(4)分液时，打开漏斗上口塞子或将塞子上的小槽对准漏斗的通气孔，慢慢旋开下口活塞，将下层液体从活塞口放入已干燥好的锥形瓶中，如两相界面有絮状物，也要一起分离掉。在萃取相(如水相)中再加入新的萃取剂继续萃取。

(5)萃取次数一般为 3～5 次，合并萃取相。在萃取液中加入合适的干燥剂进行干燥。干燥后，蒸去溶剂，再根据蒸馏物的性质，选择合适的纯化方法，再次提纯。

(6)上层液体由上口倒入另一准备好的锥形瓶中，切不可将上层液由活塞放出，以免被残留在漏斗颈内的下层液体玷污。

3. 萃取操作注意事项

(1)乙醚作萃取剂时，必须事先检查乙醚中是否有过氧化物，含有过氧化物的乙醚在使用前需做处理。

(2)分液漏斗中的液体不可太多，装入量不要超过分液漏斗体积的 2/3，液体太多，会影响分离效果。

(3)有时由于两相密度相差较小、溶液中存在少量轻质物，会出现部分互溶，在萃取时使其分层不明显或不分层。当溶液呈碱性时，会产生乳化现象。解决的办法是：静置时间长一些，或加入少量电解质(如食盐)，增加水相的相对密度，促使有机物溶于萃取液中。另外，萃取碱性水样所产生的乳油层，可滴入酸使之澄清。当乳油层比较黏稠时，可滴加丙酮、醇等溶剂，以降低水的表面张力，促使其分层。若上述方法都不能将絮状物破坏时，应在分离操作时将絮状物随萃取相(水相)一同放出，否则会因杂质的引入而影响萃取效果。

(4)液体分层后应正确判断有机相和水相，一般可根据密度来确定，密度大的在下面，密度小的在上面。在萃取中，上下两层液体都应该保留到实验结束，以防由于判断失误，使实验失败。

(5)分液漏斗与碱性物质接触后，要冲洗干净。另外，还应重视有机溶剂的回收，避免造成浪费，以及污染环境。

6.2.3 固体物质的萃取

从固体物质中提取所需物质是利用溶剂对样品中被提取成分和杂质之间溶解度的不同，而达到分离提取的目的。常用的方法有浸取法和连续萃取方法。

浸取法是将溶剂加入被萃取的固体物质中浸泡溶解，使易溶于萃取剂的组分提取出来，再进行分离纯化。当用有机溶剂萃取时，要用回流装置。

连续萃取法是在萃取过程中循环使用一定量的萃取剂，并保持萃取剂体积基本不变的萃取方法。实验室中常使用索氏提取器进行萃取。

1. 索氏提取器的工作原理

对烧瓶内溶剂加热，使其蒸气沿抽提筒侧面的蒸气通道上升至冷凝管，被冷凝为液体，滴到滤纸筒上，滤纸筒被冷凝液浸泡。当提取管中的液面超过吸管的最高处时，溶剂带着从固体中萃取出来的物质流回烧瓶。因冷凝到提取管的是纯溶剂，所以，经过多次重复，就可将要提取的物质富集于烧瓶内。提取结束后对提取液进行分离即可得到产物。图6-5为索氏提取器装置。

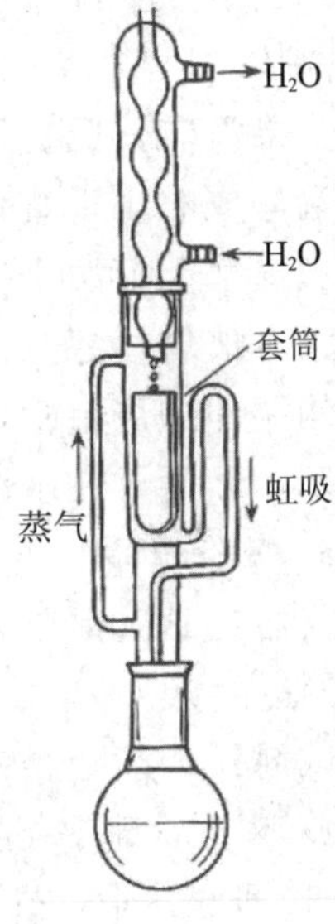

图6-5 索氏提取器装置

2. 操作方法

(1)将固体物质研细，放入滤纸筒内，上下口包紧，以免固体逸出。纸筒的高度不超过索氏提取器的虹吸管。纸筒不宜包得过紧，过紧会缩小固一液的接触面积，但过松滤纸筒不便取放。

(2)提取装置的安装应按由下向上的顺序进行。以热源的高度为基准，将烧瓶用万能夹固定好，烧瓶内加入数粒沸石，装上提取器，在提取器上方安装球型冷凝管，并用万能夹固定好。安装好的仪器应垂直于实验台面。

(3)在提取器上口加入有机溶剂，液体通过虹吸流入蒸馏瓶，加入溶剂量应视提取时间和溶解程度而定。

(4)通入冷凝水，加热，液体沸腾后开始回流。液体在提取筒中蓄积，使固体浸入液体中。当液面超过虹吸管顶部时，蓄积的液体带着从固体中提取出来的易溶物质流入蒸馏瓶中。如此反复，即可使固体中易溶解的物质全部提取到液体中。在提取过程中，应注意调节温度。因在提取过程中，温度过高被提取的溶质会在烧瓶壁上结垢或炭化。

实训20　茶叶中咖啡碱的提取与纯化

1. 训练目标

(1)了解从茶叶中提取咖啡因的原理和方法。

(2)掌握索氏提取器的原理和操作方法。

2. 实验原理

茶叶中含有多种生物碱，其中，咖啡因的含量约为1%～5%。此外，茶叶中还有鞣酸、色素、纤维素、蛋白质等。咖啡因是一种弱酸碱性化合物，易溶于氯仿、水、乙醇等溶剂中。含结晶水的咖啡因是无色针状结晶，味苦，100℃时即失去结晶水，并开始升华，120～178℃时迅速升华为针状结晶。

用乙醇从茶叶中提取咖啡因，在索氏提取器中连续萃取，然后浓缩、升华得到咖啡因晶体。

如果没有索氏提取器，可制作简易提取装置。方法为：将一根长约25 cm的玻璃棒一端弯成略小于直角的钩，茶叶装入滤纸筒中并用棉线固定在玻璃棒的弯钩上，在一个橡皮塞上打两个孔，一孔插入带弯钩的玻璃棒，一孔插入冷凝管，使冷凝管的管口尖正对玻璃棒弯钩上的滤纸筒，在圆底烧瓶中装入100～120 mL 95%乙醇，将玻璃棒弯钩端伸进烧瓶中，调整玻璃棒，使装茶叶的滤纸筒底部距烧瓶底1 cm左右，盖紧橡皮塞，然后放在水浴上加热回流0.5～1 h。

3. 实验用品

仪器：索氏提取器、回流冷凝管、蒸发皿、玻璃漏斗、水浴锅、滤纸、酒精灯、石棉网。

试剂：干茶叶、95%乙醇、生石灰粉。

4. 操作步骤

(1)回流萃取

称取干茶叶10 g，装入滤纸筒中，轻轻压实，放入索氏提取器中，纸筒高度不要超过提取器的虹吸部位。在圆底烧瓶中加120 mL 95%乙醇，放入几粒沸石，安装好索氏提取器，水浴加热至沸腾(见图6-5)，连续回流提取至萃取液颜色很浅为止(2～3 h)，待冷凝液刚刚虹吸下去时，立即停止加热。

按要求安装好蒸馏装置，回收大部分乙醇。当蒸馏瓶中液体剩8～10 mL时，立即停止蒸馏。将残留液倒入蒸发皿中，加入约4 g生石灰粉(起中和及脱水作用)，在蒸气浴上加热，蒸发至干，然后将蒸发皿移至酒精灯上，隔石棉网焙烧片刻，除尽水分，冷却后，擦去沾在边缘上的粉末，以免升华时污染产物。

(2)升华精制

在蒸发皿上盖一张刺有许多小孔的圆形滤纸(孔刺向上)，取一只合适的玻璃漏斗盖在滤纸上(如图6-6所示)。

漏斗颈部应塞一团疏松的棉花，隔石棉网用酒精灯小火加热，逐渐升温，咖啡因蒸气通过滤纸孔，在漏斗内壁上冷凝为固体，附着在漏斗内壁和滤纸上(升华过程中必须严格控制加热温度，这是实验成败的关键)。当滤纸上出现大量白色晶体时，停止加热，冷却后，揭开漏斗和滤纸，用小刀仔细将附在其上的咖啡因刮下。称重(纯净的咖啡因是白色针状固体，熔点238℃)。

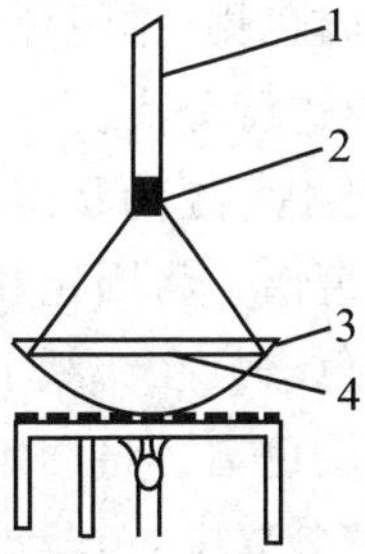

图6-6　常压升华装置

1—漏斗；2—棉花；3—蒸发皿；4—滤纸

思考题

(1)使用脂肪提取器时，应注意哪些事项?

(2)在升华操作时应注意什么?

6.3　色谱分离技术

在实际中，常常会遇到一些性质十分相近的化合物(如同位素、同分异构体等)，用蒸馏、萃取、重结晶和升华等提纯方法都得不到较好的分离。而色谱分离技术却能得到满意的分离效果。色谱法(又称色层法)是对物质分离、提纯和鉴定的常用手段，最大的特点是分离效果好，它可以把各种性质极为相似的物质彼此分离。近年来，这一方法在化学化工、生物学、医学中得到了普遍的应用，解决了蛋白质、氨基酸、生物代谢、天然色素、稀土元素等的分离和分析。

6.3.1　色谱分离简介

1. 色谱分离法

色谱分离法是一种物理分离方法。色谱分离法有两种不同的相，一种是固定相(可以是固体或液体)；另一种是流动相(液体或气体)。色谱法分离是将混合物中各组分随流动相通过固定相，在两相中进行吸附(溶解)、脱附(挥发)、再吸附(再溶解)、再脱附(再挥发)的反复作用，由于混合物中各组分在固定相上的作用力不同，向前移动速度各不同，使试样中的各组分得到分离。

2. 色谱分离法的分类

按分离原理的不同可将色谱分离法分为吸附色谱法、分配色谱法、离子交换色谱法、凝胶色排(排阻色谱)法。

(1)吸附色谱法：利用混合物中各组分对固定相吸附能力强弱的差异进行分离。

(2)分配色谱法：利用混合物中各组分在固定相和流动相两相间分配系数的不同进行分离。

(3)离子交换色谱法：利用混合物中各组分在离子交换剂(固定相)上的交换亲和力的差异进行分离。

(4)凝胶色排(排阻色谱)法：利用凝胶对混合物中各组分分子的大小所产生的阻滞作用的差异进行分离。

按固定相所处的状态不同，可将色谱分离法分为柱色谱、纸色谱和薄层色谱。

(1)柱色谱：将固定相填装在色谱柱中进行分离。

(2)纸色谱：在滤纸上进行色谱分离。

(3)薄层色谱：将固定相铺在平滑的玻璃板上进行色谱分离。

在色谱分离中，按流动相和固定相的性质不同进行的分类如表 6-1 所示。

表 6-1　色谱分离方法

色谱分离法		固定相	流动相
气相色谱法	气固色谱法	固体	气体
	气液色谱法	液体	
液相色谱法	液固色谱法	固体	液体
	液液色谱法	液体	

本节着重介绍纸色谱、柱色谱、薄层色谱及液相色谱。柱色谱中的气相色谱在此不做介绍。

6.3.2　柱色谱

1. 柱色谱装置

柱色谱是各种色谱法中发展最早的一种分离方法。柱色谱一般有吸附柱色谱和分配柱色谱两种方式。实验室最常用的是吸附柱色谱，如图 6-7 所示。吸附柱色谱常用的固定相有硅胶、氧化铝；分配柱色谱是在惰性载体(纤维素、硅藻土等)上涂有固定液(一种活性液体)。

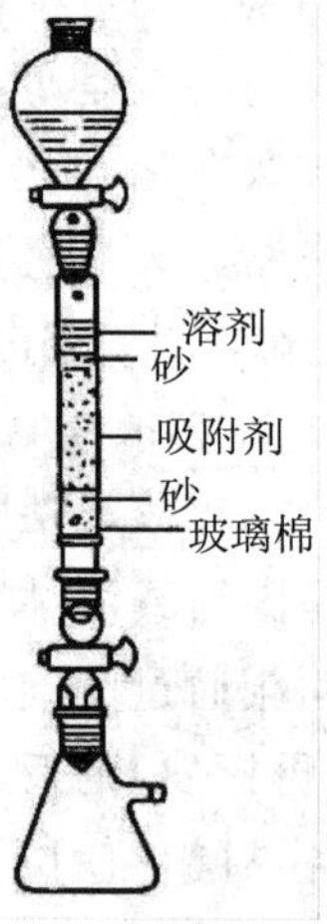

图 6-7　柱色谱装置

吸附柱色谱填装经活化的表面积很大、多孔性或粉状吸附剂，当混合物溶液加入到吸附柱上端时，各种组分则被吸附在柱的上端，当洗脱溶剂流下时，混合物中各组分随流动相流下，由于不同组分的吸附能力不同，所以下移的速度不同，溶质在柱中自上而下按对吸附剂亲和力的大小分别形成若干色带。继续用溶剂洗脱时，已经分开的溶质可以从柱上分别洗脱收集，若柱上的组分不显色时，可用紫外灯照射，使其呈现荧光来区别，或用溶剂洗脱时，逐段分别收集洗脱液，然后逐个加以检定。

(1)色谱柱

色谱柱一般用带有下旋塞或没有下旋塞的玻璃柱或塑料管柱制成。吸附剂的质量应是待分离物质质量的 25～30 倍，柱的直径与长度比约 1∶8。装柱的方式有干法和湿法两种。装柱时应注意使吸附剂不产生裂缝或有气泡。一般用湿法装得的柱子较为紧密、均匀。

(2)吸附剂

为了使样品中各种吸附能力差异较小的组分能够分离，必须选择合适的吸附剂(固定相)和洗脱剂(流动相)。吸附柱色谱常用的吸附剂有氧化铝、硅胶、氧化镁、碳酸钙和活性炭等。氧化铝具有吸附能力强、分离能力强等优点。它是用1%盐酸溶液浸泡后，用蒸馏水洗至悬浮液的pH为4～4.5。酸性氧化铝适用于分离酸性有机物质，如氨基酸等；碱性氧化铝适用于分离碱性有机物质，如生物碱、醇等；中性氧化铝的应用最为广泛，适用于中性物质的分离，如醛、酮等类有机物质。

吸附剂应颗粒均匀、具有较大的表面积和一定的吸附能力。比表面积大的吸附剂分离效率高。因为比表面积越大，组分在流动相和固定相之间达到平衡越快，形成的色带就越窄。一般吸附剂颗粒大小以100～150目为宜。另外，吸附剂与欲分离的试样及所用的洗脱溶剂不发生化学反应。

吸附剂的活性取决于吸附剂的含水量。含水量越高，活性越低，吸附能力越弱；反之，吸附能力就强。按吸附能力的强弱可分为强极性吸附剂，如低水含量的氧化铝，活性炭；中等极性吸附剂，如氧化镁、碳酸钙等；弱极性吸附剂，如滑石、淀粉等。一般分离弱极性组分时，可选用吸附性强的吸附剂；分离极性较强的组分，应选用活性弱的吸附剂。

吸附剂在使用之前，需进行“活化”。因为吸附剂吸附能力的强弱，主要决定于吸附剂吸附中心的数量多少。如果吸附剂表面的吸附中心被水分子占据，则吸附能力会减弱。通过加热活化，可提高吸附剂的活性，相反，加入一定的水分，也可使吸附剂“脱活”。表6-2列出了氧化铝和硅胶的活性与含水量之间的关系。

表6-2　氧化铝、硅胶的活性与含水量之间的关系

吸附剂活性	Ⅰ	Ⅱ	Ⅲ	Ⅳ	Ⅴ
氧化铝含水量/%	0	3	6	10	15
硅胶含水量/%	0	5	15	25	38

(3)洗脱剂的选择

洗脱剂(流动相)的选择是否合适直接影响色谱的分离效果。流动相的洗脱作用实质上是流动相分子与被分离的溶质分子竞争占据吸附剂表面活性中心的过程。在分离洗脱的过程中，若是流动相占据吸附剂表面活性中心的能力比被分离的溶质分子强，则溶剂的洗脱能力就强。反之，洗脱作用就弱。因此，流动相必须根据试样的极性，吸附剂吸附能力的强弱来选择。一般原则是：洗脱剂的极性不能大于样品中各组分的极性。否则，会由于洗脱剂在固定相上被吸附使样品一直保留在流动相中，而影响分离。色谱展开首先使用极性最小的溶剂，然后再加大洗脱液的极性，使极性不同的化合物按极性由小到大的顺序从色谱柱中洗脱下来。

在选择洗脱剂时，还应注意洗脱剂必须能够将样品中各组分溶解，但不应与组分竞争与固定相的吸附。如果被分离的样品不溶于洗脱剂，则组分会牢固地吸附在固定相上，而不随流动相移动或移动很慢。

常用的流动相按其极性强弱的排列次序为：石油醚＜环己烷＜四氯化碳＜二氯乙烯＜苯＜甲苯＜二氯甲烷＜氯仿＜乙醚＜乙酸乙酯＜丙酮＜乙醇＜甲醇＜水＜吡啶＜乙酸。

为了得到好的分离效果，单一洗脱剂达不到所要求的分离效果，也可以将各种溶剂按不同的配比，配成混合溶剂作为流动相。总之，流动相的种类很多，流动相的选择应视具体的样品、固定相通过实践进行筛选。

2. 操作方法

(1)装柱

将一洗净、干燥的色谱柱，在柱的底部铺少量玻璃棉或脱脂棉，在玻璃棉上放一层直径略小于色谱柱的滤纸，然后将吸附剂装入柱内，装柱的方式有干法和湿法。

①干法装柱。在色谱柱上端放一个干燥的玻璃漏斗，将活化好的吸附剂通过漏斗装入柱内，边装边轻轻敲打柱管，以便填装均匀。填装完毕后，在吸附剂表面再放一层滤纸，从管口慢慢加入洗脱剂，开启下端活塞，使液体慢慢流出，流速控制在每秒钟 1～2 滴。干法装柱的缺点是：容易在柱内产生气泡，分离时有“沟流”现象。因为硅胶、氧化铝所产生的溶剂化作用，容易在柱内形成细缝，所以，这两种吸附剂用湿法填装较好。

②湿法装柱。在柱内先加入 3/4 已选定的洗脱剂，将一定量的吸附剂(氧化铝或硅胶)用溶剂调成糊状，慢慢倒入柱内，打开柱下活塞，使溶剂以 1 滴/s 的速度流出。在装柱的过程中，应不断地敲打色谱柱，使其填装均匀、无气泡。

柱子填充完后，在吸附剂上端覆盖一层石英砂，使样品能够均匀地流入吸附剂表面，并可防止加入洗脱剂时被洗脱剂冲坏。在整个装柱(干法或湿法)的过程中，溶剂应覆盖吸附剂，并保持一定的液面高度，否则，柱内会出现裂痕及气泡。

(2)洗脱

液体试样可以直接加入到色谱柱中，试样的浓度要适当。固体样品先用最少量的溶剂溶解后，再加入到色谱柱中。加入样品时，应将溶剂降至吸附剂表面，样品滴管尽量接近石英砂表面，以便使试样集中在色谱柱顶部尽可能小的范围内，以利于样品展开。

将选定的洗脱剂小心地从管柱顶端加入色谱柱，切勿冲动吸附层，溶剂应始终覆盖在吸附剂的上面，并保持一定的液面高度，控制流速，0.5～2 mL/min，不可太快，以免交换达不到平衡而分离不理想。对于有颜色的组分，可直接观察，收集，然后分别将洗脱剂蒸除，即可得到纯组分。但是，大多数组分是无色的，可采用等分方法淋洗、收集，如先使极性小的组分分离出来，再分离出极性较大的组分。其操作方法是：把体积恒定的各个流出部分收集在预先称重的烧瓶中，然后将各份中的溶剂蒸发掉，再分别称量各烧瓶中残渣的质量，按流出的顺序号对蒸除溶剂后的残渣质量作图，可得到一条曲线。根据曲线可确定样品的组分数。

所收集流出部分的体积的多少取决于柱的大小和分离的难易程度，即根据使用吸附剂的量和样品分离的情况来进行收集。一般为 50 mL，若洗脱剂的极性增加相近或样品中组分的结构相近时，可适当减少收集量。

6.3.3 纸色谱法

1. 纸色谱法简介

纸色谱法又称纸上层析法。因为水与滤纸中的纤维素的亲和力较大，且结合紧密，所以，用吸附在滤纸(惰性载体)上的水或有机溶剂(如硅油、液状石蜡等)为固定相，在滤纸的一定部位(起点)把样品点上，用流动相冲洗(展开)时，由于样品在两相中分配系数的不同，而使样品中各组分在纸上展开，进行分离。

纸色谱法是一种微量分离方法，样品的量从几微克到几十微克，主要用于分离和鉴定极性较强的化合物以及官能团。优点是价格便宜，操作简单。缺点是随着溶剂的上升，展开速度减慢，较为费时。

2. 纸色谱装置

纸色谱装置由层析缸、橡皮塞、玻璃钩等组成。玻璃钩被固定在橡皮塞上。展开时将滤纸悬挂在玻璃钩子上，如图 6-8 所示。

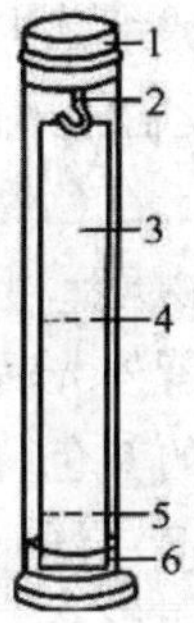

图 6-8 纸色谱装置

1—橡皮塞；2—玻璃钩；3—纸条；4—溶剂前沿；5—溶剂起点；6—溶剂

3. 纸色谱操作技术

纸色谱分离时，取一张滤纸条，在接近纸条的一端点上欲分离的试液，将滤纸条悬挂在层析缸中，让纸条下端浸入流动相(展开剂)中，由于滤纸条的毛细作用，展开剂沿着滤纸条不断上升，当展开剂与滤纸上的试样接触时，试样中的各组分会不断地在固定相和流动相间进行分配，鉴于各组分分配系数的不同而得以分离。当溶剂前缘上升到接近滤纸条的上端时，将滤纸条取出，在溶剂前缘处做出记号、晾干。当各组分是有色物质时，在滤纸条上可以看到各组分的色斑，若为无色物质时，可以采用显色的方法，使组分显现出来。图 6-9 为纸色谱的展开示意图。

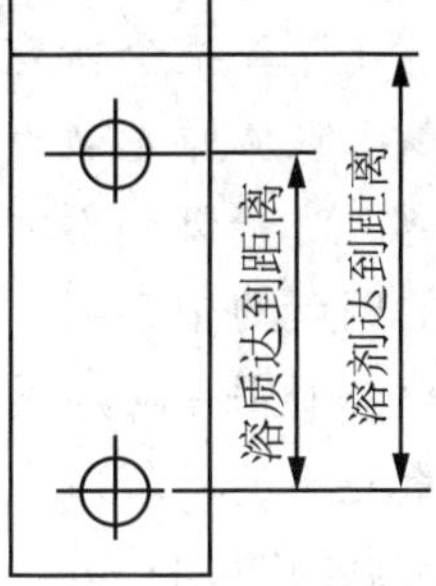

图 6-9 纸色谱的展开

(1)层析滤纸的选择

要选用厚度均匀、无折痕、边缘整齐的层析滤纸，以保证展开速度均匀。层析滤纸的纤维素要松紧合适，过于疏松，会使斑点扩散；过于紧密，则层析速度太慢。层析滤纸的纸条一般有 3 cm×20 cm，5 cm×30 cm，8 cm×50 cm 等规格。

(2)点样操作

若样品是液体，可直接点样。固体样品应先将样品溶解在溶剂中，溶剂最好采用与展开剂极性相似且易于挥发的溶剂，如乙醇、丙酮、氯仿等。水溶液的斑点易扩散，且不易挥发，一般不用，但无机试样可以用水作溶剂。

点样时，用管口平整的毛细管(内径约 0.5 mm)或微量注射器，吸取少量试液，点于距滤纸条一端 3～4 cm 处。可并排点数个样品，两点间相距 2 cm 左右。原点越小越好，一般控制直径以 2～3 mm 为宜。若试液较稀，可反复点样，每次点后应待溶剂挥发后再点，以免原点扩散。促使溶剂挥发的办法，可以用红外灯照射烘干或用电吹风吹干。

(3)展开操作

纸色谱在展开样品时，常采用上升法。上升法设备简单，应用较广，但展开速度慢。方法是：层析缸盖应密闭不漏气，缸内用配制好的展开剂蒸气饱和，将点有试样的一端放入展开剂液面下约 1 cm 处，但展开剂液面的高度应低于样品斑点，如图 6-8 所示。展开剂沿滤纸上升，样品中各组分随之而展开。当展开结束后，记下溶剂前沿位置，进行溶剂的挥发。对于比移值(R_f)较小的试样，可用下降法得到好的分离效果。下降法的操作方法是：将试液点在滤纸条的上端处，把纸条的上端浸入盛有展开剂的玻璃槽中，将玻璃槽放在架子上，玻璃槽和架子一同放入层析缸中，展开时，展开剂将沿着滤纸条向下移动。

(4)显色操作

对于有色物质，当样品展开后，即可直接观察各个色斑。而对于无色物质，需采用各种物理、化学方法使其显色。常用的显色方法是用紫外灯照射。凡能吸收紫外光或吸收紫外光后能发射出各种不同颜色的荧光的组分均可用此方法显色。用笔记录下各组分的颜色、位置、形状、大小。借助斑点的位置可以进行定性鉴定。也可喷洒各种显色剂。例如，对于氨基酸，可喷茚三酮试剂。多数氨基酸呈紫色，个别呈蓝色、紫红色或橙色。根据斑点的大小、颜色的深浅可做半定量测定。

(5)定性鉴定

在一定条件下，各个组分在纸色谱中的位置是不相同的，可用比移值 R_f 来表示(如图 6-10 所示)，比移值 R_f 的计算公式为：

$$R_f=\frac{\text{原点中心至溶质最高浓度中心的距离}}{\text{原点中心至溶剂上升前缘间的距离}}$$

在计算某个特定化合物的 R_f 值时，应量出它从原先被点样的那一点移动的距离。对于斑点不太大时，要量到迁移后的斑点的中心处。对于大斑点，量得的值必须用一块新的、所用样品量少的板重复测定。若斑点显出拖尾时，测量到斑点的“重心”处。然后，将测量所得到的距离除以溶剂前沿从同一眼点出发所移动的距离。

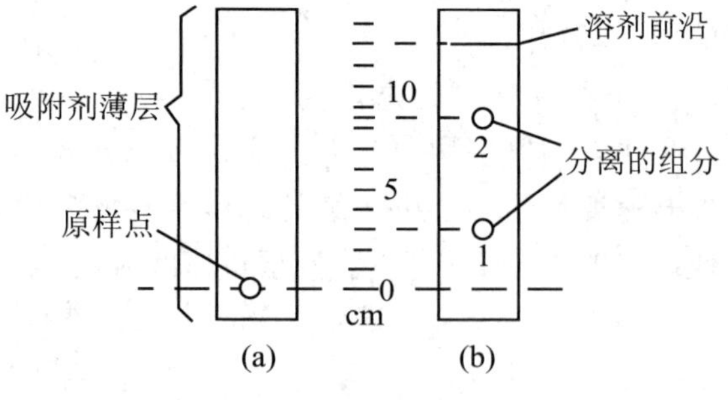

图 6-10　R_f 值示意图

R_f 值在实验的条件下是常数，但由于在实际测定时影响 R_f 的因素较多。从文献上查得的R_f值也仅能供参考之用。为了准确起见，在进行定性时，必须用纯物质和样品，在同一实验条件下进行色谱分离，通过对照，才能无误地做出确证。

6.3.4 薄层色谱

1. 一般介绍

薄层色谱简称TLC，它是在柱色谱和纸色谱的基础上发展起来的，它们之间具有许多相似之处，具有快速，分离效率高，灵敏度高等优点，可分离少量样品(可达到几微克)，也可分离较大的样品(可达500 g)。

通常薄层色谱优于纸色谱，主要是因为薄层色谱法分离的速度较快，但在某些专门的分析中，纸色谱会更好一些。

薄层色谱是将吸附剂(固定相)均匀地铺在玻璃板上，层析就在薄层上进行。把样品试液点在薄层板的一端离边缘一定距离处，样品被吸附剂吸附。将薄层板放在密闭的层析缸中，使点有试样的一端浸入流动相(展开剂)中，由于薄层板的毛细作用，展开剂沿着吸附剂薄层逐渐上升，当遇到试样时，样品溶解在展开剂中。各组分在固定相与流动相之间不断地进行吸附、解吸、再吸附、再解吸……试样中各组分与固定相的吸附能力不同，试样中吸附能力最弱的组分容易溶解而不易被吸附，会随展开剂在薄层中移动较大的距离，相反，吸附能力强的组分在薄层中移动的距离较短，最后各组分得到分离。若试样有色，就会在薄层板上看到有色斑点；如果试样是无色的，可以在展开后，用物理或化学的方法使之显色。

2. 薄层色谱装置

薄层色谱装置主要由密闭的展开室、薄层板构成。

3. 薄层色谱操作

(1)吸附剂

薄层板所用的吸附剂与柱色谱相似，有硅胶、氧化铝、纤维素等。最常用的是硅胶和氧化铝，它们的吸附能力强，可分离的试样种类多。通常对于非极性或弱极性物质的分离用吸附层析，水溶性物质的分离用分配层析，能够形成离子物质的分离用离子交换层析。

①硅胶。硅胶是无定形多孔物质，略显酸性，机械性能差，一般需要加入黏合剂制成“硬板”。常用的黏合剂有煅石膏($CaSO_4 \cdot H_2O$)、聚乙烯醇、淀粉、羧甲基纤维素钠(CMC)等。薄层所用的硅胶的粒度在250～300目，较柱色谱粒度细，适用于中性或酸性物质的分离。薄层色谱所用的硅胶有硅胶H(不含黏合剂和其他添加剂)、硅胶G(含13%～15%的煅石膏)、硅胶GF_{254}(含煅石膏和荧光指示剂，可在波长254nm紫外光照射下呈黄绿色荧光)和硅胶HF_{254}(只含荧光指示剂的硅胶)。

②氧化铝。氧化铝铺层时一般不加黏合剂，可用氧化铝干粉直接铺层，这样得到的层析板称为“干板”或“软板”。干法铺层的氧化铝用150～200目，湿法铺层为250～300目。氧化铝也可因加黏合剂或荧光剂而分为氧化铝G(含煅石膏)、氧化铝GF_{254}和氧化铝HF_{254}。氧化铝的极性较硅胶稍强，适合分离极性较小的化合物。

(2)薄层板的制备

色谱的分离效果取决于吸附剂、展开剂的选择。要根据样品中各个组分的性质选择合适的吸附剂和展开剂。这与柱色谱类似。

薄层板的制备方法有干法制板、湿法制板两种。所用的玻璃板可以是普通的窗玻璃。玻璃板要用自来水洗净后烘干，否则会使吸附剂不能均匀地分布和黏附在玻璃板上，干燥后易起壳、开裂、剥落。

①干法铺板。将氧化铝干粉倒在玻璃板上，用一粗细均匀的玻璃棒，两端用胶布缠好或用橡皮管等制成的两段套圈，套圈的厚度以薄层板的厚度为准。将吸附剂撒在玻璃板上，两手捏住玻璃棒的两端，用玻璃棒的中间一段压在玻璃板的一端吸附剂上，缓慢滚压，注意两手用力要均匀，移动速度要一致，直到吸附剂厚度均匀地铺压玻璃板上为止，这种板称为“干板”或“软板”。干法制板的缺点是样品点容易扩散，分离较差，但层析速度比湿法要快。

②湿法铺板。将硅胶或氧化铝加水或其他溶液、溶剂(如 0.5%～1%羧甲基纤维素钠水溶液、煅石膏等)，调成糊状后进行铺层，必要时也可在研钵中研磨均匀，然后，均匀地铺在玻璃板上。加黏合剂制成的板称为硬板。湿法铺板根据其涂层方法的不同，可分为平铺法、倾注法和浸入法。

涂铺器铺层法是用薄层涂布器(可自制)涂布，如图 6-11 所示。将数块洗净、烘干的玻璃板放在涂布器中间，上下两边各夹一块较厚的玻璃板，比被涂布的玻璃板厚 0.5～1 mm，然后，在涂布器槽中倒入预先调制好的糊状物，将涂布器(也可用一边缘光滑的玻璃板或直尺)自左向右推，即可使糊状物均匀地涂在玻璃板上，从而在玻璃板上得到一定厚度的薄层。

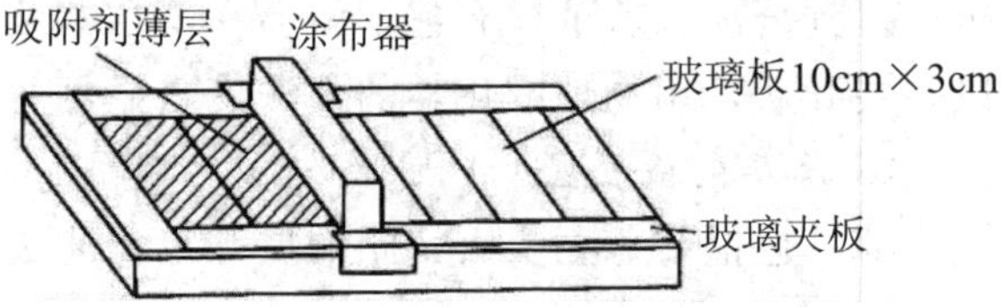

图 6-11　薄层涂布器

倾注法是将预先制备好的糊状物倾倒在玻璃板上，再倾斜玻璃板，使糊状物自动地摊开，然后轻轻振动玻璃板，使糊状物形成均匀薄层。注意：若用煅石膏做黏合剂，调糊和铺层应在 4 min 以内完成，以免石膏凝固而无法铺层。铺好的薄层板水平放置 10～20 min，待薄层固结后，阴干，保存在干燥器中。此法简单，缺点是薄层均匀性较差。

(3)薄层板的活化

先将铺好薄层的玻璃板水平放置。待糊状物凝固后，放入烘箱，于 60～70℃初步干燥。然后逐渐升温到 105～110℃，使之活化，一般活化时间为 10～30 min。但对于某些薄层板，铺好后阴干即可，不必活化。有时要通过实验，由分离效果来决定。活化后，将薄层板置于干燥器中备用。

吸附剂的活性与其含水量有关。一般用分级的形式表示，氧化铝分为 5 级，1 级吸附力最强，5 级最弱，氧化铝加热至 150℃时，其活性为 2～3 级；加热至 300～400℃时，活性增加至 1～2 级；当加热至 600℃以上时，会脱水并烧结。硅胶最佳加热温度应在 105℃～110℃，超过此温度会脱水形成硅氧烷或烧结而失去活性。

(4)点样

点样操作力求快速，不致使原点分散而使层析后斑点分散，影响鉴定。其方法与纸色谱相似，即溶解样品的溶剂应易于挥发，溶剂的极性和展开剂相似；一般制成 0.5%～1%的样品溶液，当溶剂与展开剂的极性相差较大时，应在点样后待溶剂挥发后再进行层析展开。点样量应根据薄层厚度、试样和吸附剂的性质、显色剂的灵敏度、定量测定的方法而定。点样量的多少会影响检出效果。点样量少，会使微量组分检测不出来；点样量太大，斑点拖尾、重叠，组分不能分离。点样量需通过实验来确定。对于较厚的薄层板，点样量可适当增加，若样品溶液太稀，则可分几次点。每个样品原点间距应在 2 cm 左右，距薄层板一端约 1 cm 处。

(5)样品的展开

薄层板的展开需在薄层缸中进行。但应注意的是：这种层析缸必须是密闭而不漏气，否则在层析展开的过程中，会因展开剂的挥发而影响分离效果。层析展开方式常采用上行法。但对于干板应近水平方向放置，薄层的倾斜角不宜过大(10°～20°)，倾斜角过大，薄层板上薄层易脱落。而对于硬板，可采用近于垂直的方向展开，如图 6-12 所示。

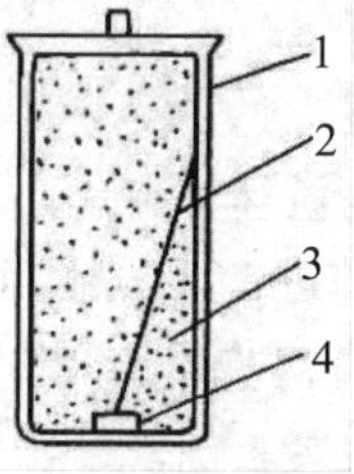

图 6-12　近垂直方向展开

1—色层缸；2—薄层板；3—蒸气展开剂；4—盛有溶剂的器皿

展开时，应先将展开剂放入层板缸内，液层厚度为 5～7 mm，为使缸内展开剂蒸气很快达到平衡，可在缸内放一张滤纸。然后将已点好试液的薄层放入缸内，薄层板下端浸入展开剂约为 5 mm，切勿使样品原点浸入展开剂中，如图 6-13 所示。盖紧缸盖。待展开剂前缘上升到薄层板顶端时(预定的高度)，立即取出薄层板，计算比移值 R_f。

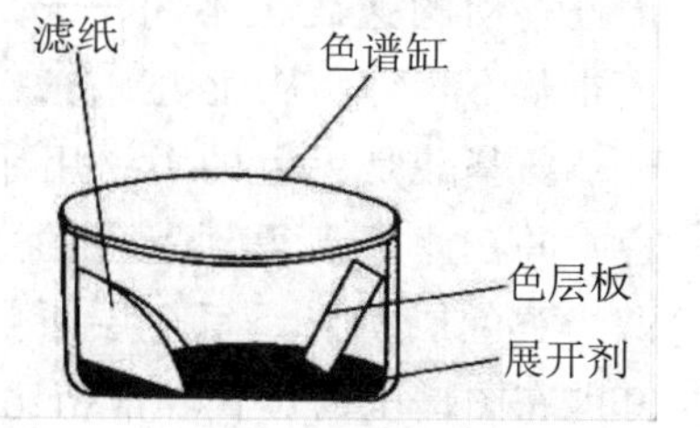

图 6-13　层析缸

(6)显色

样品展开后，若本身带有颜色，可直接看到斑点的位置。若样品是无色的，就需要对薄层板进行显色。常用的显色方法有三类：紫外光下观察、蒸气熏蒸显色和喷以各种显色剂。

①显色剂法。对不同的化合物需采用不同的显色剂。常用的显色剂种类很多，有通用显色剂和专属显色剂。若对未知化合物，则可以考虑先用通用显色剂，这种显色剂是利用它与被测组分的氧化还原反应、脱水反应及酸碱反应等而显色的。如浓硫酸或 50%的浓硫酸，由于多数有机物质用硫酸炭化而使它们显色，一般在喷此溶剂后数分钟即会出现棕色到黑色斑点，这种焦化斑点常常显现荧光。

喷雾显色时，应将显色剂配成一定浓度的溶液，然后用喷雾器均匀地喷洒到薄层上。对于未加黏合剂的干板，应在展开剂尚未挥发尽时喷雾，否则会将薄层吹散。

②紫外光显色法。把展开后的薄层放在紫外灯下观察，含有共轭双键的有机物质能吸收紫外光，呈暗色斑点即为样品点。对含有荧光指示剂铺成的薄层板(如硅胶GF_{254})在紫外光(254 nm)下观察，整个薄层呈现黄绿色荧光，斑点部分呈现暗色更为明显。有些物质在吸收紫外光后呈现不同的颜色的荧光，或需喷某种显色剂作用后才显出荧光。由于这些物质只在紫外灯照射下显色。紫外光消失后。荧光随之消失，因而需要用针沿斑点周围刺孔，标出该物质的位置。

③碘蒸气熏蒸显色法。将易挥发的试剂放在密闭的容器中，使它们的蒸气充满整个容器，将已展开、挥发尽溶剂的薄层板放入容器中，使之显色，其显色速度和灵敏度随化合物的不同而异。当斑点的颜色足够强时，将板从色谱缸中取出，用铅笔画出斑点的轮廓。斑点是不能持久显色的，因颜色是碘和有机物形成的络合物，当碘从板上升华逸出时，斑点即褪色。

实训 21　纸层析分离氨基酸

1. 训练目标

(1)进一步熟悉氨基酸的性质。

(2)初步学会单向纸层析法的原理和操作技术。

2. 实验原理

将氨基酸溶液点在滤纸的一端(此点称为原点)，由展层溶剂经上行法进行展层，推动氨基酸在两相溶剂中不断地进行分配。由于各氨基酸的分配系数不同，因此移动的速度也不同。于是，各氨基酸离原点的距离也就不相等，从而达到分离的目的(如图 6-14 所示)。

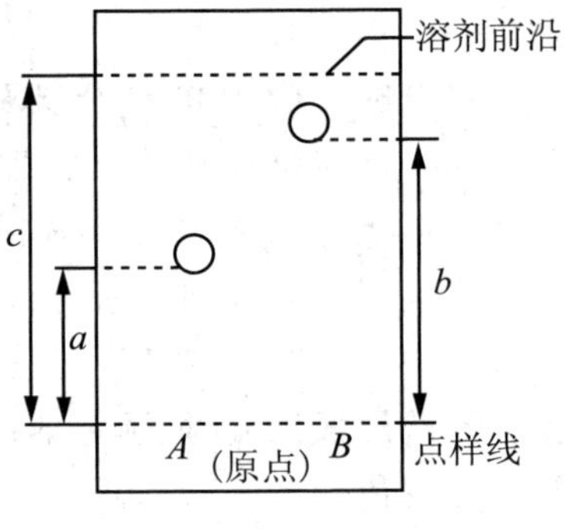

图 6-14　氨基酸分离展层

氨基酸是无色的，利用茚三酮反应可将氨基酸显色，并在滤纸上得到紫色的层析点。脯氨酸和羟脯氨酸为黄色层析点。每个层析点代表一种氨基酸，各氨基酸在图谱上的位置，常用比移值R_f表示。

$$R_f=\frac{\text{原点到层析点中心距离}}{\text{原点到溶剂前沿距离}}$$

如：样品 A 的 $R_f=a/c$

样品 B 的 $R_f=b/c$

在一定的条件下，氨基酸的R_f值是一常数，不同的氨基酸具有不同的R_f值。在同样的条件下，将标准氨基酸图谱与未知样品氨基酸图谱进行对照，便可确定样品中的氨基酸类型。

3. 实验用品

仪器：新华 1 号滤纸(长×宽＝10 cm×10 cm)、直尺、毛细管或微量注射器、层析缸、培养皿(直径 9～12 cm)、薄橡皮手套、喷雾器、烘箱、电吹风、透明胶纸。

试剂：

(1)氨基酸溶液　称取谷氨酸、亮氨酸、脯氨酸和味精各 50 mg，分别用 25 mL 0.01 mol/L HCl 溶解于四个小烧杯，置于冰箱中保存备用(也可用其他的氨基酸)。

(2)0.2%茚三酮　称取 0.2 g 茚三酮，溶于 100 mL 无水丙酮中。

(3)展层剂　按正丁醇∶80%甲酸∶水＝15∶3∶2 体积比临用时混合。

4. 操作步骤

(1)层析缸的准备

将展层剂倒入培养皿中，1～1.5 cm 深，放入层析缸或干燥器内，盖好盖。

(2)点样

取新华 1 号滤纸一张(戴手套操作，切记不能有水或污染物)，在纸的一端 2 cm 处用铅笔画一直线，在直线上画出 4 个等距离点，如图 6-15 所示。然后用 4 根毛细管或微量注射器分别吸取 4 种氨基酸，点在滤纸点样线的 4 个点上，用冷风吹。干后再点 1～2 次，每个点在纸上扩散的直径切勿超过 3mm。

(3)展层

将滤纸卷成圆筒，点样线在圆筒的一端，用两小片透明胶纸把滤纸粘成圆筒，但滤纸两边不能接触，要留一缝隙，如图 6-16 所示。再将滤纸直立于培养皿展层剂中，点样的一端放在下面，展层剂液面应低于点样线下 1 cm 左右。盖紧层析缸的盖进行展层。待溶剂前沿距滤纸上端边缘 1 cm 左右时，取出滤纸，用铅笔描出溶剂前沿界线后，吹干滤纸。

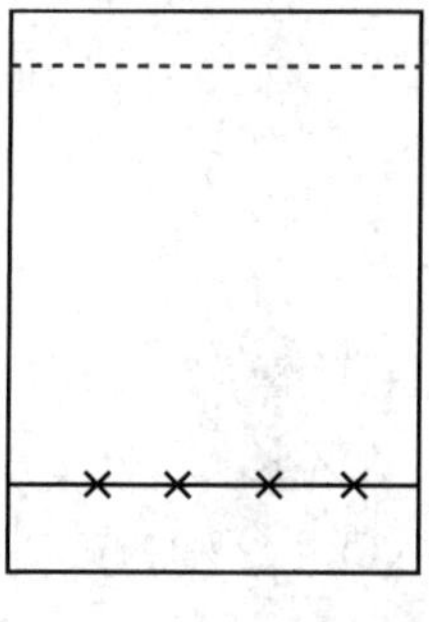

图 6-15　点样示意图

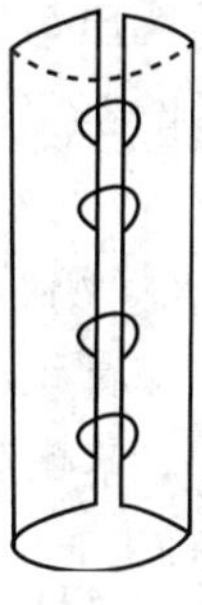

图 6-16　展层示意图

(4)显色

滤纸吹干后，用喷雾器均匀喷上茚三酮溶液，再次吹干后，换热风烘 10 min 左右，即出现 3 个紫色斑点，1 个黄色斑点(脯氨酸)，用铅笔圈出各斑点。

5. 结果处理

计算各氨基酸的 R_f 值。

思考题

用 R_f 值定性鉴定氨基酸时，可用与文献值对照和与标准样对照两种方法，你认为哪种方法更准确？

第 7 单元　有机化学综合实验

本单元提要

1. 烃的衍生物的性质测定。
2. 糖的性质检测。
3. 油脂的性质检测。
4. 蛋白质的性质检测。
5. 植物可溶性糖的测定。
6. 酶的特性实验。
7. 黄素蛋白酶的定性实验。

实训 22　烃的衍生物的性质

1. 训练目标

(1)学习和巩固醇、酚、醛、酮的性质。

(2)掌握醇、酚、醛、酮的鉴定。

(3)熟悉羧酸、酯、胺、酰胺的化学性质。

(4)了解油脂的化学性质。

(5)认识苯胺、尿素的鉴定。

2. 实验用品

仪器：试管、试管夹、酒精灯、温度计、烧杯。

试剂：无水乙醇、金属钠、正丁醇、仲丁醇、叔丁醇、10%甘油、5% NaOH、5% $CuSO_4$、1% $FeCl_3$、苯酚饱和溶液、饱和溴水、1% $K_2Cr_2O_7$、3 mol/L H_2SO_4、2 mol/L HCl、5% Na_2CO_3、0.5% $KMnO_4$、5% $AgNO_3$、2% $NH_3 \cdot H_2O$、5%甲醛，40%乙醛，5%丙酮、2% $CuSO_4$、pH 试纸。

3. 操作步骤

(1)醇的性质

①醇钠的生成及水解。取一支干燥的试管，加入 1 mL 无水乙醇，并加入一粒绿豆大小、表面新鲜的金属钠(用镊子夹取)，观察有何现象发生？待金属钠完全消失后，取几滴乙醇液于表面皿上，待乙醇挥发后，留下的是什么物质？加几滴水于该物质上，用红色石蕊试纸试验，观察并解释发生的现象。

②醇的氧化。取 3 支试管，分别加入正丁醇、仲丁醇、叔丁醇各 10 滴，再各加入 1 mL 1% $K_2Cr_2O_7$ 溶液和 10 滴 3 mol/ L H_2SO_4，充分振荡后，将试管置于 40～50℃的水浴中微热，观察颜色变化的先后顺序。

③多元醇的反应。取1支试管，加入5滴5% $CuSO_4$ 溶液和10滴5% NaOH溶液，摇匀，观察发生的现象，然后，加入5滴10%甘油，摇动试管，再观察有何现象发生，最后，在试管中加入1滴浓硫酸，混合液的颜色又有何变化？写出有关的化学方程式，并加以解释。

(2)酚的性质

①苯酚的酸性。取1支试管，加入5 mL苯酚饱和水溶液，用玻璃棒蘸取1滴并滴在广泛pH试纸上，定性检验其酸性。把苯酚饱和水溶液分装于2支试管中，一支做空白对照，在另一支中逐滴加入5% NaOH溶液，边加边振荡，直至溶液澄清为止(解释变清的理由)。在此溶液中再加入2 mol/L HCl至溶液呈酸性，观察有何现象发生，写出有关的化学方程式，并加以解释。

②苯酚与饱和溴水反应。取苯酚饱和水溶液2滴于试管中，加水稀释至1 mL，逐滴加入饱和溴水，观察发生的现象。写出化学方程式。

③苯酚与 $FeCl_3$ 的作用。取1支试管，加入苯酚饱和水溶液10滴，加水稀释至2 mL，然后加入2～3滴1% $FeCl_3$ 溶液，观察溶液颜色的变化。若溶液颜色太深，可适当稀释后再观察。

④苯酚的氧化。向试管中加入10滴苯酚乳浊液，再滴加5滴5% Na_2CO_3 溶液和1～2滴0.5% $KMnO_4$ 溶液，振荡试管，观察试管中物质的变化。

(3)醛、酮的性质

①银镜反应。在1支洁净的试管中加入3～5 mL 5% $AgNO_3$ 溶液，逐滴加入2% $NH_3 \cdot H_2O$ 至最初产生的棕褐色沉淀恰好溶解为止。将此溶液分装于3支试管中，分别滴加2～4滴5%甲醛，40%乙醛，5%丙酮水溶液，将试管放入50～60℃水浴中温热5分钟(加热时间不能过长)，观察有无银镜生成。

实验完毕应及时将试管中的溶液倒尽，并加入少量硝酸煮沸，以洗去银镜。

②与新制的碱性氢氧化铜反应。取3支试管，各加2 mL 5% NaOH溶液，再滴加2% $CuSO_4$ 溶液4～5滴，混合均匀后，分别加入10滴5%甲醛，40%乙醛和5%丙酮水溶液，振荡后将试管置于沸水浴中加热，注意观察各试管中溶液颜色的变化及有无砖红色沉淀生成。此反应宜在过量的碱液中进行。

(4)羧酸的性质

①氧化反应。取3支试管，分别加入甲酸、乙酸、10%草酸溶液各5滴，然后再向每支试管加入3 mol/L硫酸及0.5%高锰酸钾溶液各2滴，摇匀，加热，观察颜色变化并比较结果。

②成盐反应。取0.2 g苯甲酸晶体放入盛有1 mL水的试管中，加入10%NaOH溶液数滴，振荡并观察现象。接着再加数滴10% HCl，振荡，观察颜色变化并比较结果。

③酯化反应。取1支干燥试管，加入无水乙醇、冰醋酸和浓硫酸各5滴，混合均匀后，用棉花塞住管口，将试管放在60～70℃的水浴上加热10分钟，取出后冷却，加入3 mL蒸馏水。观察有无酯层出现，有何气味(若不分层，可加数滴10%的NaOH溶

液)?

(5)酯的水解

取3支试管，各加入蒸馏水1 mL和乙酸乙酯8滴，再在一支试管中加入3 mol/L的稀硫酸5滴，在另一支试管中加入10%的氢氧化钠5滴。用棉花塞住管口，将此三支试管放入60～70℃的水浴中加热，同时振荡，观察并比较各试管中酯层消失的速度，说明原因。

(6)胺的性质

①苯胺的性质。在2支试管中分别加入10滴水和2滴苯胺，振荡，观察是否溶解。然后，在第1支试管中加入1滴浓盐酸，振荡，观察现象。再滴加10滴10%的NaOH溶液，又有何现象产生？在第2支试管中加入3滴6 mol/L H_2SO_4，观察出现的沉淀，继续加入10滴6 mol/L H_2SO_4，边加边振荡，沉淀是否消失？

②苯胺与溴水的反应。取1支试管，加入20滴水，1滴苯胺，振荡后加入2滴饱和溴水观察有无白色沉淀生成。

(7)酰胺的性质

①尿素的鉴定。在试管中加入20滴饱和$Ba(OH)_2$、20滴20%的尿素溶液，加热，在试管口放一条红色石蕊试纸，观察溶液和石蕊试纸的变化。

②二缩脲反应。取一支干燥试管，加入0.4 g的尿素，在试管口放一湿润的红色石蕊试纸，缓慢加热使之熔化，此时有气体产生。观察试纸颜色的变化，继续加热至全部熔化，冷却。加热水2 mL，用玻璃搅拌，静置，将上层清液(不要倒出固体)倒入另一支试管中，滴加10%的NaOH至清亮，再加1滴1% $CuSO_4$，振荡，观察溶液颜色的变化。

思考题

(1)做乙醇与钠反应时，为什么要用无水乙醇？

(2)为什么在空气长期放置的酚会变色？

(3)做银镜反应时，能否加入过量的氨水？

(4)为什么甲酸有还原性？

(5)酯化反应中，硫酸具有什么作用？

(6)在二缩脲反应中，为什么硫酸铜不能多加？

(7)能否用溴水区别苯胺和苯酚？

实训23　糖的性质检验

1. 训练目标

(1)加深对葡萄糖、麦芽糖、蔗糖和淀粉的性质的认识。

(2)学会鉴别糖类物质的检验方法和操作技术。

2. 实验原理

单糖是多羟基醛或多羟基酮的化合物，能与弱氧化剂费林试剂反应，生成砖红色

的 Cu_2O 沉淀。所有的单糖都是还原糖。还原糖还能与银氨溶液发生银镜反应，生成银镜。麦芽糖和蔗糖属于二糖，但麦芽糖因含半缩醛羟基，所以能与弱氧化剂作用，属于还原性糖，而蔗糖因无半缩醛羟基，所以不能与弱氧化剂作用，属于非还原性二糖。但蔗糖水解后，生成葡萄糖和果糖，具有还原性。淀粉无还原性，遇碘显蓝色。淀粉在酸性条件下逐步水解，最后生成葡萄糖，具有还原性。有关反应如下：

$$\text{单糖(醛糖或酮糖)} + Cu(OH)_2 \xrightarrow{OH^-} \underset{\text{(砖红色)}}{Cu_2O\downarrow} + \text{小分子羧酸混合物}$$

$$\text{单糖(醛糖或酮糖)} + [Ag(NH_3)_2]_2OH \longrightarrow Ag\downarrow + \text{小分子羧酸混合物}$$

	淀粉 ⟶	红色糊精 ⟶	无色糊精 ⟶	麦芽糖 ⟶	葡萄糖
加 I_2 后	深蓝或紫红色	红色	无色	无色	无色

3. 实验用品

仪器：试管、烧杯、滴管、试管夹、点滴板、酒精灯、水浴锅。

试剂：2%葡萄糖溶液、2%麦芽糖溶液、2%蔗糖溶液(新配制)、费林试剂A液和B液、稀硫酸(1∶5)、10% NaOH溶液、2% $AgNO_3$ 溶液、2%氨水、α-萘酚试剂、间苯二酚-盐酸试剂、1%碘－碘化钾溶液、1%淀粉溶液(新配制)。

4. 操作步骤

(1)糖的还原性

①费林反应。在四支试管中，每管加入费林试剂A、B液各1 mL。然后，在第一管中加入2 mL 2%葡萄糖溶液，第二管中加入2 mL 2%麦芽糖溶液，第三管中加入2 mL 2%蔗糖溶液，第四管中加入2 mL淀粉溶液，加热后观察哪些试管有砖红色 Cu_2O 沉淀出现。

②银镜反应。在一支洁净的试管里，加入1 mL$AgNO_3$ 溶液，然后一边摇动试管，一边逐滴滴入氨水，直到析出的沉淀恰好溶解为止。所得的澄清溶液就是银氨溶液。

把新制的银氨溶液分装在两个试管中，分别加入葡萄糖溶液和蔗糖溶液1～2 mL，充分混合后，放在热水浴中加热。观察发生的现象。

(2)糖的显色反应

①α-萘酚反应(莫立许反应)：取5支试管，分别加入1 mL 2%葡萄糖、果糖、蔗糖、麦芽糖和淀粉溶液，再各加3～4滴新配制的α-萘酚试剂，混合均匀后置于试管架上。将试管架倾斜成45°，沿着试管内壁慢慢加入1 mL浓硫酸(切勿摇动，小心竖起试管，使硫酸和糖溶液之间有明显的界面，静置，注意观察两液层界面处有无颜色变化。若无颜色变化，则可将试管放在水浴中温热3～5 min(切勿摇动)再观察。

②间苯二酚反应(塞利凡诺夫反应)：取4支试管，各加入1 mL间苯二酚-盐酸试剂，再分别加入3～4滴2%葡萄糖、果糖、蔗糖和麦芽糖溶液，混合均匀后，将4支试管同时放入沸水浴中加热2 min，观察各试管中溶液颜色的变化。

③淀粉与碘的作用：取2支试管分别加入1 mL 2%淀粉溶液，然后滴加1～2滴碘液，溶液立即呈现蓝色。将其中的一个试管放入沸水浴中加热5～10 min，观察有何现

象发生，取出冷却后又有何变化？

(3)食物中淀粉的检验

用小刀切一片马铃薯，在上面滴一滴稀碘酒溶液，观察现象。

(4)蔗糖的水解

在试管中加入 3 mL 2% 蔗糖溶液，再加入 1 mL 稀硫酸，在沸水浴中加热 8～10 min，冷后加入 10% 的 NaOH 溶液，中和水解液中的 H_2SO_4，然后加入费林试剂 A、B 混合液1 mL，置水浴中加热，观察有无砖红色 Cu_2O 沉淀生成。

(5)淀粉的水解

取 8～10 mL 淀粉溶液于小烧杯中，加水 5～10 mL 和 2 mL 稀硫酸，在水浴上加热。然后，每隔 2 min 用滴管取 1 滴淀粉水解液滴在点滴板上，再滴加 1 滴碘液，观察颜色的变化，直至碘液不变色为止。在一支试管中加 10% NaOH 中和至中性加入费林试剂 1 mL，再加入淀粉水解液 2 mL，加热，观察有何现象发生。

5. 结果与分析

实验项目		操作步骤	现象	解释
1. 糖的还原性		葡萄糖＋费林试剂(加热)		
		麦芽糖＋费林试剂(加热)		
		蔗糖＋费林试剂(加热)		
		葡萄糖溶液＋银氨溶液水浴加热		
		蔗糖溶液＋费林试剂(加热)		
2. 糖的显色反应	α-萘酚反应	葡萄糖＋α-萘酚试剂＋浓硫酸		
		果糖＋α-萘酚试剂＋浓硫酸		
		蔗糖＋α-萘酚试剂＋浓硫酸		
		麦芽糖＋α-萘酚试剂＋浓硫酸		
		淀粉＋α-萘酚试剂＋浓硫酸		
	间苯二酚反应	葡萄糖＋间苯二酚－盐酸试剂(水浴)		
		果糖＋间苯二酚－盐酸试剂(水浴)		
		蔗糖＋间苯二酚－盐酸试剂(水浴)		
		麦芽糖＋间苯二酚－盐酸试剂(水浴)		
	淀粉与碘的反应	淀粉＋碘溶液		
		淀粉＋碘溶液(加热)		
		淀粉＋碘溶液(冷却)		
3. 食物中淀粉的检验		马铃薯＋稀碘酒溶液		
4. 蔗糖的水解		蔗糖＋稀硫酸＋NaOH＋费林试剂→水浴		

续表

实验项目	操作步骤	现象	解释
5. 淀粉的水解	淀粉＋稀硫酸＋NaOH＋费林试剂→水浴		
	淀粉＋费林试剂→加热		

思考题

(1)用什么方法可证明某化合物是糖？是还原糖或非还原糖？

(2)蔗糖是非还原糖，在糖的还原性试验中，蔗糖与新制的碱性氢氧化铜长时间加热后，也可能会砖红色沉淀，这是什么原因？

(3)淀粉的水解液为什么能与费林试剂反应？

实训24 油脂的性质检验

1. 训练目标

(1)掌握油脂的皂化反应。

(2)学会检验油脂的不饱和性。

2. 实验原理

油脂在酸或酶的催化下，可水解成甘油和脂肪酸。在碱性溶液中，则皂化生成甘油和脂肪酸的盐。

油脂都是由高级脂肪酸和甘油所组成的三脂酰甘油的一类化合物。组成脂肪的主要成分是各种脂肪酸和甘油。固体脂肪主要是含有软脂酸的甘油酯，也含有少量不饱和油酸的甘油酯，液体的天然油脂主要是含有油酸、亚麻仁油酸、次亚麻仁油酸的甘油酯。

3. 实验用品

仪器：烧杯、试管、长玻璃管、胶头滴管、酒精灯、铁架台、石棉网。

试剂：牛脂、花生油、酒精、30％NaOH、碘的酒精溶液、饱和食盐水、$HgCl_2$溶液、淀粉。

4. 操作步骤

(1)油脂的皂化

实验装置如图8-1所示。

①在试管中加入2～3 g牛脂和5 mL乙醇、15 mL 30％ NaOH溶液。试管口配有长玻璃管的橡皮塞作为空气冷凝管。将试管置于沸水浴上加热即发生皂化反应。10 min左右皂化反应基本完全。用玻璃棒蘸取皂化液滴入沸水中，如能完全溶解，并无油滴析出，则表明皂化反应完成。否则，还需继续加热，直至无油滴析出为止。

②在制得的黏稠皂化液中，加10 mL热的饱和食盐水，充分振荡，肥皂盐析而出，浮在液面。再用盐水充满试管，使肥皂浮于试管口，取出冷却，肥皂即凝固而成。

(2)游离脂肪酸的析出

①取自制肥皂1～2 g放入另一试管中，加水、加热溶解，搅拌逐滴滴入10%的H_2SO_4至对石蕊试纸呈酸性反应为止。

②在水浴上加热上述试管，至有游离脂肪酸析出为止。如皂化物是植物油，则脂肪酸呈油层析出，如皂化物是固体脂肪，则脂肪酸呈固体析出。

③皂化反应后，肥皂析出，甘油仍留在饱和盐水中。因此，可取少量溶液，加入2～3滴1% $CuSO_4$溶液并加入30% NaOH溶液几滴，即有深蓝色的甘油铜生成。

(3)油脂的不饱和性比较

①在两个试管中，分别加入猪油和桐油各1～2 mL，再加入四氯化碳1～2 mL，使之溶解，然后，滴入3%含溴的四氯化碳溶液，边加边振荡，直到加入的溴不褪色为止。根据它们对溴的消耗量比较不饱和程度。

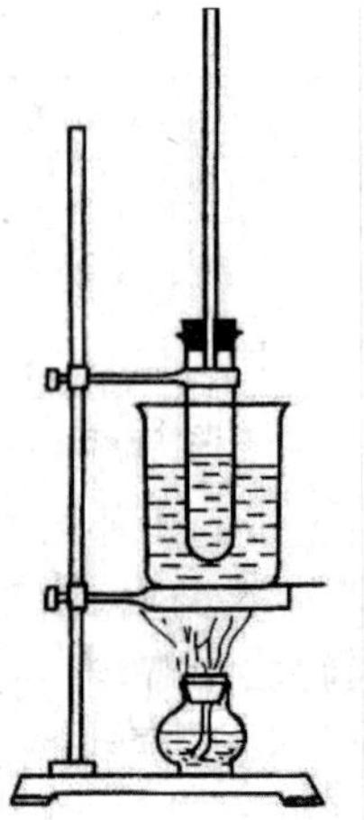

图8-1 油脂的皂化

注：油脂10滴加溴的四氯化碳溶液10～15滴。

②取试管1个，加入1～2 mL芝麻油或向日葵油，滴入适量的碘的酒精溶液，再滴入几滴$HgCl_2$溶液作催化剂，充分振荡后，碘的颜色褪去，然后滴入几滴淀粉溶液，这时，混合液不再显深蓝色，说明碘已与油脂完全反应。

思考题

(1)为什么实验室做油脂皂化反应时，要在NaOH的乙醇溶液中进行而不在NaOH的水溶液中进行?

(2)实验室常用玻璃棒蘸取1滴皂化液，滴在水浴中，如能完全溶解而无油滴析出，表明皂化已完全，根据是什么?

实训25　蛋白质的性质检验

1. 训练目标

(1)认识氨基酸和蛋白质的重要性质。

(2)学会氨基酸和蛋白质的检验方法。

2. 实验原理

蛋白质和氨基酸都含有碱性的氨基和酸性的羧基，因而呈现出两性性质。蛋白质与可溶性的强电解质溶液作用，可发生盐析反应。蛋白质与生物碱试剂在重金属离子的作用下能发生沉淀且变性。蛋白质在一定条件下可发生颜色反应。

3. 实验用品

仪器：试管、滴管、烧杯、酒精灯。

试剂：卵清蛋白、酚酞指示剂、甲基橙指示剂、1%甘氨酸、5% HAc、30% NaOH、2% $CuSO_4$、饱和$(NH_4)_2SO_4$、饱和苦味酸、饱和鞣酸、饱和$Pb(Ac)_2$、饱和

$CuSO_4$、10% $Pb(Ac)_2$、浓 HNO_3、茚三酮试剂。

4. 操作步骤

(1)氨基酸和蛋白质的两性性质

①取试管两支，各加蒸馏水3 mL，再加入1% NaOH溶液1滴，酚酞指示剂2～3滴，溶液显粉红色。然后，在其中一支试管中，加入1 mL 1%的甘氨酸溶液，在另一支试管中逐滴滴入1 mL卵清蛋白液。振荡后溶液的粉红色都逐渐消失，说明氨基酸和蛋白质都能与碱反应，呈酸性。

②另取试管两支，各加入蒸馏水3 mL，再加入5% HAc溶液1滴、甲基橙指示剂1～2滴，溶液呈红色，然后在其中一支试管中，加入1 mL 1%甘氨酸溶液，在另一支试管中，逐滴滴入卵清蛋白液。振荡后溶液的颜色由红色变为橙色，说明氨基酸和蛋白质都能与酸反应，呈碱性。

(2)蛋白质的沉淀

①蛋白质的盐析作用。取试管一支，加入卵清蛋白液1～2 mL，再加入同体积的饱和$(NH_4)_2SO_4$溶液(约43%)，将混合液稍加振荡，析出蛋白质沉淀，使溶液变浑浊或析出絮状沉淀。取浑浊液1 mL，加水2～3 mL，振荡时蛋白质沉淀重又溶解。

②蛋白质与生物碱的沉淀作用。取试管两支，各加入1 mL蛋白质溶液，并加入2滴5%HAc使溶液呈酸性，然后分别滴加饱和苦味酸和饱和鞣酸溶液，直至发生沉淀为止。

③重金属盐沉淀蛋白质。取试管两支，分别加入1 mL卵清蛋白液，其中，在1支试管中滴入1滴饱和$CuSO_4$溶液，在另一支试管中滴入1滴饱和$Pb(Ac)_2$溶液，一支试管显示蓝色沉淀，一支试管显示白色沉淀。

(3)蛋白质的颜色反应

①蛋白质的缩二脲反应。取试管一支，加入1～2 mL卵清蛋白液，滴加几滴30%的NaOH溶液，再滴2% $CuSO_4$溶液数滴，微热，溶液显示紫红色，在另一支试管中加入1～2 mL 1%的甘氨酸溶液做对比，无紫红色出现，为什么?

②黄蛋白反应。取试管1支，加入1～2 mL卵清蛋白液和1 mL浓HNO_3，先呈白色沉淀或浑浊，用酒精灯加热煮沸，溶液或沉淀都呈黄色，再加碱呈橙色。

注：蛋白质分子中若存在含有苯环的氨基酸如酪氨酸、色氨酸时有黄蛋白反应。

思考题

(1)医学上用蛋白质作为重金属盐中毒的解毒剂，其根据是什么?

(2)甲醛和乙醇对蛋白质的凝固作用，在实际中有何应用?

(3)波尔多液为什么能够杀灭作物的病菌?

实训26　植物可溶性糖的测定(3，5-二硝基水杨酸法)

1. 训练目标

(1)学会用3，5-二硝基水杨酸比色法测定还原糖的含量。

(2)掌握标准曲线的绘制方法和分光光度计的使用方法。

2. 实验原理

3，5-二硝基水杨酸与还原糖共热后，被还原成红色的氨基化合物。在一定的范围内，还原糖的量与棕红色的深浅成比例关系，可用比色法测定糖的含量。此法的优点是操作简便、快速，杂质干扰较小。

3. 实验用品

仪器：分光光度计、恒温水浴箱、水浴锅、大试管、比色管(25 mL)、容量瓶(500 mL、1 000 mL)、移液管(20 mL、5 mL、1 mL)、量筒(100 mL)。

试剂：

(1)3，5-二硝基水杨酸(DNS)试剂。称取 3.2 g DNS 溶于 130 mL 10% NaOH 溶液中，再加入 250 mL 含有 90 g 酒石酸钾钠的溶液，在水浴中微热溶解后，加入 2.5 g 结晶苯酚(如果发现苯酚变红，应进行处理)和 2.5 g 亚硫酸氢钠，加入至 500 mL，储存于棕色瓶中。

(2)葡萄糖标准溶液。准确称取在 105℃干燥至恒重的分析纯葡萄糖 100 mg，溶于 50 mL 水后，定溶至 100 mL(1 mg/mL)，在冰箱中保存备用。

(3)6 mol/L HCl 溶液。

(4)10% NaOH 溶液。

4. 操作步骤

(1)样品中还原糖的提取

准确称取 2 g 新鲜样品(水果、蔬菜、水稻苗叶鞘或小麦苗叶鞘)，或 0.1 g 干样品，剪碎或研碎，放入大试管中，加水 20 mL，在沸水浴中加热提取 20 min 左右，冷却后过滤入 100 mL 容量瓶中，水洗残渣 2～3 次，定容至刻度，备用。

若为山芋粉等淀粉类物质，则提取时放入 50℃水浴中加热，其他过程与上同。

(2)样品测定

取 8 支比色管，编号后按表 8-1 加入试剂。将各管混匀后，以第一管为空白，在 520 nm波长下比色。

(3)结果处理

①标准曲线的制定。以葡萄糖含量为横坐标，吸光度(A)值为纵坐标，绘制标准曲线后，查得样品液含糖量数值。

②还原糖含量的计算。

$$\text{还原糖}=\frac{\text{曲线中查得糖的毫克数}\times\text{样品稀释倍数}}{\text{样品重量}\times V\times 1\,000}\times 100\%$$

式中：V——测定时所用还原糖提取液的体积，mL。

项目	标准管						样品管		
	1	2	3	4	5	6		7	8
葡萄糖液/mL	0	0.4	0.6	0.8	1.0	1.2	样品液/mL	1.0	1.0
蒸馏水/mL	2.0	1.6	1.4	1.2	1.0	0.8		1.0	1.0
DNS 试剂/mL	1.0	1.0	1.0	1.0	1.0	1.0		1.0	1.0
含糖量/mg	0	0.4	0.6	0.8	1.0	1.2			
加热	在水浴中加热 5 min								
冷却	立即用水冷却								
蒸馏水/mL	22	22	22	22	22	22		22	22
A_{520nm}									

思考题

(1)还原糖与非还原糖结构上的差异是什么?

(2)实验中，空白管的作用主要是什么?

实训 27　脂肪转化为糖的检验

1. 训练目标

(1)进一步了解生物体内脂肪转化为糖的基本原理。

(2)学会脂肪转化为糖的检验方法。

2. 实验原理

植物体内的脂肪酸可以通过乙醛酸循环生成琥珀酸。琥珀酸再沿糖异生途径转变为还原糖。以油料作物的种子及其黄化幼苗为材料，用费林试剂检验黄化幼苗中还原糖的存在，定性地了解脂肪转化为糖的现象。

$$\text{还原糖}+\text{费林试剂}\longrightarrow \underset{(\text{砖红色})}{Cu_2O\downarrow}+\text{糖酸}+\text{酒石酸钾钠}$$

3. 实验用品

仪器：研钵、比色板、小烧杯、试管、水浴。

试剂：

(1)油料作物种子，如蓖麻籽、黄豆等。

(2)蓖麻或黄豆的黄化幼苗(在 25℃暗室中培养 9 天左右)。

(3)费林试剂。

试剂 A：将 34.5 $CuSO_4 \cdot 5H_2O$ 溶于 500 mL 蒸馏水中，加入 0.5 mL 浓 H_2SO_4 混匀。

试剂 B：将 125 g 氢氧化钠和 137 g 酒石酸钾钠溶于 500 mL 水中，混匀。临用时将试剂 A 与试剂 B 等量混合。

(4)碘试剂。将碘化钾 2 g 及碘 1 g，溶于 100 mL 水中。

4. 操作步骤

(1)取种子5粒，黄化幼苗5棵，分别研成浆状。

(2)取两种浆状物少许，分别放入比色板孔内，各加1滴碘试剂，观察有无蓝色产生。

(3)将两种浆状物分别放入两个小烧杯中，各加10 mL蒸馏水煮沸，冷却后过滤，取两种滤液各1 mL，分别放入两支试管中，再向每支试管加入2 mL费林试剂，然后，放入沸水浴中加热2～3 min，观察两支试管砖红色沉淀出现的情况。

5. 结果处理

(1)步骤(2)中，哪一管有蓝色产生？请分析原因。

(2)步骤(3)中，两试管中哪一支内会出现砖红色沉淀？注意观察记载，并加以分析。

思考题

(1)脂肪是怎样转化为糖的，其代谢过程如何？

(2)本实验中，碘试剂的作用是什么？

实训28　酶的特性实验

1. 训练目标

(1)进一步学习和了解酶的性质。

(2)学会检查酶的性质的原理和方法。

2. 实验原理

(1)某些因素对酶活性的影响

酶的催化作用受温度、pH、激活剂和抑制剂的影响。通过观察这些因素对人的唾液淀粉酶水解淀粉反应速度的影响，掌握此酶的最适温度为37～40℃，最适pH为6.8，氯离子为激活剂，铜离子为抑制剂。

人的唾液淀粉酶水解淀粉的过程及遇碘呈现的颜色如下。

反应过程：	淀粉→	紫糊精→	红糊精→	无色糊精→	麦芽糖
	↑	↑	↑	↑	↑
遇碘后显色：	蓝色	紫色	红色	无色	无色

(2)酶的专一性

酶具有高度的专一性。淀粉和蔗糖无还原性，唾液淀粉酶只水解淀粉生成有还原性的麦芽糖，但不能催化蔗糖水解。用费林试剂检查糖的还原性时，麦芽糖使Cu^{2+}还原为Cu_2O砖红色沉淀，而蔗糖不能使Cu^{2+}还原，故无砖红色沉淀。

还原糖(RCHO)$+Cu(OH)_2 \rightarrow$小分子羧酸混合物$+Cu_2O$(砖红色)↓

3. 实验用品

仪器：试管和试管架、恒温水浴箱、烧杯、漏斗、纱布、比色板、研钵、石英砂。

试剂：

(1)0.5%淀粉淀液。取可溶性淀粉0.5 g，加水少许拌成糊状，倒入100 mL沸水中，搅匀，取上清液备用。临用时配制。

(2)0.5%蔗糖溶液。

(3)1% $CuSO_4$ 溶液。

(4)碘化钾-碘溶液。称取碘化钾 2 g 及碘 1 g，溶于 200 mL 水中，使用前稀释 5 倍。

(5)费林试剂。称取无水 $CuSO_4$ 17.4 g 溶于 100 mL 热水中，冷后稀释至 150 mL。称取柠檬酸钠 173 g 及无水 Na_2CO_3 100 g 与 600 mL 水共热溶解，冷后稀释至 850 mL，再倒入 150 mL $CuSO_4$ 溶液，混匀。可长期保存。

(6)缓冲溶液。配制方法如下。

A 液：0.2 mol/L 磷酸氢二钠溶液。称取 35.62 g Na_2HPO_4 溶于水，并定容至 1 000 mL。

B 液：0.1 mol/L 柠檬酸溶液。称取 19.212 g 无水柠檬酸溶解并定容至 1 000 mL。

pH=5 的缓冲溶液：取 A 液 10.30 mL 加 B 液 9.70 mL。

pH=6.8 的缓冲溶液：取 A 液 15.44 mL 加 B 液 4.56 mL。

pH=8 的缓冲溶液：取 A 液 19.44 mL 加 B 液 0.56 mL。

(7)1% NaCl 溶液。

(8)1% Na_2SO_4 溶液。

4. 操作步骤

(1)酶液的提取(可任选一种)

①唾液淀粉酶的制备。用水漱口两次，然后含一口蒸馏水约 1 min，吐入小烧杯中，如浑浊可用二层纱布过滤，取滤液 10 mL 加水 1～3 倍，备用。

②植物淀粉酶的制备。称取 1～3 g 萌发的大麦或小麦种子(芽长 1 cm 左右)，置于研钵中，加入少量石英砂(或河砂)磨成匀浆，倒入 50 mL 量筒中，加水至刻度，混匀后在室温(20～25℃)下放置，每隔 3～4 min 摇动一次，放置 15～20 min 后，取上清液或过滤取滤液备用(若酶液过浓，可稀释 5～10 倍使用)。

(2)酶的活性检验

①温度对酶活性的影响。取 4 支试管，编号后，按表 7-1 分别加入淀粉和稀释唾液(或种子酶液)，立即分别放入下表对应的冰浴和两种水浴中。

表 7-1

管号	淀粉液/mL	酶液/mL	水温/℃	反应速度
1	3	1	0	
2	3	1	0	
3	3	1	37～40	
4	3	1	90 左右	

a. 在比色板各孔中置碘液 1 滴，每隔 1～2 min 用滴管从第 3 管中取反应液 1 滴，

滴入比色板一孔中，观察碘液颜色变化。每次取反应液之前都应将滴管洗净后使用，并分析原因。待检查到碘液颜色不变时，取出第 4 管冷却后，再取出第 1 管，两管同时各加入碘液 1 滴，观察颜色有何变化？

b. 取出第 2 管置于 37～40℃水浴中，10 min 后，加入 2 滴碘液，其颜色与第 1 管比较，有何变化？

②pH 对酶活性的影响。取 3 支试管，编号后按表 7-2 加入试剂，混匀，置于 37～40℃水浴中。每隔 1～2 min 用滴管从 3 种反应液中各取出 1 滴，滴入比色板碘液中，观察 3 种反应液颜色变化的快慢。

表 7-2

管号	淀粉液/mL	pH5 缓冲/mL	pH 6.8 缓冲/mL	pH8 缓冲/mL	酶液/mL	反应速度
1	3	1	0	0	1	
2	3	0	1	0	1	
3	3	0	0	1	1	

③酶的激活和抑制。取 4 支试管按表 7-3 加入试剂后置于 37～40℃水浴中。每隔 1～2 min 用碘液在比色板上检查第 2 管一次，待碘液颜色不变时，再用同样方法检查第 3、4 管的反应液数次。观察钠离子和 SO_4^{2-} 对反应速度有无影响，最后取出第 1 管，加入 2～3 滴碘液，颜色如何？如颜色太深，加水稀释观察。

表 7-3

管号	淀粉液/mL	1% $CuSO_4$/mL	1% NaCl/mL	1% Na_2SO_4/mL	蒸馏水/mL	酶液/mL	反应速度
1	2	1	0	0	0	1	
2	2	0	1	0	0	1	
3	2	0	0	1	0	1	
4	2	0	0	0	1	1	

④酶的专一性。取 2 支试管，按表 7-4 加入试剂后，将试管放入 37～40℃水浴中，保温 10 min 左右，取出后向各管加入班氏试剂 1 mL，放入沸水中煮沸 5～6 min，观察现象。

表 7-4

管号	淀粉液/mL	蔗糖液/mL	酶液/mL	反应速度
1	2	0	1	
2	0	2	1	

5. 结果处理

根据实验操作认真填写上面各项表格，并对结果做出分析。

思考题

(1)酶的本质是什么？有哪些特性？

(2)本实验中，为什么温度的控制是实验成败的关键？

实训29　黄素蛋白酶的定性实验

1. 训练目标

了解黄素蛋白酶的作用和检验方法。

2. 实验原理

黄素蛋白酶是以FMN或FAD为辅基的脱氢酶类。此类酶中的FMN或FAD能与氢原子可逆地结合，从而具有递氢的作用。

$$FAD(或 FMN)+2H \quad FADH_2(或 FMNH_2)$$

这类脱氢酶可以催化脱去底物中的氢，或从$NADH+H^+$(或$NADPH+H^+$)上把氢传递给氧，生成过氧化氢。

在无氧的条件下，可用甲烯蓝代替氧。如牛奶中含有的黄嘌呤氧化酶就是黄素蛋白酶中的一种。它能催化水合甲醛脱氢，再把脱下的氢传给甲烯蓝，使其还原为甲烯白。

3. 实验用品

仪器：试管、酒精灯、恒温水浴箱。

试剂：

(1)鲜牛奶。

(2)0.01%甲烯蓝溶液。

(3)1%甲醛溶液。

4. 操作步骤

取2支试管分别加入鲜牛奶5 mL，其中一管煮沸后冷却，然后，在两管中各加入1%甲醛溶液1 mL和0.01%甲烯蓝溶液数滴，放入37～40℃恒温水浴中保温，观察甲烯蓝褪色变化。

5. 结果处理

对上述操作中的两试管褪色情况做详细的记录，并做出对照分析。

思考题

什么是辅基？常见的辅基有哪些？

附录 1　常见酸、碱和盐的溶解性

阴离子 阳离子	OH^-	NO_3^-	Cl^-	SO_4^{2-}	S^{2-}	SO_3^{2-}	CO_3^{2-}	SiO_3^{2-}	PO_4^{3-}
H^+		溶、挥	溶、挥	溶	溶、挥	溶、挥	溶、挥	微	溶
NH_4^+	溶、挥	溶	溶	溶	溶	溶	溶	溶	溶
K^+	溶	溶	溶	溶	溶	溶	溶	溶	溶
Na^+	溶	溶	溶	溶	溶	溶	溶	溶	溶
Ba^{2+}	溶	溶	溶	不	—	不	不	不	不
Ca^{2+}	微	溶	溶	微	—	不	不	不	不
Mg^{2+}	不	溶	溶	溶	—	微	微	不	不
Al^{3+}	不	溶	溶	溶	—	—	—	不	不
Mn^{2+}	不	溶	溶	溶	不	不	不	不	不
Zn^{2+}	不	溶	溶	溶	不	不	不	不	不
Cr^{3+}	不	溶	溶	溶	—	—	—	不	不
Fe^{2+}	不	溶	溶	溶	不	不	不	不	不
Fe^{3+}	不	溶	溶	溶	—	—	不	不	不
Sn^{2+}	不	溶	溶	溶	不	—	—	—	不
Pb^{2+}	不	溶	微	不	不	不	不	不	不
Bi^{3+}	不	溶	—	溶	不	不	不	—	不
Cu^{2+}	不	溶	溶	溶	不	不	不	不	不
Hg^+	—	溶	不	微	不	不	不	—	不
Hg^{2+}	—	溶	溶	溶	不	不	不	—	不
Ag^+	—	溶	不	微	不	不	不	不	不

注："溶"表示可溶于水；"不"表示不溶于水；"微"表示微溶于水；"挥"表示挥发性；"—"表示那种物质不存在或遇水就分解了。

附录 2　常用酸、碱溶液的相对密度和浓度

1. 酸

相对密度（15℃）	HCl 的浓度		HNO_3 的浓度		H_2SO_4 的浓度	
	ω/(g/100 g)	c/(mol/L)	ω/(g/100 g)	c/(mol/L)	ω/(g/100 g)	c/(mol/L)
1.02	4.13	1.15	3.70	0.6	3.1	0.3
1.04	8.16	2.3	7.26	1.2	6.1	0.6
1.05	10.2	2.9	9.0	1.5	7.4	0.8
1.06	12.2	3.5	10.7	1.8	8.8	0.9
1.08	16.2	4.8	13.9	2.4	11.6	1.3
1.10	20.0	6.0	17.1	3.0	14.4	1.6
1.12	23.8	7.3	20.2	3.6	17.0	2.0
1.14	27.7	8.7	23.3	4.2	19.9	2.3
1.15	29.6	9.3	24.8	4.5	20.9	2.5
1.19	37.2	12.2	30.9	5.8	26.0	3.2
1.20			32.3	6.2	27.3	3.4
1.25			39.8	7.9	33.4	4.3
1.30			47.5	9.8	39.2	5.2
1.35			55.8	12.0	44.8	6.2
1.40			65.3	14.5	50.1	7.2
1.42			69.8	15.7	52.2	7.6
1.45					55.0	8.2
1.50					59.8	9.2
1.55					64.3	10.2
1.60					68.7	11.2
1.65					73.0	12.3
1.70					77.2	13.4
1.84					95.6	18.0

2. 碱

相对密度（15℃）	NH_3 的浓度		NaOH 的浓度		KOH 的浓度	
	ω/(g/100 g)	c/(mol/L)	ω/(g/100 g)	c/(mol/L)	ω/(g/100 g)	c/(mol/L)
0.88	35.0	18.0				
0.90	28.3	15.0				
0.91	25.0	13.4				
0.92	21.8	11.8				
0.94	15.6	8.6				
0.96	9.9	5.6				
0.98	4.8	2.8				
1.05			4.5	1.25	5.5	1.0
1.10			9.0	2.5	10.9	2.1
1.15			13.5	3.9	16.1	3.3
1.20			18.0	5.4	21.2	4.5
1.25			22.5	7.0	26.1	5.8
1.30			27.0	8.8	30.9	7.2
1.35			31.8	10.7	35.5	8.5

附录3　弱酸、弱碱的电离常数

（近似浓度 0.01～0.003 mol·L^{-1}，温度 298 K）

名称	化学式	解离常数，K	pK
醋酸	HAc	1.76×10^{-5}	4.75
碳酸	H_2CO_3	4.30×10^{-7} 5.61×10^{-11}	6.37 10.25
草酸	$H_2C_2O_4$	5.90×10^{-1} 6.40×10^{-5}	1.23 4.19
亚硝酸	HNO_2	4.6×10^{-4}(285.5 K)	3.37
磷酸	H_3PO_4	7.52×10^{-3} 6.23×10^{-8} 2.2×10^{-13}(291 K)	2.12 7.21 12.67
亚硫酸	H_2SO_3	1.54×10^{-2}(291 K) 1.02×10^{-7}	1.81 6.91
硫酸	H_2SO_4	1.20×10^{-2}	1.92
硫化氢	H_2S	9.1×10^{-8}(291 K) 1.1×10^{-12}	7.04 11.96
氢氰酸	HCN	4.93×10^{-10}	9.31
铬酸	H_2CrO_4	1.8×10^{-1} 3.20×10^{-7}	0.74 6.49
硼酸	H_3BO_3	5.8×10^{-10}	9.24
氢氟酸	HF	3.53×10^{-4}	3.45
过氧化氢	H_2O_2	2.4×10^{-12}	11.62
次氯酸	HClO	2.95×10^{-5}(291 K)	4.53
次溴酸	HBrO	2.06×10^{-9}	8.69
次碘酸	HIO	2.3×10^{-11}	10.64
碘酸	HIO_3	1.69×10^{-1}	0.77
砷酸	H_3AsO_4	5.62×10^{-3}(291 K) 1.70×10^{-7} 3.95×10^{-12}	2.25 6.77 11.40
亚砷酸	$HAsO_2$	6×10^{-10}	9.22
铵离子	NH_4^+	5.56×10^{-10}	9.25
氨水	$NH_3\cdot H_2O$	1.79×10^{-5}	4.75

续表

名称	化学式	解离常数，K	pK
联胺	N_2H_4	8.91×10^{-7}	6.05
羟氨	NH_2OH	9.12×10^{-9}	8.04
氢氧化铅	$Pb(OH)_2$	9.6×10^{-4}	3.02
氢氧化锂	LiOH	6.31×10^{-1}	0.2
氢氧化铍	$Be(OH)_2$ $BeOH^+$	1.78×10^{-6} 2.51×10^{-9}	5.75 8.6
氢氧化铝	$Al(OH)_3$ $Al(OH)_2^+$	5.01×10^{-9} 1.99×10^{-10}	8.3 9.7
氢氧化锌	$Zn(OH)_2$	7.94×10^{-7}	6.1
氢氧化镉	$Cd(OH)_2$	5.01×10^{-11}	10.3
乙二胺	$H_2NC_2H_4NH_2$	8.5×10^{-5} 7.1×10^{-8}	4.07 7.15
六亚甲基四胺	$(CH_2)_6N_4$	1.35×10^{-9}	8.87
尿素	$CO(NH_2)_2$	1.3×10^{-14}	13.89
质子化六亚甲基四胺	$(CH_2)_6N_4H^+$	7.1×10^{-6}	5.15
甲酸	HCOOH	1.77×10^{-4}(293 K)	3.75
氯乙酸	$ClCH_2COOH$	1.40×10^{-3}	2.85
二氯乙酸	$CHCl_2COOH$	5.0×10^{-2}	1.30
氨基乙酸	NH_2CH_2COOH	1.67×10^{-10}	9.78
邻苯二甲酸	$C_6H_4(COOH)_2$	1.12×10^{-3} 3.91×10^{-6}	2.95 5.41
柠檬酸	$(HOOCCH_2)_2C(OH)COOH$	7.1×10^{-4} 1.68×10^{-5}(293 K) 4.1×10^{-7}	3.14 4.77 6.39
α-酒石酸	$(CH(OH)COOH)_2$	1.04×10^{-3} 4.55×10^{-5}	2.98 4.34
8-羟基喹啉	C_9H_6NOH	8×10^{-6} 1×10^{-9}	5.1 9.0
苯酚	C_6H_5OH	1.28×10^{-10}(293 K)	9.89
对氨基苯磺酸	$H_2NC_6H_4SO_3H$	2.6×10^{-1} 7.6×10^{-4}	0.58 3.12
乙二胺四乙酸(EDTA)	$(CH_2COOH)_2NH^+CH_2CH_2NH^+(CH_2COOH)_2$	5.4×10^{-7} 1.12×10^{-11}	6.27 10.95

附录4　元素周期表

原子序数——92 U——元素符号，黑体指放射性元素
元素名称注*的是人造元素——铀
$5f^36d^17s^2$——外围电子层排布，括号指可能的电子层排布
238.0——相对原子质量

非金属　金属　过渡元素

族 / 周期	I A	II A	IIIB	IVB	VB	VIB	VIIB	VIII	VIII	VIII	I B	II B	IIIA	IVA	VA	VIA	VIIA	0	电子层	0族电子数
1	1 H 氢 $1s^1$ 1.008																	2 He 氦 $1s^2$ 4.003	K	2
2	3 Li 锂 $2s^1$ 6.941	4 Be 铍 $2s^2$ 9.012											5 B 硼 $2s^22p^1$ 10.81	6 C 碳 $2s^22p^2$ 12.01	7 N 氮 $2s^22p^3$ 14.01	8 O 氧 $2s^22p^4$ 16.00	9 F 氟 $2s^22p^5$ 19.00	10 Ne 氖 $2s^22p^6$ 20.18	L K	8 2
3	11 Na 钠 $3s^1$ 22.99	12 Mg 镁 $3s^2$ 24.31											13 Al 铝 $3s^23p$ 26.98	14 Si 硅 $3s^23p^2$ 28.09	15 P 磷 $3s^23p^3$ 30.97	16 S 硫 $3s^23p^4$ 32.07	17 Cl 氯 $3s^23p^5$ 35.45	18 Ar 氩 $3s^23p^6$ 39.95	M L K	8 8 2
4	19 K 钾 $4s^1$ 39.10	20 Ca 钙 $4s^2$ 40.08	21 Sc 钪 $3d^14s^2$ 44.96	22 Ti 钛 $3d^24s^2$ 47.87	23 V 钒 $3d^34s^2$ 50.94	24 Cr 铬 $3d^54s^1$ 52.00	25 Mn 锰 $3d^54s^2$ 54.94	26 Fe 铁 $3d^64s^2$ 55.85	27 Co 钴 $3d^74s^2$ 58.93	28 Ni 镍 $3d^84s^2$ 58.69	29 Cu 铜 $3d^{10}4s^1$ 63.55	30 Zn 锌 $3d^{10}4s^2$ 65.39	31 Ga 镓 $4s^24p^1$ 69.72	32 Ge 锗 $4s^24p^2$ 72.61	33 As 砷 $4s^24p^3$ 74.92	34 Se 硒 $4s^24p^4$ 78.96	35 Br 溴 $4s^24p^5$ 79.90	36 Kr 氪 $4s^24p^6$ 83.80	N M L K	8 18 8 2
5	37 Rb 铷 $5s^1$ 85.47	38 Sr 锶 $5s^2$ 87.62	39 Y 钇 $4d^15s^2$ 88.91	40 Zr 锆 $4d^25s^2$ 91.22	41 Nb 铌 $4d\ 5s^1$ 92.91	42 Mo 钼 $4d^55s^1$ 95.94	43 Tc 锝 $4d^55s^2$ [99]	44 Ru 钌 $4d^75s^1$ 101.1	45 Rh 铑 $4d^85s^1$ 102.9	46 Pd 钯 $4d^{10}$ 106.4	47 Ag 银 $4d^{10}5s^1$ 107.9	48 Cd 镉 $4d^{10}5s^2$ 112.4	49 In 铟 $5s^25p^1$ 114.8	50 Sn 锡 $5s^25p^2$ 118.7	51 Sb 锑 $5s^25p^3$ 121.8	52 Te 碲 $5s^25p^4$ 127.6	53 I 碘 $5s^25p^5$ 126.9	54 Xe 氙 $5s^25p^6$ 131.3	O N M L K	8 18 18 8 2
6	55 Cs 铯 $6s^1$ 132.9	56 Ba 钡 $6s^2$ 137.3	57-71 La-Lu 镧系	72 Hf 铪 $5d^26s^2$ 178.5	73 Ta 钽 $5d^36s^2$ 180.9	74 W 钨 $5d^46s^2$ 183.8	75 Re 铼 $5d^56s^2$ 186.2	76 Os 锇 $5d^66s^2$ 190.2	77 Ir 铱 $5d^76s^2$ 192.2	78 Pt 铂 $5d^96s^1$ 195.1	79 Au 金 $5d^{10}6s^1$ 197.0	80 Hg 汞 $5d^{10}6s^2$ 200.6	81 Tl 铊 $6s^26p^1$ 204.4	82 Pb 铅 $6s^26p^2$ 207.2	83 Bi 铋 $6s^26p^3$ 209.0	84 Po 钋 $6s^26p^4$ [209]	85 **At** 砹 $6s^26p^5$ [210]	86 **Ru** 氡 $6s^26p^6$ [222]	P O N M L K	8 18 32 18 8 2
7	87 **Fr** 钫 $7s^1$ [223]	88 **Ra** 镭 $7s^2$ 226.0	89-103 **Ac-Lr** 锕系	104 Rf 𬬻* $[6d^27s^2]$ [261]	104 Ha 锌* $[6d^37s^2]$ [262]	106 * $[6d^47s^2]$ [263]	107 * $[6d^57s^2]$ [262]	108 * $[6d^67s^2]$ [265]	109 * $[6d^77s^2]$ [266]											

镧系	57 La 镧 $5d^16s^2$ 138.9	58 Ce 铈 $4f^15d^16s^2$ 140.1	59 Pr 镨 $4f^36s^2$ 140.9	60 Nd 钕 $4f^46s^2$ 144.2	61 Pm 钷 $4f^56s^2$ [147]	62 Sm 钐 $4f^66s^2$ 150.4	63 Eu 铕 $4f^76s^2$ 152.0	64 Gd 钆 $4f^75d^16s^2$ 157.3	65 Tb 铽 $4f^96s^2$ 158.9	66 Dy 镝 $4f^{10}6s^2$ 162.5	67 Ho 钬 $4f^{11}6s^2$ 164.9	68 Er 铒 $4f^{12}6s^2$ 167.3	69 Tm 铥 $4f^{13}6s^2$ 168.9	70 Yb 镱 $4f^{14}6s^2$ 173.0	71 Lu 镥 $4f^{14}5d^16s^2$ 175.0
锕系	89 **Ac** 锕 $6d^17s^2$ 227.0	90 **Th** 钍 $6d^27s^2$ 232.0	91 **Pa** 镤 $5f^26d^17s^2$ 231.0	92 U 铀 $5f^36d^17s^2$ 238.0	93 **Np** 镎 $5f^46d^17s^2$ 237.0	94 **Pu** 钚 $5f^67s^2$ [244]	95 **Am** 镅* $5f^77s^2$ [243]	96 **Cm** 锔* $5f^76d^17s^2$ [247]	97 **Bk** 锫* $5f^97s^2$ [247]	98 **Cf** 锎* $5f^{10}7s^2$ [251]	99 **Es** 锿* $5f^{11}7s^2$ [252]	100 **Fm** 镄* $5f^{12}7s^2$ [257]	101 **Md** 钔* $[5f^{13}7s^2]$ [258]	102 **No** 锘* $[5f^{14}7s^2]$ [259]	103 **Lr** 铹* $[5f^{14}6d^17s^2]$ [260]

注：

1. 相对原子质量录自1995年国际原子量表，并全部取4位有效数字。

2. 相对原子质量加括号的为放射性元素的半衰期最长的同位素的质量数。

参考文献

1. 武汉大学．分析化学[M]．北京：高等教育出版社，2000.
2. 大连理工大学．无机化学[M]．5版．北京：高等教育出版社，2006.
3. 赵玉娥．基础化学[M]．北京：化学工业出版社，2003.
4. 徐英岚．无机与分析化学[M]．3版．北京：中国农业出版社，2015.
5. 朱圣庚，徐长法．生物化学(上册)[M]．北京：高等教育出版社，2017.
6. 曹正明，生物化学[M]．北京：中国农业出版社，2001.
7. 张丽萍，杨建雄．生物化学简明教材[M]．5版．北京：高等教育出版社，2015.
8. 张坐省．有机化学[M]．3版．北京：中国农业出版社，2012.
9. 吴赛玉．简明生物化学[M]．合肥：中国科学技术大学出版社，1999.
10. 夏玉宇．化学实验手册[M]．北京：化学工业出版社，2015.
11. 曲宝涵．基础化学实验[M]．北京：中国农业大学出版社，2007.
12. 刘尧．无机及分析化学[M]．北京：高教教育出版社，2003.
13. 王春娜，石军．普通化学[M]．2版．北京：中国农业出版社，2014.
14. 潘亚芬．基础化学[M]．北京：清华大学出版社，2005.
15. 王社光，刘强．生物基础[M]．北京：高等教育出版社，2005.
16. 李晓，谢久凤，李海霞．绿色化学与农业可持续发展[J]．科技创新导报，2017，14(10).
17. 陈瑞战，张守勤，刘志强．超高压技术在中药有效成分提取中的应用[J]．中草药，2007(12).
18. 曹振恒，王亚明，郭会仙．天然植物有效成分提取分离技术研究进展[J]．河北化工，2007(3).